L. LALOY

PARASITISME ET MUTUALISME DANS LA NATURE

BIBLIOTHÈQUE SCIENTIFIQUE INTERNATIONALE

BIBLIOTHÈQUE
SCIENTIFIQUE INTERNATIONALE

PUBLIÉE SOUS LA DIRECTION

DE M. ÉM. ALGLAVE

CVII

BIBLIOTHÈQUE SCIENTIFIQUE INTERNATIONALE

Publiée sous la direction de M. Em. ALGLAVE.

Beaux ouvrages in-8°, la plupart illustrés, cartonnés à l'anglaise, à **6, 9** et **12** fr.

CENT-SEPT VOLUMES PARUS

DERNIERS VOLUMES PUBLIÉS :

Le transformisme appliqué à l'agriculture, par J. Costantin, professeur au Muséum d'histoire naturelle. 1 vol. in-8° avec 105 gravures. . . . . 6 fr.

Parasitisme et mutualisme dans la nature, par le Dr Ledoy, bibliothécaire de l'Académie de médecine. 1 vol. in-8° avec 82 gravures. . . . . . . 6 fr.

Physiologie de la Lecture et de l'Écriture, par le Dr E. Javal, membre de l'Académie de médecine de Paris. 1 vol. in-8° avec 96 gravures. . . . . . 6 fr.

L'évolution inorganique, *expliquée par l'analyse spectrale*, par Sir Norman Lockyer. Traduit de l'anglais par *E. d'Hooghe*. 1 vol. in-8° avec 43 gravures. . . . 6 fr.

Latins et Anglo-Saxons. *Races supérieures et races inférieures*, par M. Colajanni, professeur à l'Université de Naples. Trad. de l'italien par E. Dubois. 1 vol. in-8°. . . 9 fr.

Les lois naturelles. *Réflexions d'un biologiste sur les sciences*, par Félix Le Dantec, chargé du cours d'Embryologie générale à la Sorbonne. 1 vol. in-8° avec figures. . . 6 fr.

Les exercices physiques et le développement intellectuel, par A. Mosso, professeur à l'Université de Turin ; trad. de l'italien par *Claudius Jacquel*. 1 vol. in-8°. 6 fr.

Histoire de l'habillement et de la parure, par L. Bourdeau. 1 vol. in-8°. 6 fr.

La géologie générale, par Stanislas Meunier, professeur au Muséum d'histoire naturelle. 1 vol. in-8° avec 43 gravures. . . . . 6 fr.

L'eau dans l'alimentation, par F. Maltérac, pharmacien de l'armée, docteur en pharmacie ; préface de M. Schlagdenhauffen, directeur honoraire de l'École supérieure de pharmacie de Nancy. 1 vol. in-8°. . . . . 6 fr.

Extrait du Catalogue. — ZOOLOGIE

Les végétaux et les milieux cosmiques (*adaptation, évolution*), par J. Costantin, professeur au Muséum d'histoire naturelle. 1 vol. in-8°, avec 171 gravures dans le texte. . . . . 6 fr.

La nature tropicale, par *le même*. 1 vol. in-8°, avec 166 gravures dans le texte.. 6 fr.

Introduction à l'étude de la botanique (*Le sapin*), par J.-L. de Lanessan, professeur agrégé à la Faculté de médecine de Paris, ancien ministre, député. 1 vol. in-8°, avec 163 grav. dans le texte, 2e édit. . . . . 6 fr.

L'origine des plantes cultivées, par A. de Candolle, correspondant de l'Institut. 1 vol. in-8°, 4e édit. . . . . 6 fr.

Les champignons, par Cooke et Berkeley, 1 vol. in-8°, avec 110 grav., 4e édit. 6 fr.

L'évolution du règne végétal, par G. de Saporta, correspondant de l'Institut, et Marion, professeur à la Faculté des sciences de Marseille.

    I. *Les Cryptogames*. 1 vol. in-8°, avec 85 gravures dans le texte. . . . . 6 fr.

    II. *Les Phanérogames*. 2 vol. in-8°, avec 136 gravures dans le texte. . . 12 fr.

La culture des mers en Europe (*piscifacture, pisciculture, ostréiculture*), par Georges Roché, inspecteur général des Pêches maritimes. 1 vol. in-8°, avec 81 gravures dans le texte. . . . . 6 fr.

L'intelligence des animaux, par G.-J. Romanes, secrétaire de la Société Linnéenne de Londres pour la zoologie ; précédé d'une préface sur l'*Évolution mentale*, par Edm. Perrier, membre de l'Institut, directeur du Muséum d'histoire naturelle de Paris. 2 vol. in-8°. 3e édit. . . . . 12 fr.

La philosophie zoologique avant Darwin, par Edmond Perrier, membre de l'Institut, directeur du Muséum d'histoire naturelle de Paris. 1 vol. in-8°, 3e édit. . . 6 fr.

Descendance et Darwinisme, par O. Schmidt, professeur à l'Université de Strasbourg. 1 vol. in-8°, avec 26 gravures, 6e édit. . . . . 6 fr.

Les mammifères dans leurs rapports avec leurs ancêtres géologiques, par *le même*. 1 vol. in-8°, avec 51 gravures dans le texte. . . . . 6 fr.

L'écrevisse, *Introduction à l'étude de la zoologie*, par Th.-H. Huxley, membre de la Société royale de Londres et de l'Institut de France, professeur d'histoire naturelle à l'École royale des mines de Londres. 1 vol. in-8°, avec 82 gravures, 2e édit. . . 6 fr.

Les commensaux et les parasites dans le règne animal, par P.-J. van Beneden, professeur à l'Université de Louvain (Belgique). 1 vol. in-8°, avec 82 grav. dans le texte, 3e édit. . . . . 6 fr.

Les sens et l'instinct chez les animaux et principalement chez les insectes, par Sir John Lubbock. 1 vol. in-8°, avec 150 gravures dans le texte. . . . . 6 fr.

PARASITISME

ET

MUTUALISME

DANS LA NATURE

PAR

Le Dr L. LALOY

Bibliothécaire de l'Académie de Médecine.

PRÉFACE DE M. A. GIARD
Professeur à la Sorbonne.

AVEC 82 FIGURES DANS LE TEXTE

PARIS

FÉLIX ALCAN, ÉDITEUR

LIBRRAIRIES FÉLIX ALCAN ET GUILLAUMIN RÉUNIES

108, BOULEVARD SAINT-GERMAIN, 108

1906

TABLE DES MATIÈRES

CHAPITRE VIII. — Parasitisme embryonnaire et sexuel.

DEUXIÈME PARTIE

MUTUALISME

CHAPITRE IX. — La vie sociale dans le règne végétal.

CHAPITRE X. — Mutualisme entre plantes et animaux.

CHAPITRE XI. — La vie sociale dans le règne animal.

CHAPITRE XII. — Le mimétisme.

PRÉFACE

La notion de parasitisme s'est considérablement étendue depuis quelques années sans que les mots *parasite* et *parasitisme* aient cessé néanmoins de demeurer adéquats à leur étymologie (παρά à côté, σῖτος nourriture). On a pu ajouter de nouveaux et très nombreux anneaux à la chaîne qui relie le prédatisme au parasitisme et à la symbiose la plus parfaite. Pour des raisons pédagogiques, il est devenu commode de classer en catégories distinctes les faits de mutualisme, de commensalisme et de biocœnose. Mais les transitions se sont montrées graduelles et insensibles entre ces divers états.

Les progrès de l'éthologie prouvent de plus en plus l'étroite dépendance des êtres vivants les uns par rapport aux autres. L'action morphogène du milieu biologique n'est pas inférieure à celle du milieu cosmique. L'on peut dire sans exagération que chaque animal, chaque plante vit dans une large mesure aux dépens de ses voisins et, par une série de répercussions plus ou moins faciles à constater, aux dépens de tout le reste de la création.

Aussi, comme l'a dit fort justement C. Emery, dans un avenir sans doute encore lointain, mais qu'on peut cependant prévoir dès aujourd'hui, les phénomènes de la vie des êtres organisés, leurs conditions d'existence, leurs instincts d'une part, leur évolution morphologique de l'autre, se réduiront à des équations entre données physiologiques élémentaires. « Des rapports de dépendance mutuelle entre les faits d'observation se montreront toujours plus nombreux, permettant peut-être un jour d'établir de véritables formules capables d'exprimer non seulement chaque forme réellement existante, mais en outre toutes les formes possibles, comme les formules chimiques établies sur les corps connus et bien étudiés nous mettent en mesure de prévoir des séries entières de composés encore inconnus et d'établir à l'avance leurs propriétés principales. »

Déjà la théorie de l'épigénèse de C. F. Wolff admise aujourd'hui par tous les embryogénistes nous autorise à appliquer les lois du parasitisme au développement même des organismes. L'indépendance relative des rudiments embryonnaires d'où dérivent les divers organes associés plus tard en une symbiose plus ou moins parfaite permet de considérer les êtres vivants comme des états d'équilibre mobile entre les parties qui les constituent. L'étude des complexes hétérophysaires symbiotiques types les plus élevés du parasitisme, nous rend plus facile celle des complexes homophysaires réalisés par les organismes animaux et végétaux.

La sociologie elle-même ne peut plus être considérée que comme une branche spéciale de l'éthologie. Il est inutile d'insister sur la haute valeur pratique des concepts de solidarité, de mutualité, de parasitisme social et sur la signification de plus en plus précise que prennent ces idées de sociologie humaine quand on les éclaire par les connaissances fournies par la sociologie comparée.

En raison de ce développement extraordinairement rapide de la science éthologique, développement suscité depuis un demi-siècle par les théories transformistes, il devenait indispensable de donner au public français sous une forme élémentaire une nouvelle revue des faits de parasitisme et d'association au sens le plus large. L'esquisse tracée naguère par P. J. van Beneden sous le titre *Commensaux et parasites* et publiée dans la *Bibliothèque scientifique internationale* a eu un grand et légitime succès. Il convenait de reprendre cet essai en le mettant au courant des découvertes modernes et en tirant des observations chaque jour plus nombreuses et plus variées les conséquences qu'elles comportent.

C'est cette tâche difficile que M. Laloy a entreprise avec beaucoup de zèle et d'érudition dans le livre qu'il nous offre sous le titre de *Parasitisme et mutualisme*.

Plein de faits heureusement choisis et bien exposés, enrichi de figures nombreuses dont quelques-unes sont originales, un pareil ouvrage nous paraît très propre à vulgariser les phénomènes si compliqués de la physiologie

externe et à répandre le goût des recherches si passion-
nantes d'éthologie qui firent naguère la gloire de notre
Réaumur avant d'être vivifiées et renouvelées par le grand
souffle darwinien.

ALFRED GIARD.

PARASITISME ET MUTUALISME

DANS LA NATURE

CHAPITRE PREMIER

INTRODUCTION

Rapports de réciprocité des êtres vivants. — Parasites et prédateurs. — Commensaux et mutualistes. — La symbiose.

Dans un ouvrage publié récemment[1], j'ai étudié la nature et l'origine de la vie, j'ai cherché à montrer comment les formes organiques procèdent les unes des autres et pour quelles raisons le transformisme est la seule explication possible de l'univers vivant. Je voudrais maintenant, après avoir exposé la succession des flores et des faunes dans le temps, étudier les rapports réciproques des êtres vivants dans l'espace. En effet, à un moment quelconque de la durée, chacun a besoin des autres et réagit à son tour sur eux. Il est certain qu'au début l'univers organique se réduisait à des êtres qui n'empruntaient leur substance qu'au monde minéral. Les lichens qui couvrent les rochers nous fournissent un exemple actuel de ce mode de vie. Mais, si la plupart des végétaux inférieurs peuvent se passer du concours des animaux ou d'autres plantes, dès qu'on s'élève un peu dans l'échelle des êtres, on s'aperçoit que

---

1. L. Laloy, *L'évolution de la vie*, Paris, Schleicher. 1902.

leurs rapports d'interdépendance deviennent plus nombreux et plus complexes. Le monde vivant n'est pas seulement un champ de bataille où chacun lutte contre tous les autres pour s'assurer des aliments et une place au soleil. C'est aussi, et à un degré peut-être encore plus remarquable, le résultat d'un équilibre toujours instable, mais sans cesse renouvelé entre des forces, les unes concordantes, les autres opposées.

Il est, ai-je dit, bien peu d'êtres qui n'aient besoin de l'aide ou de la substance d'autres êtres vivants pour entretenir leur existence propre. De par leur alimentation tous les animaux dépendent directement ou indirectement des végétaux : ils en dépendent encore par leur respiration puisque, sans l'incessante décomposition de l'acide carbonique par ces derniers, jamais, au cours des âges, l'atmosphère ne serait devenue respirable pour les animaux. D'autre part, la grande majorité des végétaux utilisent les débris organiques qui constituent l'humus : les cadavres et les excreta solides liquides ou gazeux des animaux, en première ligne l'acide carbonique, constituent pour eux des aliments de choix.

C'est là une des grandes harmonies de la nature que nous n'avons pas à envisager ici avec plus de détails. Mais il est d'autres rapports infiniment complexes qui se superposent aux précédents et qu'il est nécessaire d'esquisser à grands traits. Ils sont si nombreux que pour les énumérer seulement il faudrait refaire toute l'histoire naturelle. Nous serons donc forcés de nous borner et de ne citer que les corrélations les plus remarquables, celles qui permettent le mieux de comprendre le sens et la portée des phénomènes que nous avons en vue. Ce livre n'est pas en effet un traité de parasitologie : nous n'observerons les parasites, commensaux et mutualistes qu'au point de vue des idées générales qui se dégagent de cette étude, sans chercher à pénétrer dans l'infini détail des faits particuliers. Ceux-ci n'interviendront qu'à titre d'exemples et comme bases de théories générales. Ces exemples seront, dans la mesure du possible, choisis parmi les faits acquis récemment à la science, de façon à présenter une vue synoptique de nos connaissances actuelles. Nous nous contenterons de signaler au passage les faits connus depuis longtemps et qu'on trouve dans tous les manuels.

Je viens de citer trois termes qui sont universellement admis depuis les travaux de Van Beneden[1]. Ils sont nécessaires pour établir quelque clarté dans le sujet, mais disons tout de suite que ces dénominations sont purement conventionnelles, et que dans bien des cas il est impossible de savoir si les êtres qu'on a en vue sont exclusivement parasites, commensaux ou mutualistes. Quoi qu'il en soit de cette restriction, les rapports réciproques de deux êtres ne peuvent être envisagés que des trois façons suivantes :

1° L'un d'eux est franchement nuisible à l'autre, soit parce qu'il le dévore ou qu'il absorbe ses sucs nutritifs, soit parce qu'il lui vole ses aliments. C'est un *parasite*, à condition toutefois que cette attaque soit assez lente pour que l'organisme attaqué ne soit pas détruit ou du moins ne soit détruit que lentement. En effet, nous ne dirons pas que les animaux herbivores sont parasites des plantes qu'ils mangent, ou les carnivores parasites des herbivores. Les uns et les autres sont des *prédateurs* parce qu'ils détruisent rapidement les êtres qu'ils utilisent. Nous n'avons pas à les étudier ici à ce point de vue. La limite entre le parasitisme et la prédation est souvent difficile à tracer. C'est ainsi que les moustiques qui n'ont subi du fait de leur genre de vie aucune régression rentrent plutôt dans

---

1. Van Beneden, *Les commensaux et les parasites dans le règne animal.* Paris, F. Alcan, 4ᵉ éd. 1900 (Bibl. scient. intern.).

le cas des prédateurs : cependant les puces qui infligent une attaque tout aussi brusque et d'aussi courte durée présentent de véritables régressions parasitaires et notamment l'absence des ailes. D'autre part, la vie simplement fixée sur un support inorganique provoque, par exemple chez certaines annélides et chez des crustacés, des atrophies et des modifications d'organes tout à fait analogues à celles du parasitisme. Des dégénérescences semblables s'observent chez les végétaux vivant, comme les champignons saprophytes, sur un milieu mort mais très nutritif. Enfin, dans le cas d'un parasite empruntant à un autre être des sucs alimentaires, ceux-ci peuvent être d'une plus ou moins grande utilité pour le parasité. S'il s'agit d'excreta ou de déchets de l'alimentation, le parasite lui rend un véritable service en l'en débarrassant. Nous rentrons dès lors dans le second ou le troisième cas.

2° Le *commensal* est, comme son nom l'indique, un être qui s'installe à la table d'un autre pour avoir le superflu de ses aliments et en même temps un gîte. Mais il ne rend aucun service à son hôte. Il s'établit tantôt en croupe sur son dos, tantôt à l'entrée de la bouche, au passage des vivres, ou bien à l'orifice de sortie des déchets. D'autres fois, comme les acariens que l'on rencontre sur les bousiers, il ne se sert de son hôte qu'à la façon d'un omnibus, pour se transporter d'un point à un autre, ou bien comme les hôtes des fourmilières et des termitières, il emprunte la maison de ses protecteurs.

3° Il y a *mutualisme* lorsque deux êtres se rendent des services réciproques. Il va sans dire que, comme dans le commensalisme, ces services sont parfaitement involontaires. C'est dans son propre intérêt que la bergeronnette débarrasse la peau des moutons et des bœufs de ses parasites. C'est aussi sans la moindre idée des services qu'ils se rendent que les insectes assurent la fécondation croisée

des phanérogames et que celles-ci attirent les premiers
au moyen de nectars appropriés. L'évolution et la sélection naturelle ont seules produit ces adaptations réciproques. Dans d'autres cas de mutualisme, la conscience
intervient de la façon la plus nette et ce serait retourner
aux doctrines démodées de l'animal-machine que de refuser une conscience du but à atteindre au chamois qui
veille sur le reste du troupeau ou à ces villages de manchots antarctiques si admirablement décrits par Racovitza (Voir p. 223).

Si ce mutualisme social est assez facile à distinguer des
autres ordres de faits, il n'en est pas de même du commensalisme. Celui-ci, degré intermédiaire entre le parasitisme et le mutualisme, a le plus souvent des caractères
ambigus ; il est presque toujours très difficile de discer-
ner si l'hôte auquel le commensal emprunte le vivre ou le
logis ne reçoit pas de celui-ci quelque avantage, ou n'en
éprouve pas quelque dommage. Il est d'autre part hors de
doute qu'au point de vue des services qu'il reçoit de son
hôte, le commensal est un véritable parasite. Aussi, me
suis-je basé sur les tendances plus ou moins parasitaires ou
mutualistes de chaque cas particulier pour en rattacher
l'étude soit à celle du parasitisme soit à celle du mutualisme.

Dans les deux grandes divisions ainsi définies, des cou-
pures toutes naturelles s'établiront suivant que les relations parasitaires ou mutualistes existent de plante à
plante, de plante à animal ou vice-versa, ou enfin d'animal à animal. Ce serait en effet une erreur de croire que ces
phénomènes constituent des exceptions ; il n'est pas un
être vivant qui ne nourrisse plusieurs espèces de parasites
et qui ne rende ou ne reçoive des services d'autres êtres
placés au-dessus ou au-dessous de lui dans l'échelle organique. Ces relations peuvent être plus ou moins intimes ;
il peut s'agir de parasitisme ou de mutualisme social, fa-

milial ou organique. Il peut même y avoir fusion plus ou moins complète entre des organismes se rendant des services réciproques. Ce cas est celui de la *symbiose*, qui peut avoir lieu entre des êtres de même espèce ou d'espèces ou même de familles tout à fait éloignées. On l'a même constatée entre des animaux et des végétaux, tels que les hydres et certaines algues. Il naît ainsi des espèces « par agrégation » qui ne sont pas un des objets d'étude les moins attachants offerts par la nature (Voir p. 168 et 210).

La symbiose nous ramène d'ailleurs au sujet étudié dans le volume précédent. Nous avons vu la vie débuter par des êtres monocellulaires qui s'agrègent bientôt pour former des colonies. Celles-ci d'abord sans caractères déterminés, comme chez la *Magosphœra*, se spécialisent bientôt. Chacune des cellules qui composent la colonie perd quelques-unes de ses propriétés pour se réduire à une fonction déterminée qu'elle remplit mieux que les autres cellules de l'organisme. A mesure que nous remontons l'échelle des êtres nous voyons cette spécialisation s'accentuer de plus en plus ; chez les végétaux et les animaux supérieurs, il y a des tissus et des organes qui remplissent chacun un rôle nettement déterminé, et le bon fonctionnement de chacun d'eux est indispensable à la vie de tous les autres. Ainsi tout au bas de l'échelle, simple association de cellules de même valeur, plus haut symbiose de cellules, puis de tissus et d'organes remplissant chacun une fonction déterminée. Telle est en gros la marche générale de l'évolution. Il était nécessaire de la rappeler pour montrer que les phénomènes que nous avons en vue ne sont pas isolés dans la nature ; ils ne constituent que des cas particuliers de la réaction des êtres vivants et de leurs éléments constitutifs les uns sur les autres.

PREMIÈRE PARTIE

PARASITISME

CHAPITRE II

GÉNÉRALITÉS

Définition et modalités du parasitisme. — Caractères des parasites et de
leurs hôtes. — Leurs rapports réciproques ; la castration parasitaire. —
Répartition du parasitisme dans les deux règnes. — Son rôle dans la
nature et son origine phylogénique.

Je viens de définir le parasitisme, j'ai montré comment
il se distingue du prédatisme d'une part, du commensalisme et du mutualisme d'autre part ; et comment aussi
il est souvent difficile de reconnaître les limites précises
de ces divers ordres de faits. Le parasitisme est une des
formes les plus fréquentes que revêt la lutte entre les individus ou entre les espèces. Il comprend par conséquent
d'infinies variétés suivant ses causes, ses degrés, son mécanisme, sa durée, ses modalités, ses résultats. Nous les
rencontrerons en étudiant chaque cas particulier. Mais dès
à présent il importe de montrer quelles sont les différentes
sortes de parasitisme et leurs conséquences les plus générales sur le parasite et sur sa victime. Afin de faire mieux

comprendre ce sujet assez complexe nous serons forcés de prendre quelques exemples empruntés soit au règne végétal, soit au règne animal. Qu'on nous pardonne cette anticipation sur les chapitres suivants.

La plupart des plantes extraient leurs aliments directement du milieu minéral, grâce surtout à la chlorophylle qui leur permet de décomposer l'acide carbonique de l'air : ce sont des *holophytes*. D'autres utilisent les détritus d'autres êtres vivants : ce sont des *saprophytes*. Il n'y a d'ailleurs pas toujours une limite nette entre les deux groupes ; car les holophytes sont loin de dédaigner les engrais organiques ; en revanche les saprophytes, dépourvues de chlorophylle, sont incapables de vivre sur un milieu purement minéral et leur mode d'alimentation se rapproche de celui des animaux. On peut plus spécialement comparer les saprophytes aux animaux *coprophages* et *nécrophages*, par exemple aux insectes du groupe des bousiers et des nécrophores, aux hyènes et aux vautours parmi les vertébrés. On conçoit, sans qu'il soit nécessaire d'insister, le rôle immense joué par ces êtres dans la nature. Les holophytes extraient du monde minéral des substances qui, transformées par eux, servent de nourriture aux autres êtres. Nous avons déjà rappelé que les premiers êtres apparus sur la terre avaient certainement un mode d'alimentation holophytique. Quant aux saprophytes, aux coprophages et nécrophages, il font rentrer dans la circulation les substances mortes qui, par leur accumulation, finiraient par rendre la terre inhabitable.

En dehors de ces êtres qui vivent soit de substances inorganiques soit de substances organisées mais mortes, il y en a d'autres qui ont besoin d'aliments vivants. S'ils détruisent ou s'ils blessent rapidement leur proie, ce sont des *prédateurs*, comme les herbivores et les carnivores qui

constituent l'immense majorité du règne animal ; ce dernier genre d'alimentation s'observe même chez quelques
plantes dont il ne forme d'ailleurs qu'une ressource supplémentaire : ce sont les plantes carnivores, telles que les
Drosera, la Dionée attrape-mouche, les Nepenthés. Les
êtres qui se contentent d'exploiter leur hôte, sans le détruire, ou du moins sans le détruire rapidement, et surtout sans avoir intérêt à le détruire, sont des *parasites
organiques* et plus spécialement des *parasites de nutrition*,
parce qu'ils vivent de la substance même de leur hôte. Ce
groupe est extrêmement répandu dans les deux règnes ;
c'est lui qui donne lieu aux régressions les plus marquées.
A un degré moins avancé, les parasites organiques n'empruntent à leur hôte que ses *aliments* et non sa substance
même. C'est parmi les phanérogames que l'on trouve le
plus grand nombre de parasites de ce genre qui absorbent
la sève plus ou moins élaborée de leur hôte. Dans le
règne animal, leur définition est plus difficile, car la consommation des provisions de l'hôte commence parfois par
la destruction de celui-ci, ou de l'œuf auquel elles étaient
destinées. En tout cas elle a souvent pour conséquence la
mort de l'individu parasité. Ce mode de parasitisme nous
conduit par des gradations insensibles au commensalisme
où les emprunts faits par le parasite ne sont pas réellement nuisibles à l'hôte. Telles sont les plantes grimpantes
qui n'empruntent à celle qui leur sert de support qu'une
faible partie de sa force ; tels sont encore les animaux qui
vivent dans les fourmilières et les termitières, qui n'absorbent en général que les déchets de leurs hôtes et qui
peuvent même leur rendre certains services.

Il y a dans ce dernier cas de véritables relations sociales et de même qu'il existe un mutualisme et un commensalisme social, il y a également un *parasitisme social*,
par exemple celui des fourmis du genre *Polyergus* (Voir p.

235), qui ne peuvent se passer du secours de leurs esclaves et en sont réellement les parasites. Des phénomènes semblables sont extrêmement fréquents dans les sociétés humaines. On en trouvera des exemples dans l'excellent ouvrage de Demoor, Massart et Vandervelde[1] ; nous n'insisterons donc pas. Notons en passant que le parasitisme social n'a pas forcément lieu entre des individus d'espèces différentes. Il en est tout autrement du parasitisme organique. On ne saurait en effet concevoir qu'un animal ou une plante fasse sa nourriture de son semblable sans le détruire, ou lui emprunte de la force sans l'épuiser.

D'autre part il n'est pas rare qu'un parasite soit à son tour attaqué par des parasites plus petits. Ce phénomène, auquel convient le nom d'*hyperparasitisme* peut être utilisé pour combattre certains parasites, causes de maladies pour les plantes ou les animaux et pour en empêcher la pullulation.

Nous en verrons des exemples plus loin (p. 62 et 87). Dans un travail récent[2], j'ai montré la possibilité d'utiliser les parasites dans la lutte contre les insectes nuisibles aux plantes cultivées ; ces insectes rentrent d'ailleurs plutôt dans la catégorie des prédateurs. Les chenilles des papillons du groupe des Piérides, qui causent tant de dommages dans nos potagers, sont parasitées par de très petits Hyménoptères, spécialement des Chalcidides, qui vivent à l'intérieur du corps de la chenille (fig. 1). Si on tue celle-ci, on détruit en même temps les parasites qu'elle héberge et on les empêche de se propager. Il y a donc

---

1. Demoor, Massart et Vandervelde, *L'évolution régressive en biologie et en sociologie*. Paris, F. Alcan. — Voir également Massart et Vandervelde, *Parasitisme organique et parasitisme social*. Paris, Schleicher, 1898.

2. L. Laloy, Utilisation des ennemis naturels des insectes parasites des plantes cultivées. *Bulletin de la Société d'études et de vulgarisation de la zoologie agricole*. Bordeaux, 1903, p. 127.

intérêt à conserver provisoirement ces chenilles ou leurs cocons, et à les placer dans des vases recouverts d'une toile métallique qui laissera passer les Chalcidides et autres parasites, s'il y en a, mais qui retiendra le papillon adulte si la chenille n'était pas parasitée. Ces vases seront répartis dans les jardins de façon à favoriser la dissémination

Fig. 1. — 1, Piéride du chou ; 2, ses œufs ; 3, sa chenille ; 4, sa chrysalide ; 5, *Pteromalus* qui attaque la chenille de la piéride ; 6, le même grossi.

des parasites et à leur permettre de trouver d'autres victimes. Ce mode de lutte contre les insectes nuisibles est d'une application générale ; on placera leurs œufs, leurs larves ou leurs cocons dans des conditions telles que les petits parasites, Chalcidides ou Ichneumonides, puissent facilement s'échapper et se multiplier.

Le parasitisme ne dure pas toujours toute la vie ; il y a des animaux qui libres dans le jeune âge se livrent au parasitisme lorsqu'ils sont adultes. Il y a, d'autre part, un *parasitisme larvaire* commun surtout chez les insectes.

Mais dans tous les cas, qu'il soit définitif ou temporaire, le parasitisme produit des modifications de même ordre. Celles-ci durent toujours s'il est permanent ; elles apparaissent et disparaissent avec lui s'il est transitoire. C'est ainsi qu'un insecte parfait, dont la larve parasite a différé beaucoup d'une larve active, ne présente lui-même aucune différence sensible, autre que celle d'espèce, avec l'insecte parfait issu de cette seconde larve : le parasitisme larvaire n'a pas retenti sur l'adulte. Réciproquement la vie parasitaire de l'adulte ne peut en général pas être prévue d'après la morphologie de la larve ; c'est ainsi que la sacculine, dont l'adulte s'éloigne si fort de tous les crustacés, a un nauplius très analogue à celui d'un crustacé quelconque.

Il n'en est pas tout à fait de même dans le règne végétal, et chez les orobanchées notamment, l'embryon lui-même diffère très sensiblement de ce qu'il est dans les groupes botaniques voisins. C'est qu'en réalité les plantes parasites le sont pendant toute la durée de leur existence ; on n'observe pas chez elles cette scission, si remarquable chez les arthropodes, de la vie en un stade larvaire et un état adulte, dont les conditions biologiques peuvent être entièrement différentes. Aussi l'embryon des plantes parasites est en général lui-même modifié : il est peu différencié, car le grand nombre des graines supplée à ce que chacune d'elles a d'imparfait, et de plus il présente certaines adaptations spéciales qui lui permettent de se fixer sur son hôte et d'absorber ses sucs nutritifs.

Un autre caractère du parasitisme c'est d'être indépendant des caractères de classification. Il existe en effet des parasites déformés de la même manière et par suite se ressemblant assez dans tous les embranchements des règnes animal et végétal. La similitude du genre de vie donne aux parasites un même aspect général. Leur anatomie et leur physiologie présentent des *phénomènes de convergence* indépendants des caractères spécifiques, auxquels ils viennent se superposer.

Ces caractères imposés par le parasitisme peuvent être assez marqués pour cacher les caractères spécifiques. Il en est ainsi surtout chez certains animaux parasites toute leur vie : il est difficile de dire par exemple à quelle forme libre les vers nématodes doivent être rattachés. Chez les autres, parasites pendant une partie de leur vie, la place de chacun dans la classification est facile à fixer par la forme qu'il présente à l'état libre, soit dans sa jeunesse, soit dans son âge mûr.

D'une façon générale les caractères parasitaires consistent en la régression des organes devenus inutiles et la création d'organes nouveaux imposés par ce genre de vie spécial. Les végétaux, absorbant des produits tout élaborés, n'ont plus besoin de décomposer l'acide carbonique de l'air. Ils perdent donc leur chlorophylle ; les organes qui, comme les feuilles, étaient destinés à augmenter leur surface de contact avec l'atmosphère, deviennent rudimentaires ou disparaissent totalement. Les racines elles-mêmes peuvent faire défaut, si la plante mène une vie entièrement parasitaire. En revanche on voit se développer des crampons et des suçoirs qui facilitent le contact du parasite avec son hôte et l'absorption des sucs de ce dernier.

Chez les animaux les organes de locomotion disparaissent : les larves parasites sont apodes et les rhizocéphales le deviennent à l'état adulte. Ces derniers sont également dépourvus d'organes de préhension. Il en est de même d'un grand nombre d'animaux vivant dans un milieu gorgé de sucs nutritifs. Les organes internes eux-mêmes peuvent, de même que chez les plantes, subir une réduction marquée et, chez les animaux les plus fortement parasites il n'y a plus ni tube digestif, ni appareil circulatoire. Il y a, de plus, des déplacements d'organes et des changements de fonctions : chez les animaux fixés, qu'on peut à tant d'égards assimiler à des parasites, les organes respiratoires se transportent à l'extrémité libre, comme chez les annélides arénicoles ; les pattes des crustacés cirripèdes deviennent des cirres destinés à provoquer dans l'eau des courants susceptibles d'amener des aliments à la bouche de l'animal. Chez les vrais parasites on observe des organes nouveaux, destinés soit à la fixation, comme les crochets et les ventouses des tænias, soit à l'absorption des sucs nutritifs, comme les filaments radiculaires de la sacculine.

Toutes ces modifications sont strictement proportionnelles à l'intensité du parasitisme, et cela non seulement dans des espèces différentes, mais aux divers âges d'un même individu. Les Méloïdes nous en fourniront des exemples caractéristiques. D'autre part il y a des groupes dont tous les représentants sont parasites, certains champignons par exemple ; dans ce cas les caractères parasitaires se confondent avec les caractères spécifiques et il est impossible de dire à quelle forme libre se rattache le groupe en question.

Si la plupart des organes de la vie de relation et même quelques-uns de la vie végétative subissent chez les parasites une réduction marquée, il va de soi qu'à cette régression, doit s'opposer une hypertrophie. Chez les parasites celle-ci porte sur les organes reproducteurs. La raison en est facile à comprendre. Le parasite est en général *spécifique*, c'est-à-dire qu'il ne peut vivre que sur une espèce animale ou végétale déterminée, ou tout au plus sur quelques espèces voisines. La chance que ses spores, ses graines, ses œufs rencontrent cette espèce est donc extrêmement faible. Elle est d'autant plus faible que

le parasite est lui-même plus atteint par la régression et
incapable de faciliter la dissémination de ses produits
sexuels. De là vient l'énorme quantité des spores des
champignons, qui sont emportées par le vent et ne rencontrent que par le plus grand des hasards, l'hôte qui
leur est nécessaire. Chez les phanérogames parasites, le
nombre des graines est encore très grand sans qu'on

Fig. 2. — Cochenille *Coccus cacti* : mâle, de grandeur naturelle et grossi.

puisse cependant le comparer avec celui des spores des
champignons. Quant aux animaux parasites, leurs femelles
finissent souvent par se transformer en un véritable sac
bondé d'œufs. Les mâles, quand ils existent, sont beaucoup moins parasites, ils sont doués de mouvements et
se transportent activement à la recherche des femelles. Un
bon exemple de ce *dimorphisme sexuel* nous est fourni
par les cochenilles (fig. 2 et 3). Ici encore nous observons

cette proportionnalité entre le caractère imposé par le parasitisme et l'intensité de celui-ci. La puce chique (*Pulex penetrans*) nous en montre un autre exemple. Chez cet insecte de l'Amérique méridionale, le mâle (fig. 4) se contente de sucer le sang et mène une vie vagabonde, comme la puce ordinaire à laquelle il ressemble. La femelle (fig. 5) se fixe sur la peau et son abdomen prend un développement énorme, comparable à celui de l'acarien nommé tique ou ixode.

Fig. 3. — Cochenille femelle, grossie.

Le nombre des œufs pondus est proportionnel à la dégradation parasitaire de la femelle. Celles des méloïdes qui ne prennent aucun soin de leur progéniture pondent un nombre d'œufs extrêmement grand, tandis que celles de certains hyménoptères et diptères, qui déposent leur

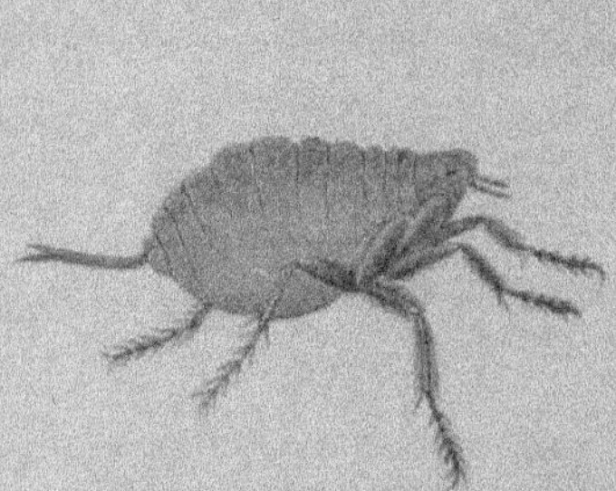
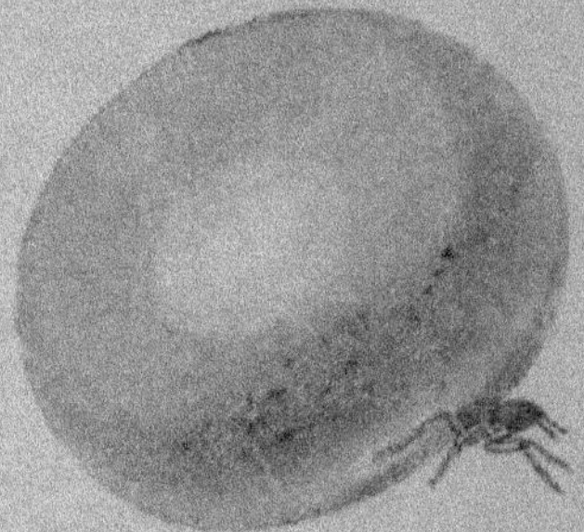

Fig. 4. — Puce chique, *Pulex penetrans*, mâle.   Fig. 5. — Puce chique femelle.

œuf directement sur la larve qui doit lui servir de proie, n'en pondent qu'un nombre très restreint. A l'autre extrémité de l'échelle, les femelles des diverses espèces de cochenilles, entièrement dégradées par le parasitisme pondent des œufs en nombre énorme.

Si le parasite est profondément modifié, son hôte l'est

parfois tout autant. Il peut l'être dans l'intimité de ses tissus ou de ses humeurs : c'est ce qui arrive notamment dans la lutte contre les microbes et leurs toxines. Nous aurons à revenir sur cette grosse question de l'*immunité* naturelle ou acquise. D'autres fois l'être attaqué est modifié dans son aspect extérieur ; beaucoup d'insectes déterminent l'apparition sur les végétaux, de galles ou de tumeurs de diverses natures. Celles-ci peuvent jusqu'à un certain point être considérées comme un moyen de défense de l'organisme attaqué ; car elles limitent les ravages du parasite en l'incarcérant dans un abri infranchissable (voir p. 84).

Nous trouvons chez certaines astéries un moyen de défense bien remarquable : l'autotomie, c'est-à-dire l'amputation spontanée d'une partie du corps[1]. On sait d'ailleurs que chez ces animaux les organes détruits se régénèrent avec la plus grande facilité. Chez *Asterias richardi* et chez *Solasterias neglecta* vit en parasite un annélide, *Myzostomum asteriæ*, qui y pénètre à l'état de larve. Tant qu'il reste petit, il n'incommode pas l'astérie : mais en grandissant, il provoque une irritation des tissus et, pour s'en défendre, l'astérie autotomise les parties infectées, qui sont au bout de peu de temps remplacées par des tissus sains.

Il est inutile de parler des altérations franchement nuisibles à l'hôte : elles constituent à elles seules presque toute la pathologie aussi bien dans le règne animal que chez les végétaux.

Je dirai seulement quelques mots d'un phénomène extrêmement remarquable dont nous devons la connaissance à M. Giard. Il s'agit de la *castration parasitaire*. Certains crabes du genre *Stenorhynchus* attaqués par des

---

1. Riggenbach, *Die Selbstverstümmelung der Tiere*. Wiesbaden, 1903.

sacculines subissent les modifications suivantes : le mâle
prend tous les caractères de la femelle, ses organes génitaux s'atrophient et son abdomen se replie comme pour
abriter le parasite, avec la même perfection qu'il abrite
les œufs dans l'autre sexe. Loin de se défendre contre le
parasite, ces crustacés se sont adaptés à sa présence et
semblent animés envers lui d'une sorte de sollicitude.
Nous rencontrerons d'ailleurs encore d'autres cas de relations amicales, si on me permet cette expression, entre
le parasite et son hôte. Dans la castration parasitaire ces
phénomènes sont d'autant plus remarquables, qu'en faisant disparaître les organes génitaux du mâle, le parasite
amène certaines manifestations d'instinct du sexe opposé ;
mais dans ce cas l'amour maternel s'applique au parasite
et le protège comme il protègerait la progéniture dans
l'état normal. D'autre part lorsqu'elle atteint la femelle
la castration peut déterminer chez elle les instincts du sexe
mâle.

La castration parasitaire est extrêmement répandue
dans la nature. Elle peut être directe, c'est-à-dire due à
un parasite qui détruit les organes sexuels de son hôte ;
ou indirecte lorsqu'elle est produite à distance par un
parasite non en rapport avec ces organes. Comme exemple
du premier cas je me bornerai à citer l'absence de formation de pollen dans les anthères du *Lychnis dioica*
envahies par les spores de l'*Ustilago antherarum* ; chez les
pieds femelles de la même plante, ce parasite provoque
dans la fleur l'apparition des étamines, seul organe où il
puisse développer ses éléments reproducteurs : le *Lychnis*
devient donc hermaphrodite.

M. Pérez a observé un cas de castration parasitaire
indirecte bien intéressant chez un hyménoptère du genre
Andrena parasité par les *Stylops* (strepsiptères). La femelle
stylopisée a les pattes postérieures plus grêles ; leur brosse

plus ou moins réduite, parfois nulle, sa forme générale et ses couleurs rappellent celles du mâle. En revanche celui-ci devient plus ou moins semblable à la femelle, surtout par le développement de la brosse des pattes postérieures. Ainsi chacun des sexes perd dans une certaine mesure les attributs qui le caractérisent et tend à acquérir ceux du sexe opposé. En même temps les instincts sont profondément modifiés ; jamais une andrène femelle stylopisée ne recueille de pollen ; elle butine sur les fleurs mais seulement pour se nourrir et non pour récolter. Ses tubes ovariens sont complètement arrêtés dans leur développement ; l'animal est inapte à se reproduire. Quant au mâle, l'atrophie ne frappe ordinairement que le testicule du côté où se trouve le parasite.

Un diptère du groupe des Cécidomyes (fig. 29, p. 85), parasité par un nématode du genre *Asconema*, perd ses ovaires sous l'influence de ce parasite, mais accomplit néanmoins l'acte compliqué de la ponte. La femelle plonge, ainsi qu'à l'ordinaire, sa longue tarière entre les fissures des écorces pourries et se débarrasse des embryons d'*Asconema* comme elle ferait de ses propres œufs.

Ces modifications d'instincts, ces déviations de la sollicitude maternelle sont un des points les plus curieux de l'histoire de la castration parasitaire. Mieux que tout autre phénomène elles nous montrent ce que les anciens psychologues appelaient l'action du physique sur le moral. Nous constatons grâce à elles à quel point les instincts et surtout ceux en rapport avec la maternité dépendent des dispositions organiques et des sensations qui en émanent.

Le cas des crabes infestés par des sacculines rentre dans la castration indirecte. Il en est de même du bernard l'ermite ou pagure attaqué par un bopyrien du genre *Phryxus*. M. Giard a constaté que le mâle acquiert les caractères sexuels de la femelle. Non seulement la première paire de pattes abdominales, normalement avortées chez le mâle, reparaît, mais encore les autres paires de membres présentent des caractères en rapport avec une fonction qui ne s'accomplira jamais. Le pagure mâle châtré par le *Phryxus* acquiert un dispositif spécial pour fixer des œufs qui ne seront jamais pondus ! En revanche les pagures femelles infestées par un *Peltogaster* (rhizocéphale) sont non seulement stériles mais encore modifiés profondément dans les caractères extérieurs de leurs pattes abdominales, qui se rapprochent très sensiblement de leurs correspondants dans le sexe mâle.

Ces exemples pourraient être multipliés ; ce que j'ai dit suffit pour montrer tout l'intérêt de la castration parasitaire. L'apparition des caractères du sexe opposé chez un animal ou une plante est une preuve de l'hermaphrodisme primitif des êtres vivants. D'autre part les effets observés varient suivant les circonstances et notamment suivant le stade évolutif où se trouvaient les organes sexuels au moment de l'invasion du parasite. Chez un échinoderme du groupe des ophiures, l'*Amphiura squamata*, normalement hermaphrodite, la présence de divers parasites provoque l'atrophie de l'ovaire, tandis que le testicule se développe plus activement que chez les individus non infectés. Peut-être des phénomènes de ce genre ont-ils contribué, au cours de l'évolution, à produire la séparation des sexes chez des êtres hermaphrodites à l'origine. Darwin a montré en effet les bons effets du croisement et la nécessité de l'introduction d'un mâle étranger, même chez les animaux ou les plantes primitivement hermaphrodites. On connaît les faits de castration du figuier par un hyménoptère gallicole du genre *Blastophaga*, et de temps immémorial les cultivateurs savent qu'il y a avantage à faire féconder les fleurs des pieds hermaphrodites ordinaires par les fleurs mâles de la forme *caprificus* ainsi

infectée et privée de fleurs femelles. Dès lors on peut se
demander si des faits de castration comme ceux du figuier
et de l'*Amphiura* ne sont pas les derniers témoins d'un
état de choses autrefois plus général. La tendance qu'une
espèce hermaphrodite a eue à devenir mâle ou femelle
sous l'influence d'un parasite aurait été fixée et exagérée
par la sélection jusqu'à la complète séparation des sexes.

Un autre caractère important de la castration parasitaire
est que le parasite est souvent substitutif : il occupe fréquemment la place qu'occuperaient normalement les
glandes génitales ou les produits de la génération, notamment la cavité incubatrice. On peut jusqu'à un certain
point dire que la castration parasitaire à distance consiste
dans la lutte pour l'existence entre le parasite et les
glandes génitales, qui sont elles-mêmes des sortes de
parasites empruntant au même milieu intérieur de l'hôte
leurs substances utiles. Dans le cas de la castration directe
cette lutte est encore plus évidente. Quoi qu'il en soit,
le parasite occupe toujours une position bien protégée,
par exemple les branchies ou la cavité générale du corps.
Souvent sa ressemblance avec les organes génitaux de son
hôte est extraordinaire. Lorsque le *Portunion mœnadis* est
adulte et chargé d'œufs, il prend une teinte rouge tout à
fait comparable à celle de l'ovaire du crabe dans lequel il
vit et l'illusion peut être complète. Le parasite se substitue donc aux organes génitaux de son hôte, et prend tous
leurs caractères par une sorte de *mimétisme interne*. C'est
là un de ces cas d'adaptation réciproque du parasite et
de son hôte, que nous rencontrerons fréquemment : il n'y
a pas toujours lutte, mais au contraire dans certains cas le
parasite prend la place et la forme de l'organe détruit, de
façon à ne pas gêner son hôte : d'autres fois, comme nous
l'avons vu, dans le cas de parasites externes, l'animal
infesté protège de son mieux son parasite.

On est au premier abord surpris de voir un être aussi petit que certains de ces parasites produire sur les organes sexuels internes et, par contre-coup sur les caractères extérieurs de leur hôte des modifications aussi énergiques. Mais comme le dit M. Giard[1], on s'aperçoit bientôt que le fait n'est pas absolument isolé. L'œuf humain, au premier mois de la grossesse, est un parasite de bien petite taille, et cependant l'action qu'il exerce sur l'organisme maternel est assez puissante pour empêcher les autres œufs de mûrir et pour arrêter la menstruation. De même l'ovulation est arrêtée chez la nourrice par la présence de son nourrisson, véritable parasite externe. Nous reviendrons (chap. VIII, p. 128) sur cette question du parasitisme embryonnaire. Mais dès à présent il importait de signaler ses rapports avec la castration parasitaire produite par la substitution de parasites aux produits de la génération.

L'étude de la castration parasitaire nous a mis en présence de quelques-uns des problèmes les plus intéressants que soulève l'étude du parasitisme. Il nous reste, pour terminer, à nous arrêter un instant sur les conclusions que la philosophie et la doctrine transformiste doivent tirer de cette étude. Le parasitisme n'est pas uniformément répandu dans la nature. Certains groupes botaniques ou zoologiques en usent rarement, alors que d'autres épuisent toutes les combinaisons, toutes les ressources de ce procédé. Dans le règne végétal, nous trouvons des parasites très nombreux parmi les champignons et les bactéries. Le polymorphisme des urédinées et des ustilaginées, les hôtes successifs nécessaires à la plupart de ces plantes peuvent être mis en parallèle avec les transmigrations de certains parasites animaux. Chez les algues le parasitisme

1. *Comptes rendus de la Société de biologie*, 1887, p. 371.

complet (holoparasitisme) est rare ; en revanche les
hémiparasites sont nombreux. Il n'y a pas d'holoparasites
chez les mousses, les ptéridophytes (fougères, équiséti-
nées etc.) ni chez les gymnospermes ; ces groupes ne
comprennent pas non plus de saprophytes. Chez les
angiospermes le saprophytisme et le parasitisme paraissent
s'exclure mutuellement : le premier se rencontre surtout chez les monocotylées. En revanche les dicotylées
exclusivement parasites telles que les balanophorées,
rafflésiacées, orobanchées, ou hémiparasites (loranthacées,
santalacées) ou les familles dont quelques genres seuls
sont parasites, telles que les convolvulacées, les scrofulariées, les lauracées n'ont pas de vrais saprophytes.

Des faits non moins intéressants s'observent dans le
règne animal. Le parasitisme est très rare parmi les groupes
inférieurs tels que les cœlentérés, très rare également parmi
les mollusques, qu'en raison de leur structure et de leur
genre de vie on s'attendrait à voir devenir souvent parasites.
Les seuls mollusques parasites sont quelques pélécypodes
(*Montacuta, Lepton*) et surtout des gastéropodes, qui vivent dans certains échinodermes, qui leur sont bien inférieurs en organisation. C'est parmi les vers et les crustacés
qu'on rencontre le plus grand nombre de parasites ; beaucoup d'insectes s'adonnent aussi à ce régime, de préférence
à l'état larvaire ; rare parmi les coléoptères, orthoptères et
névroptères, il est au contraire fréquent chez les diptères
et les hyménoptères, plutôt parasites des animaux ; chez les
hémiptères et les lépidoptères, dont les adultes ou les
larves s'attaquent au règne végétal. Quant aux vertébrés, le parasitisme de nutrition est extrêmement rare
chez eux ; on ne le rencontre guère que chez les poissons
et encore la plupart des cas connus rentrent plutôt dans
le commensalisme. Le parasitisme du jeune coucou est,
comme tous les cas analogues, un parasitisme par emprunt

d'aliments, quoique la destruction de la progéniture de l'hôte soit inévitable.

Il faut, pour bien comprendre le *rôle du parasitisme de la nature*, nous dégager un moment de l'animalité à laquelle nous appartenons. Comme le dit fort bien Bordier[1], lorsque nous regardons le parasite comme un importun qui vient arrêter un animal ou un végétal dans son évolution, nous supposons que ceux-ci ont un but marqué vers lequel ils tendent, et que le parasite se met en travers de la route qu'ils suivent. Mais en se plaçant au point de vue du parasite, on peut dire aussi que celui-ci tend vers un but déterminé qui est, comme chez tous les êtres vivants, de réaliser un maximum de vie. Dès lors c'est son hôte qui par les moyens de défense qu'il emploie se met en travers de sa route et l'empêche de remplir sa destinée. Nous savons d'ailleurs qu'il est loin d'en être toujours ainsi : au lieu de réagir avec plus ou moins d'énergie pour se débarrasser de leurs parasites, un grand nombre de parasités s'y soumettent passivement. Quelques-uns leur rendent même des services, ou leur témoignent une sorte de sollicitude maternelle.

C'est d'ailleurs un phénomène bien remarquable que cette impuissance si fréquente des animaux à lutter contre les parasites. Fabre nous montre, dans ses admirables *Souvenirs entomologiques*, de nombreux cas où des hyménoptères se laissent spolier par des parasites beaucoup moins armés qu'eux, notamment par des diptères, qu'un seul coup de leur aiguillon suffirait à détruire. Voici par exemple le *Bembex*, qui sert à sa larve des taons qu'il a tués. Un minuscule diptère, du

---

1. A. Bordier, *Pathologie comparée de l'homme et des êtres organisés*. Paris, Lecrosnier et Babé, 1889.

groupe des tachinaires, embusqué près de l'entrée du nid, pond son œuf sur la proie au moment où le bembex l'introduit dans sa galerie. Celui-ci l'a vu, comme le prouvent son vol anxieux et les détours qu'il fait pour le dérouter : l'idée ne lui vient pas, à lui qui sait égorger des taons colossaux, de se débarrasser, d'un coup d'aiguillon, de cet être faible et désarmé. Bien mieux, les larves du parasite une fois écloses partagent les provisions de celle de l'hyménoptère et finissent par réduire celle-ci à l'inanition, ou même par la dévorer. Le bembex qui apporte journellement de nouveau taons ne peut suffire à pareille consommation. Chaque fois qu'il pénètre dans le nid pour servir sa larve, il touche, il sent ces affamés commensaux : il doit s'apercevoir, si bornées que soient ses évaluations numériques, que douze sont plus que un, les dépenses en victuailles disproportionnées avec ses moyens de chasse l'en avertiraient d'ailleurs ; et cependant au lieu de tuer et d'expulser les larves parasites, il les tolère pacifiquement, et, rééditant l'histoire des oiseaux parasités par le coucou, il leur donne les mêmes soins maternels qu'à sa propre larve.

Des faits analogues sont extrêmement fréquents ; ils rentrent dans la théorie générale de l'instinct : parfaitement adapté à son but tant que rien ne vient le dérouter et nous étonnant par la perfection des moyens mis en œuvre, l'animal guidé par l'instinct ne sait en général pas innover lorsqu'une circonstance inattendue vient rompre la série des phénomènes auxquels il est habitué. Il faut d'ailleurs noter que si les parasités savaient se défendre, la vie du parasite deviendrait impossible. Il en a certainement été ainsi bien des fois au cours de l'évolution et nous n'observons le parasitisme que lorsque l'espèce attaquée n'a pas su résister à ses envahisseurs.

Il n'est pas possible de déterminer dans tous les cas particuliers *l'origine phylogénique du parasitisme*. Pourquoi telle espèce a-t-elle adopté ce genre de vie, alors que celles qui lui sont immédiatement apparentées sont restées indépendantes ? Dans quelques cas des animaux avalés accidentellement par un autre ont pu ne pas périr et s'adapter pour vivre dans le tube digestif de leur hôte : une fois transformés au cours des générations, en vue de ce genre de vie si spécial, tout autre mode d'existence leur est devenu impossible ; ce serait là l'origine des parasites intestinaux. Quant aux parasites externes, ce sont des animaux qui primitivement se sont fixés sur un support quelconque et qui se sont progressivement adaptés à un hôte vivant dont ils tirent leur nourriture. De même le parasitisme végétal a dû être fortuit au début, et ce n'est que peu à peu que la plante, entièrement modifiée, n'a plus pu vivre autrement. On trouve dans la nature actuelle tous les degrés possibles entre la vie libre, la fixation et le parasitisme le plus confirmé. Ils nous montrent ce qu'à dû être l'évolution de celui-ci ; les espèces les moins parasites peuvent en effet être considérées comme n'ayant pas achevé le cycle de leurs transformations parasitaires, et représentent des stades qui ont été dépassés par les espèces les plus parasites.

Les Crustacés décapodes sont infestés à la fois par des Cirripèdes parasites ou Rhizocéphales et par des Bopyriens qui sont des Isopodes souvent parasites des rhizocéphales. La coexistence de cirripèdes parasites chez tous les types de décapodes infestés par des Bopyriens a suggéré à M. Giard l'hypothèse que les Bopyriens ont été introduits chez les décapodes par les rhizocéphales. Tandis qu'une branche, celle des cryptonisciens, est restée fidèle à ses premiers hôtes et a fait sur eux de l'hyperparasitisme, un autre rameau s'est adapté au parasitisme direct sur les décapodes et a donné naissance aux groupes des *Phryxus*, des *Bopyrus* et des entonisciens. Ce changement d'hôte était d'ailleurs facile puisque, lorsqu'ils parasitaient les rhizocéphales, ces isopodes absorbaient déjà les sucs des décapodes par l'intermédiaire de ceux-ci. Nous aurons à revenir (p. 137) sur ce groupe de parasites, intéressant à plus d'un titre.

Il est hors de doute que les parasites sont plus anciens que les espèces qu'ils infestent actuellement. Pour les uns, ce qui le prouve ce sont les caractères de supériorité qu'ils ont hérités de l'époque où ils menaient une vie libre. Pour les autres qui appartiennent aux échelons les plus inférieurs de la biologie, la preuve n'est pas à faire : les microbes virulents actuels vivaient déjà à une époque où aucun des organismes supérieurs n'existait encore. Leur milieu de culture était alors l'eau, l'air, le sol humide. Il est très possible que quelque microbe qui vit actuellement dans ces conditions n'attend qu'une occasion pour être déposé dans les tissus d'un animal et y devenir pathogène. Quoi qu'il en soit, qu'ils descendent d'êtres primitifs ou très évolués, les parasites n'ont pas été créés en vue du parasitisme sur un être déterminé. Ils s'y sont adaptés progressivement sous l'influence de conditions dont j'ai signalé quelques-unes tout à l'heure.

Mais il ne faudrait pas croire que le parasitisme soit toujours avantageux pour l'être qui s'y livre. Dans le parasitisme que l'on pourrait qualifier de conscient, ce n'est pas toujours par paresse que l'animal emprunte ses moyens d'existence à un autre. Le *Stelis nasuta* Latr. dépose son œuf sur les provisions de miel amassées par le chalicodome des murailles, à côté de l'œuf de celui-ci. Pour y arriver il creuse péniblement un puits à travers le dôme de ciment qui renferme les cellules, et ronge l'opercule de l'une d'elles ; il faut savoir que le mortier gâché par le

chalicodome a la dureté de la pierre et ne s'entame que
difficilement au couteau. Une fois l'œuf pondu, le parasite
comble avec de la boue la galerie qu'il s'est creusée. Il se
livre donc à un métier des plus laborieux, puisque mi-
neur d'abord, il devient ensuite pétrisseur d'argile. Or
toutes les affinités du *Stelis* le rapprochent des anthidies ;
avant donc de devenir parasites, ses ancêtres travaillaient
le coton recueilli sur diverses plantes et le façonnaient en
bourses où s'amassait la poussière pollinique récoltée sur
les fleurs ; ou bien appartenant à une série voisine, ils
édifiaient des cloisons de résine dans la rampe spirale d'un
escargot. Dans ce cas comme dans bien d'autres la cause,
qui a pu porter des êtres à abandonner un genre de vie
relativement facile pour en adopter un autre bien plus
pénible, nous échappe entièrement. Il en est encore ainsi,
à plus forte raison, lorsque nous voyons la *Sapyga punc-
tuata* V.L., voisine des scolies et des mutilles dont les
larves sont carnivores, abandonner ce régime et pondre
son œuf dans une loge d'osmie : après avoir dévoré l'œuf
de celle-ci, sa larve se nourrit du miel qui lui était destiné.
Il y a donc eu un changement de régime complet chez
les ancêtres de cet hyménoptère.

Dans tous les cas analogues nous ne pouvons que constater les faits et les classer, sans leur chercher pour le
moment une explication. Mais si, en l'état actuel de la
science, l'interprétation de chaque cas particulier n'est
pas toujours possible, il n'en est pas moins certain que le
parasitisme n'est qu'une des modalités du combat pour la
vie. L'apparence énigmatique de certains faits tient à ce
que les échelons intermédiaires nous font actuellement
défaut. Nous avons vu qu'on peut expliquer ainsi le cas
paradoxal des parasites tolérés et même protégés par leur
victime. Car lorsque celle-ci s'est défendue avec trop de
succès, l'espèce parasite a forcément disparu au cours de

l'évolution. Celles-là seules ont persisté qui étaient plus ou moins bien tolérées par leurs hôtes. Il n'y a là qu'un cas particulier de la sélection naturelle.

Quant au rôle général du parasitisme dans la nature, il consiste à empêcher la trop grande pullulation de certains êtres vivants. A ce titre il constitue l'un des facteurs les plus importants de l'équilibre des espèces.

CHAPITRE III

PARASITISME VÉGÉTAL

Les parasites végétaux se divisent en phanérogames et cryptogames ; les premiers ne sont parasites que d'autres plantes, les seconds infestent soit des plantes soit des animaux. Les deux groupes sont intéressants à plus d'un titre. Si en effet les champignons et les bactéries nous montrent les adaptations les plus parfaites à la vie parasitaire, les végétaux supérieurs nous conduisent par une série de transitions insensibles de la vie indépendante au parasitisme partiel (hémiparasites) ou total (holoparasites) et de celui-ci au parasitisme en voie de disparition.

Parasitisme et saprophytisme produisent sur les végétaux les mêmes réductions : absence de chlorophylle, remplacement des feuilles par des écailles et, chez les champignons, ainsi que chez quelques phanérogames, constitution mycélienne du système végétatif. Rappelons sans insister la ressemblance extérieure des parasites tels que les orobanches et des saprophytes comme *Neottia nidus avis*. Mais

dans les cas extrêmes (rafflésiacées, balanophoracées) les
réductions parasitaires sont bien plus marquées, au point
que la position systématique de ces plantes est difficile à
établir.

Le choix de l'hôte présente un certain nombre de faits
intéressants au point de vue de l'*évolution du parasitisme*.
Le gui vit d'ordinaire sur les arbres à feuilles caduques,
de préférence sur les pommiers et les peupliers, beaucoup
plus rarement sur le chêne ; une variété à fruits jaunâtres,
plus petits, se rencontre sur les conifères. Il y a d'ailleurs
des variations suivant les localités, de sorte que c'est tantôt l'un ou l'autre de ces arbres qui est attaqué de préférence. *Orobanche minor* a été trouvée sur 58 espèces différentes, *O. ramosa* sur 35, d'autres orobanches sont limitées
à un seul genre ou même à une espèce déterminée. Parmi les champignons nous trouvons trois *Puccinia* spéciales,
l'une à *Convallaria*, l'autre à *Polygonatum multiflorum*, la
troisième à *Maianthemum* ; mais dans certaines régions elles
attaquent indifféremment ces trois plantes. Il y a même
des espèces de rouille purement physiologiques, qui ne se
distinguent par aucun caractère morphologique, mais
seulement par l'hôte sur lequel elles vivent, sans jamais
en changer.

Les faits de ce genre indiquent qu'au début les parasites étaient indifférents sur le choix de leurs hôtes. Ce
n'est qu'au cours de l'évolution qu'ils se sont spécialisés
à ce point de vue et qu'ils ont subi des modifications morphologiques corrélatives.

Il va de soi que plus le parasitisme est confirmé, plus
le parasite est exclusif dans le choix de ses hôtes, et que
l'indifférence dans ce choix indique un degré de parasitisme moindre, plus voisin de ses origines. A un
stade encore moins avancé, la plante vit indifféremment
en parasite ou en saprophyte. Il en est ainsi de cer-

tains microbes, tandis que le bacille de la tuberculose est incapable de se développer en dehors d'un hôte approprié.

La plupart des champignons sont exclusivement saprophytes. Certains *Botrytis* se nourrissent aux dépens de plantes vivantes, mais ils ne sont pas capables d'attaquer une plante entièrement saine. D'autres champignons vivent exclusivement en parasites, attaquent des plantes parfaitement bien portantes et certains d'entre eux sont non seulement limités dans le choix de leurs hôtes mais présentent encore des migrations suivant un cycle absolument déterminé.

Chez les algues supérieures on observe le passage de la vie holophytique au parasitisme de support et peut-être même au parasitisme de nutrition. Certaines d'entre elles ne peuvent vivre que sur un genre ou une espèce absolument déterminés : *Elachista fucicola* sur les *Fucus*, *Elachista sericea* sur *Himanthalia lorea*. Certaines algues vertes inférieures présentent un phénomène encore plus intéressant au point de vue évolutionniste : lorsqu'elles se développent sur les exsudats riches en hydrates de carbone qui s'écoulent des arbres, elles perdent leur chlorophylle et se transforment en véritables champignons.

Parmi les phanérogames nous trouvons une sériation bien nette lorsque nous passons des antirrhinées holophytes aux rhinantées, parasites facultatifs, et aux orobanchées dont toutes les espèces sont entièrement modifiées par le parasitisme. Ces trois groupes sont très rapprochés dans la classification et ne diffèrent que par les caractères imposés par le parasitisme. Il en est de même de la série suivante : *Convolvulus soldanella*, *C. lineatus* et leurs analogues à tige non volubile n'empruntent rien à leurs voisins ; les liserons grimpants sont des parasites de support qui finissent parfois par étouffer les plantes auxquelles ils

s'accrochent. Enfin le genre cuscute est un des parasites
végétaux les plus redoutables (fig. 6).

Il est inutile de multiplier ces exemples. Il nous suffit
d'avoir montré que si, pour étudier l'évolution du parasitisme, nous n'avons pas le secours de la paléontologie, du
moins l'anatomie comparée nous permet de voir comment certaines espèces ont pu s'adapter à ce genre de vie.
Les variations qui se
sont produites dans le
temps sur une espèce
déterminée sont actuel-
lement inscrites sur un
certain nombre d'espè-
ces différentes arrêtées
à un stade plus ou moins
avancé de parasitisme.
Nous pouvons ainsi re-
constituer souvent toute
la filière parcourue, par
un procédé semblable
à celui que nous avons
employé dans l'étude
de l'évolution générale
des espèces, lorsque le

Fig. 6. — I, Cuscute parasite sur une luzerne
(b) ; a, glomérules de fleurs ; II, portion de
tige avec suçoirs ; III, fleur.

secours de la paléontologie nous faisait défaut.

Mais à côté d'espèces parasites ou en train de le devenir,
il y en a d'autres, très rares à la vérité, qui semblent re-
noncer à ce mode d'existence. Cette manière de voir s'applique surtout lorsque, dans un groupe botanique entièrement parasite, une espèce ou un genre mène une vie
indépendante. Ne peut-on penser que ces types isolés sont
retournés depuis peu à ce mode d'existence, alors que le
reste de leur famille est demeuré parasite ? Le cas le plus
intéressant est celui du *Santalum album* étudié par M. Scott.

Cet arbre de la zone tropicale est parasite des racines d'autres arbres. Mais il peut aussi vivre dans un sol dépourvu de racines, et dans ce cas il n'en forme pas moins les suçoirs qui normalement lui servent à perforer son hôte. M. Scott pense qu'autrefois le santal était beaucoup plus exclusivement parasite qu'aujourd'hui ; car même quand ce végétal rencontre des racines, le nombre des suçoirs qui se forment est toujours plus élevé que ceux qui se fixent sur l'hôte. Or nous savons que les organes rudimentaires ou les organes sans fonction sont toujours la trace d'un état de choses antérieur.

Au point de vue de l'organe qu'ils attaquent, les parasites phanérogames se divisent en épiphytoïdes, lianoïdes et épirhizoïdes. Les premiers occupent les principales ramifications de la plante, à la façon du gui ; les seconds s'enroulent, comme la cuscute, autour de la tige ; les troisièmes enfin se fixent sur les racines ; telles sont les orobanchées. Il est peut-être plus philosophique de classer les parasites d'après l'importance des réductions qu'ils ont subies. Nous trouvons tout d'abord des *Hémiparasites*, comme le gui (fig. 7) et les autres loranthacées, qui n'empruntent au végétal sur lequel ils s'insèrent que des aliments non encore assimilés, notamment de l'eau et des sels minéraux. Ils sont naturellement pourvus de chlorophylle. La dissémination du gui a lieu par l'intermédiaire d'oiseaux qui expulsent les fruits qu'ils ont mangés. Ceux-ci sont revêtus d'une substance visqueuse qui les tient fixés à l'arbre et qui, en outre, par son humidité, permet la germination dans les milieux les plus secs (fig. 8). Le passage à travers le tube digestif de l'oiseau semble utile au développement de la graine sans lui être indispensable. En germant, l'axe hypocotylé de la jeune plante se dirige immédiatement du côté de l'écorce de son hôte, y enfonce un cordon de vaisseaux qui se ramifient

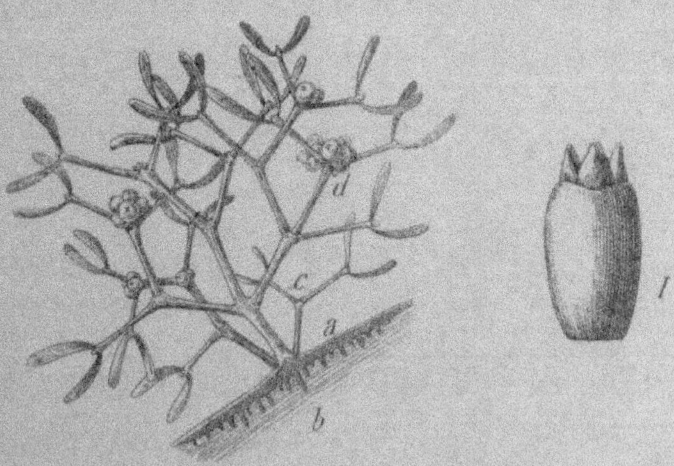

Fig. 7. — Gui (*Viscum album*). *a*, suçoirs implantés dans le bois *b* ; *c*, division de la tige ; *d*, groupe de baies ; à droite une fleur femelle isolée.

bientôt à divers niveaux dans l'épaisseur du bois. Il y a là tout un ensemble d'adaptations que je ne puis qu'indiquer sommairement et qui permettent au gui et à ses congénères de parasiter les arbres et de disséminer leurs graines dans un milieu aussi spécial et aussi peu accessible. Mais un fait encore plus intéressant c'est que le gui n'est qu'un parasite intermittent. Il résulte en effet d'expériences de M. Bonnier qu'une partie du carbone qu'il assimile grâce à sa fonction chlorophyllienne est cédée par lui à la plante qui le porte. Il s'établit une sorte de balance qui penche en faveur

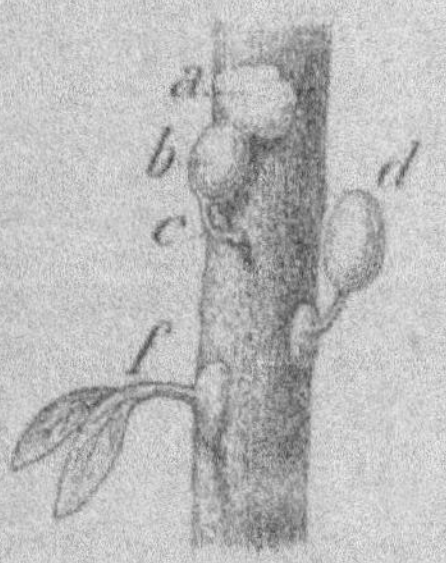

Fig. 8. — Germination du gui. *a*, péricarpe visqueux ; *b*, graine ; *c*, tigelle ; *d*, état plus avancé ; *f*, plantule de deux ans avec la première paire de feuilles. (Engler.)

de l'hôte pendant la belle saison, en faveur du parasite pendant l'hiver, celui-ci conservant ses feuilles et continuant par suite l'assimilation du carbone. A ce titre le gui et les arbres à feuilles caduques, sont de véritables mutualistes, non pas à un moment quelconque et pendant toute la durée de leur vie, mais au cours d'une année. Ils auraient donc pu aussi bien trouver place dans la seconde partie de cet ouvrage.

Fig. 9. — *Melampyrum pratense*, scrofulariée hémiparasite.

Un deuxième groupe d'hémiparasites comprend des plantes, toujours pourvues de chlorophylle, qui tirent une partie de leur subsistance du sol et empruntent le reste aux racines d'autres plantes par l'intermédiaire de suçoirs. Dans ce groupe rentrent les santalacées, représentées chez nous par le *Thesium humifusum*, et les scrofulariées (tribu des rhinanthées) (fig. 9). On sait que dans les plantes normales les liquides du sol sont puisés par l'intermédiaire des poils radicaux ; ceux-ci sont partiellement ou totalement absents chez les épirhizoïdes. En revanche il se développe chez eux des suçoirs qui s'appliquent sur la racine de l'hôte ou pénètrent même en elle. Chez les espèces vivaces de pédiculaires les suçoirs meurent en même temps que les plantes annuelles où ils étaient implantés ; le parasite allonge alors ses racines qui se ramifient au loin pour chercher de nouvelles victimes.

Avec les orobanchées nous entamons l'étude des *holo-parasites*. Leurs graines n'achèvent leur développement que si l'extrémité inférieure de la jeune plantule arrive au contact de la racine d'un hôte approprié. Comme cette

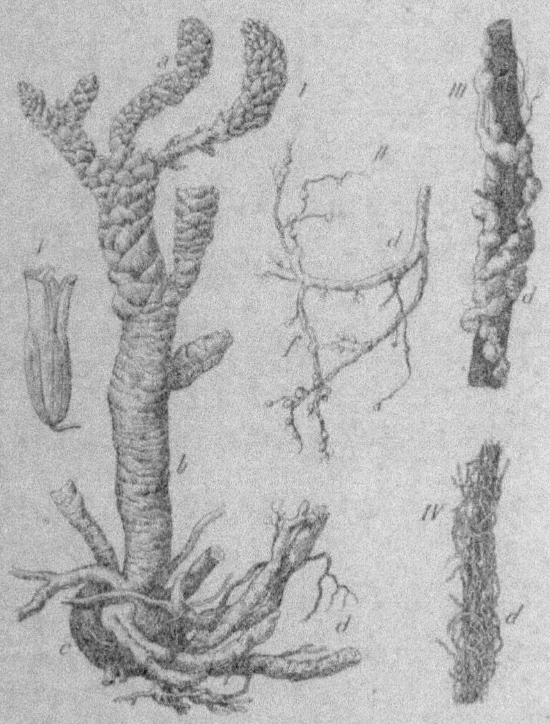

Fig. 10. — Orobanchées : I. *Lathræa squamaria* : a, tiges florifères jeunes, à feuilles remplacées par des écailles charnues ; b, rhizome ; c, tubercule basilaire ; d, racines. — II. Racine avec suçoirs arrachée d'une racine de saule. — III. Racine de saule enveloppée de racines de *Lathræa clandestina*. — IV. Racine d'aulne avec réseau de racines de *L. squamaria*. — V. Fleur. (Heinricher.)

circonstance peut être difficile à rencontrer, les graines sont très nombreuses et, malgré leur extrême petitesse, elles conservent leur faculté germinative pendant deux années. Le filament terminal de l'embryon pénètre dans la racine nourricière, s'y ramifie et abouche ses vaisseaux directement avec ceux de cette racine. En même temps il naît d'autres suçoirs qui s'implantent de la même façon sur les racines voisines (fig. 10). Les orobanchées n'absorbent pas seulement de la sève ascendante mais aussi de la sève élaborée, de sorte qu'elles présentent tous les caractères morphologiques des vrais parasites. *Monotropa hypopytis* est une plante de la famille des Pirolacées ; elle ressemble aux orobanchées par l'absence de chlorophylle et le remplacement des feuilles par des écailles. Elle est parasite des racines des pins, mais en même temps elle absorbe les parties constituantes de l'humus grâce à sa symbiose avec un champignon (Voir p. 162). Dans cette plante remarquable le parasitisme et le saprophytisme s'unissent pour produire des déformations de même ordre.

Les parasites lianoïdes se rencontrent dans deux familles bien éloignées l'une de l'autre : les lauracées avec le genre exotique *Cassyta*, et les convolvulacées avec les Cuscutes, trop communes partout. Dans les deux cas il s'agit de végétaux à tige filiforme s'enroulant autour d'une plante nourricière dont ils absorbent les sucs au moyen de ventouses placées à la face interne des tours de spire. La graine de la cuscute germe sur le sol (fig. 11) et y enfonce une courte radicelle dépourvue de coiffe et de vaisseaux. La jeune plante, dont l'extrémité est recouverte par les téguments de la graine, se déplace en spirale, en quête de l'objet après lequel elle s'accrochera (fig. 11, 2) ;

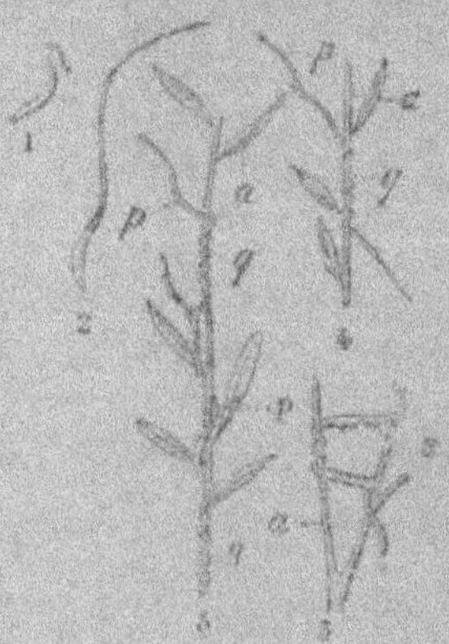

Fig. 11. — 1, 2, embryon de cuscute au début de la germination ; — 3, 4, le parasite enroulé autour de la plante hospitalière (a) ; p, tours de spire lâches ; q, tours de spire serrés ; — 5, portion de tige déroulée pour montrer les suçoirs.

elle meurt si elle ne le rencontre pas, car sa racine rudimentaire est incapable de la nourrir. La cuscute ne s'enroule d'ailleurs pas autour d'un objet quelconque : on peut la mettre indéfiniment en contact avec un bâton de bois ou un fil de fer sans que l'enroulement se produise : il lui faut la plante ou les plantes seules capables de faire vivre chaque espèce particulière de cuscute. Par cette faculté de choix, notre parasite témoigne donc de cette conscience obscure que nous avons trouvée à la base de tous les phénomènes vitaux (*Évolution de la vie*, passim). Cette conscience est d'ailleurs sujette à l'erreur. Si on imbibe un bâton de moelle de sureau d'une décoction de plantes qui servent normalement de supports à une cuscute déterminée, on voit celle-ci s'y enrouler, développer des suçoirs et corroder les couches superficielles du sureau.

Dès qu'elle a rencontré l'hôte qu'elle cherchait, la jeune cuscute se détache de terre, sa racine, devenue inutile, périt (fig. 11, 3 et 4, et fig. 6). En même temps se développent les suçoirs, sortes de racines latérales qui s'enfoncent dans la plante nourricière. La croissance de la cuscute est aussi remarquable que le reste de sa biologie. En effet elle décrit alternativement des spires serrées, à ventouses nombreuses où toute son activité s'emploie à absorber les sucs de son hôte ; et des spires lâches qui lui permettent de s'étendre au loin. Il est enfin à noter que malgré son adaptation parasitaire si nette, toute trace de la vie normale ne s'est cependant pas effacée en elle ; si la plante qui la porte dépérit et la nourrit mal, la cuscute devient verte et cette réapparition de la chlorophylle est un des exemples les plus topiques de la variabilité des fonctions des êtres vivants et de leur adaptation aux conditions extérieures.

Les phanérogames qui nous restent à décrire sont en-

core bien plus réduites par le parasitisme. Par une anomalie tout à fait inattendue elles finissent par ressembler,

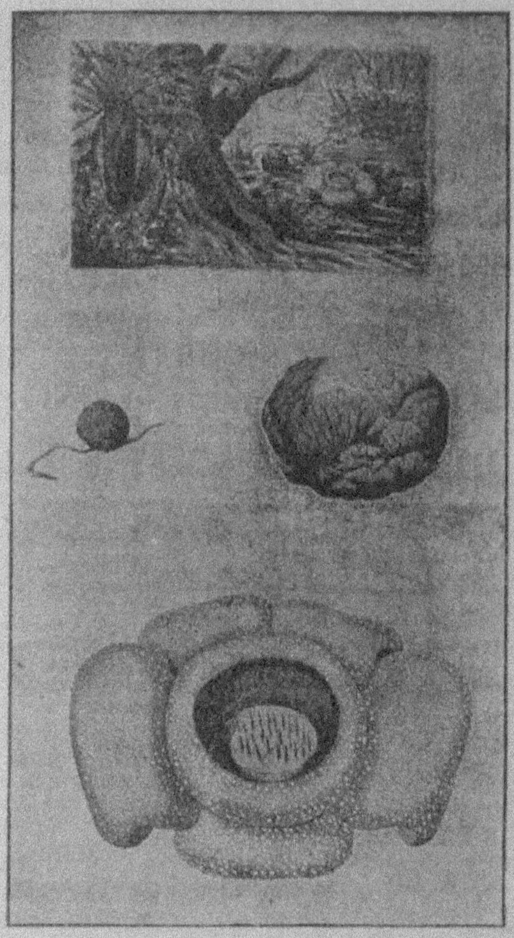

Fig. 12. — 1. Aspect d'un coin de forêt vierge ; à droite, plusieurs fleurs de *Rafflesia*. — 2. Bourgeon floral. — 3. Le même, à moitié ouvert. — 4. Fleur
épanouie.

non seulement dans leurs caractères extérieurs mais dans
l'intimité de leur structure, aux champignons les plus

dégradés ; et nous verrons ce phénomène s'accentuer à
mesure que nous parcourrons cette série. Le *Cytinus hy-
pocistis* de la région méditerranéenne est parasite des racines
des cistes : il enfonce entre le cambium et le bois une sorte
de thalle cylindrique composé de cellules non différenciées.
Ses fleurs sont en grappe et pourvues de nombreuses
écailles foliaires. A la même famille des cytinacées appartiennent des plantes exotiques, dont l'appareil végétatif,
entièrement cellulaire et semblable à un mycelium de

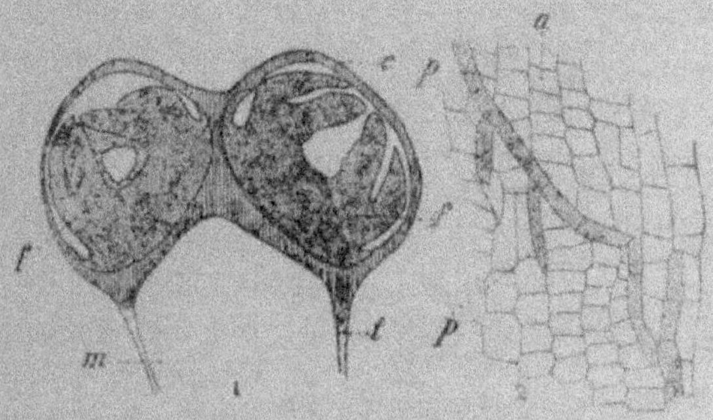

Fig. 13. — *Pilostyles*, rafflésiacée parasite. 1, Section de l'arbre attaqué dans
l'écorce (*c*) duquel deux fleurs (*f*) sont ébauchées. — 2, Section des tissus de
l'hôte *a*, au milieu desquels on distingue des filaments *p*, constituant tout l'appareil végétatif du parasite (d'après M. de Solms-Laubach).

champignon, est totalement inclus dans les tissus de
l'hôte : les fleurs seules apparaissent à la périphérie.
Celles-ci peuvent être gigantesques : elles atteignent 1
mètre de diamètre chez les *Rafflesia* (fig. 12) parasites des
racines des lianes du genre *Cissus*, à Java, Sumatra et aux
Philippines. D'autres fois elles sont nombreuses et très
petites comme chez *Apodanthes* et *Pilostyles* (fig. 13)
parasites de diverses plantes de l'Amérique du Sud.
Rien n'est curieux comme de voir jaillir de l'écorce de ces
plantes, les fleurs du parasite, dont rien ne faisait soupçon-
ner la présence.

Le *Cynomorium coccineum* L. est le seul représentant,
dans le bassin méditerranéen, d'une famille tropicale, les
balanophoracées. Ici,
à des organes végéta-
tifs mycéliens cachés
dans les racines des
plantes, viennent se
superposer des orga-
nes aériens qui eux-
mêmes prennent l'ap-
parence de champi-
gnons et qui portent
les fleurs, toujours très
nombreuses. Chez le
Cynomorium, les écail-
les foliaires sont très
réduites, et la massue
floritère est formée par
une quantité prodi-
gieuse de petites fleurs
très simples. Cette
massue est de consis-
tance charnue et res-
semble à un champi-
gnon du groupe des
phalloïdés. Chez *Ba-
lanophora* (fig. 14, en
haut) elle est entourée
de feuilles assez larges;
Seybalium fungiforme,
du Brésil, a de très pe-
tites écailles et son in-

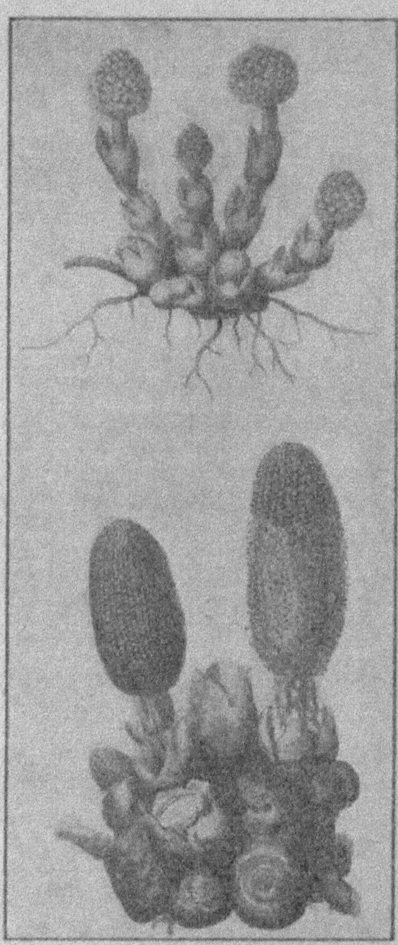

Fig. 14. — Balanophoracées, plantes tropicales
parasites. En haut, *Balanophora involucrata*;
en bas, *Rhopalocnemis phalloïdes*.

florescence a la forme d'un chapeau de champignon; *Rhopalocnemis phalloïdes*, de Java (fig. 14, en bas) est presque

dépourvu de feuilles, et les fleurs, très petites, sont
tassées les unes à côté des autres sur une massue ressemblant à l'extrémité d'une morille, et sortant d'une
gaine comme certains champignons ; cette gaine est encore
plus marquée chez *Helosis guyanensis*, qui est entièrement dépourvu de feuilles. Quant à *Sarcophyte sanguinea*, du cap de Bonne-Espérance, sa forme ramifiée
et sa couleur rouge le font ressembler à certaines cla-
vaires.

Nous avons affaire ici à des modifications remarquables
à plus d'un titre. Tout d'abord nous voyons des phanérogames rétrograder sous l'influence du parasitisme, au point
que leur appareil végétatif composé seulement de filaments sans structure définie est tout aussi rudimentaire
que celui des champignons. La plante ne redevient pour
ainsi dire elle-même qu'au moment de se reproduire ;
elle donne alors naissance à des bourgeons floraux qui,
la plupart du temps, ressemblent à des champignons par
leurs caractères extérieurs. Il convient de se demander à
quoi tient cette ressemblance.

On pourrait penser d'abord à du mimétisme protectif
(Voir p. 243) : les balanophoracées et leurs analogues imi-
teraient la forme des champignons parce que ces végétaux
ne sont en général pas consommés par les herbivores :
elles profiteraient, grâce à leur forme trompeuse, de l'immunité dont ceux-ci jouissent. Mais il faut se rappeler
que les grosses espèces de champignons, les hyménomycètes, sont rares dans les forêts tropicales et que par suite
les balanophorées n'auraient aucun avantage à les imiter.
En réalité, celles-ci occupent jusqu'à un certain point la
place remplie chez nous par les hyménomycètes, et des conditions de vie semblables ont produit chez elles des déformations analogues. Étant donné un végétal sans structure
définie, il ne peut s'étendre en longueur que s'il est sou-

tenu par le milieu environnant ; telles les algues qui
flottent dans l'eau, tels encore les mycéliums des champignons ou des balanophorées tant qu'ils circulent dans
le sol ou dans les tissus d'autres plantes. Mais au moment
de développer les organes de la fructification, il faut bien,
au moins pour les végétaux terrestres, quitter le sous-sol
et venir à l'extérieur, et alors ces plantes sans consistance
ne peuvent développer une tige de quelque étendue. Elles
prennent forcément une forme trapue, en tubercules, en
chapeau ou à ramifications courtes et épaisses, ou encore
comme chez les rafflésiacées, l'appareil extérieur est réduit à son minimum et la fleur seule apparaît à la surface.
En résumé c'est par la convergence, par l'adaptation à
des conditions de vie similaires, et non par le mimétisme,
qu'il faut expliquer la ressemblance des balanophorées et
des champignons.

Nous avons étudié jusqu'à présent les modifications
introduites par le parasitisme sur l'appareil végétatif. Mais
il y a également des régressions dans
les organes reproducteurs, et spécialement dans les organes femelles. Il
y a chez les phanérogames parasites
trois types d'ovules et d'ovaire. Dans
une première catégorie, à laquelle se
rattachent les orobanchées, les rafflésiacées et la cuscute, l'ovaire et l'ovule
sont à peu près normaux, mais l'embryon est indifférencié (fig. 15) : il
reste formé d'un petit massif de cel-

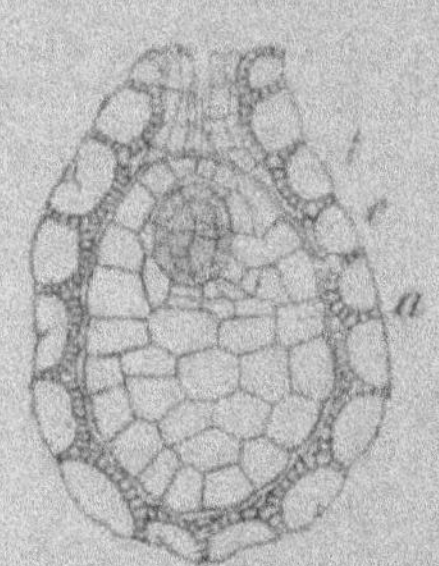

Fig. 15. — Graine d'Oro-
banche ; t, tégument ; c,
embryon ; a, albumen.

lules où on ne distingue ni cotylédons, ni tigelle, ni
radicule. Dans une seconde catégorie, dans laquelle rentrent les santalacées et les loranthacées, les modifications de l'appareil femelle se manifestent avant la féconda-

tion : l'embryon est à peu près normal dans la graine, mais l'ovule est plus ou moins dégradé. Chez le *Thesium humifusum*, seul représentant européen des santalacées, il est indifférencié et dépourvu de nucelle : chez certaines loranthacées il disparaît complètement : le sac embryonnaire se développe directement dans l'ovaire. Enfin le troisième type, celui des balanophoracées, est encore plus remarquable. La fleur femelle se réduit à un pistil minuscule, de deux dixièmes de millimètre, qui ressemble à un archégone de mousse. Le sac embryonnaire unique est plongé dans la base du carpelle : il n'y a pas d'ovule et de plus, comme chez les orobanchées et les rafflésiacées, l'embryon reste indifférencié.

En résumé le parasitisme n'atrophie pas seulement les organes sur lesquels son action est directe parce qu'il rend leur fonctionnement inutile, mais encore les organes reproducteurs sur lesquels il n'agit que d'une façon toute indirecte. On conçoit, sans qu'il soit nécessaire d'insister ici, toute l'importance de cette constatation au point de vue de l'hérédité des caractères acquis. Il est d'ailleurs juste d'ajouter que l'imperfection des organes reproducteurs est, comme chez tous les parasites, compensée par leur grand nombre, qui permet la dissémination et la perpétuation de l'espèce.

Par une voie inverse à celle suivie par l'évolution normale, les balanophoracées et leurs analogues nous ont conduit à des formes analogues aux cryptogames ; c'était le meilleur exemple de cette évolution régressive dont le rôle est si grand non seulement en phylogénie, mais même dans l'ontogénie de chaque être en particulier. Il nous reste à étudier les *Cryptogames parasites* des plantes. Mais ici, en présence de l'abondance des faits nous serons forcés de nous limiter à quelques exemples propres à mettre en évidence des vérités générales. Pour tout le reste nous renverrons aux traités spéciaux [1].

Nous laisserons tout d'abord entièrement de côté les Bactéries qui ne jouent dans la pathologie végétale qu'un rôle assez subordonné, tandis qu'elles ont une importance capitale pour la pathologie animale. Cette différence tient surtout à la composition chimique des humeurs dans les deux règnes. Le suc cellulaire des plantes est généralement acide. Or les Champignons se développent beaucoup mieux que les bactéries dans ces conditions.

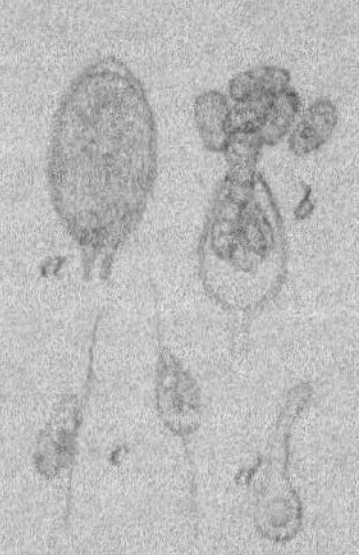

Leur appareil végétatif est toujours mycélien, c'est-à-dire formé de rangées de cellules qui ne constituent jamais un tissu défini. Il ne peut donc nous offrir ces régressions curieuses que nous ont montrées les phanérogames parasites. Nous verrons cependant que ces êtres si dégradés à tant de points de vue présentent des adaptations plus ou moins parfaites à la vie parasitaire et que leur

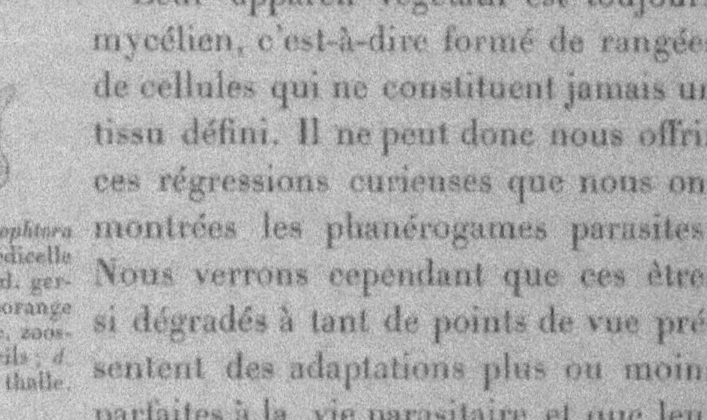

Fig. 16. — *Phytophtora infestans*. *a*, pédicelle et conidie ; *b*, id. germant en zoosporange (gross. : 400) ; *c*, zoospores à deux cils ; *d*, germination en thalle.

mode de reproduction est intéressant à plus d'un titre.

Voici d'abord une Péronosporée, la *Phytophtora infestans* (fig. 16), qui produit la maladie de la pomme de terre. Le mycélium se glisse entre les cellules de toute la plante et prend un grand développement, surtout dans les feuilles. Il applique fortement sa membrane ténue contre celle qui limite les cellules, mais il n'y plonge pas de suçoirs. On voit cependant parfois des rameaux courts du mycélium déprimer la paroi cellulaire et même y pénétrer, d'après de Bary ; mais cette disposition est tout à fait exceptionnelle.

1. Consulter notamment E. Prillieux, *Maladies des plantes causées par des parasites végétaux*. Paris, Firmin-Didot. — W. Zopf, *Die Pilze*. Breslau, 1890. — E. Belzung, *Anatomie et physiologie végétales*. Paris, Alcan, 1900.

Les hyphes ou filaments mycéliens, ramifiés et non cloisonnés, s'étendent dans les parties vivantes en rayonnant à partir des points les premiers attaqués, et déjà frappés de mort. Les appareils fructificateurs font saillie par les stomates de la plante : ce sont eux qui constituent le duvet blanchâtre qu'on observe à la face inférieure des feuilles ; chacun est constitué par une branche plus ou moins ramifiée et portant à l'extrémité de chaque rameau un corps piriforme nommé *conidie a*. La conidie se détache, tombe, et, de son intérieur, s'échappent une dizaine de spores douées de mouvement, ou *zoospores c*. Celles-ci nagent dans l'eau qui imbibe le sol ou qui couvre la plante par un temps pluvieux et vont se fixer sur le végétal. Elles germent aussitôt et produisent un tube *d* qui pénètre dans les feuilles en perçant les cellules de l'épiderme. Parvenu dans leur intérieur, le tube s'allonge en un hyphe qui va s'étendre et se ramifier entre les cellules. Ce mode de reproduction par zoospores nous ramène à l'un des stades les plus anciens de l'évolution, celui où les caractères distinctifs des animaux et des végétaux n'étaient pas encore bien développés. C'est encore une confirmation de cette loi d'après laquelle les parasites conservent ou reprennent des caractères ancestraux qui disparaissent de bonne heure chez les êtres indépendants.

Le *Peronospora viticola* ou mildiou de la vigne (fig. 17

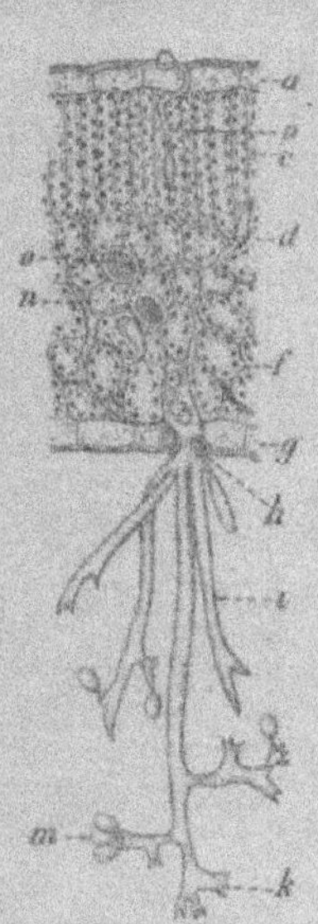

Fig. 17. — Coupe d'une feuille de vigne atteinte de mildiou. *a*, *g*, épiderme supérieur et inférieur ; *b*, filament de la *Peronospora*, terminé en renflement respirateur à la surface ; *c*, parenchyme en palissade de la feuille ; *d*, *n*, thalle du parasite ; *f*, parenchyme lacuneux ; *h*, stomate ; *i*, arbuscule conidien après la chute des conidies *m* ; *o*, œufs, nés par fusion d'une anthéridie et d'une oogone. (Viala.)

Fig. 18. — Groupe d'arbuscules de mildiou de la vigne sortis par un stomate (gr. : 120)

et 18) nous offre des phénomènes à peu près semblables. Mais d'une part il y a perfectionnement dans la voie du parasitisme : le mycelium porte en effet de place en place des suçoirs globuleux qu'il plonge dans les cellules de la vigne (fig. 19, I). D'autre part, outre la reproduction par conidies ou zoospores, il y en a une autre. A l'arrière-saison, des hyphes se gonflent en une sorte de vessie piriforme ou sphérique qui est une *oogone* (fig. 17 o et 19, V et VI). Le plasma s'y accumule et l'oogone se sépare du filament

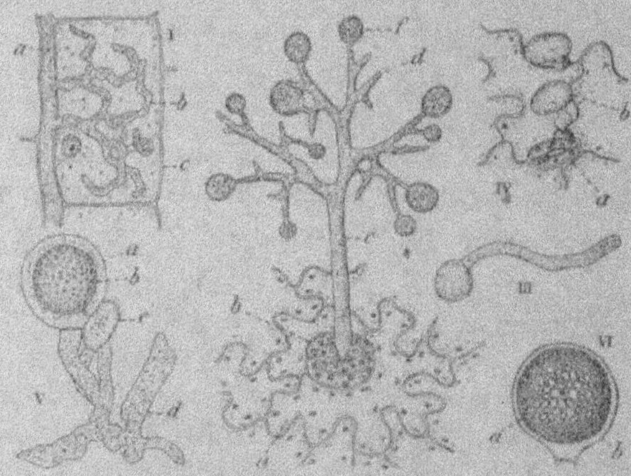

Fig. 19. — *Peronospora calotheca*, parasite des Rubiacées. — I. *a*, filament intercellulaire du parasite ; *b*, suçoir intracellulaire rameux ; *c*, cellule de l'hôte. — II. *a*, cellules épidermiques vues de face ; *b*, stomate ; *c*, arbuscule ; *d*, stérigmates ; *f*, spores ; — III, spore en germination. — IV. *b*, spore en germination pénétrant par le stomate *a*. — V. *a*, oogone ; *b*, oosphère ; *c*, anthéridie ; *d*, thalle. — VI. *a*, œuf ; *b*, paroi de l'oogone.

par une cloison. Un rameau voisin développe une *an-*

théridie qui s'accole à l'oogone et la féconde. L'œuf ainsi formé s'entoure d'une coque résistante qui lui permet de passer l'hiver ; il ne germe en effet qu'au printemps, au moment où les jeunes feuilles de la vigne se développent. La reproduction sexuée, très répandue parmi les champignons inférieurs, a disparu chez les hyménomycètes. Dans le cas particulier, on voit l'utilité de sa persistance : elle semble infuser à l'organisme une vitalité nouvelle et en tout cas elle donne lieu à des œufs d'hiver capables de supporter les rigueurs de la mauvaise saison. Ainsi, sous l'influence de conditions vitales plus difficiles, nous voyons persister chez les champignons parasites des organes ancestraux éminemment favorables à la perpétuation de l'espèce, qui ont disparu chez la plupart des champignons saprophytes.

Avec les Ustilaginées nous abordons l'étude si intéressante du *polymorphisme*. Les Charbons sont particulièrement à redouter en tant que parasites des céréales. Leur mycélium formé de tubes cloisonnés s'étend à de

Fig. 20. — Panicule d'avoine charbonnée, envahie par *Ustilago segetum*.

grandes distances dans l'intérieur des plantes : il est pourvu de suçoirs qui pénètrent à l'intérieur des cellules. Il donne naissance en certains points à de nombreux rameaux fertiles, à l'intérieur desquels se forment des spores qui, mises en liberté, constituent les amas de poussière charbonneuse qu'on voit au milieu des tissus désorganisés. Sur les

céréales ces spores se produisent dans les épis (fig. 20) ;
sur le maïs, elles sont renfermées dans d'énormes tu-

Fig. 21. — Levure de
bière, *Saccharomyces
cerevisia*, ressem-
blant à une germi-
nation d'*Ustilago*.

meurs qui occupent divers points de la
plante. Elles conservent pendant 2 à 3 ans
la faculté de germer. Au contact de l'eau
ou de la terre humide, elles donnent,
quand la température est favorable, un
tube (promycelium) qui se cloisonne et
produit de petits corps ovoïdes nommés
sporidies. Ces sporidies se détachent et
peuvent se reproduire indéfiniment dans
un milieu humide, en se divisant à la
façon de la levure de bière (fig. 21). A
un moment donné, la sporidie donne naissance à un tube
de germination qui s'allonge, croissant par l'extrémité
tandis que sa partie postérieure se vide et
meurt. Si ce tube rencontre une jeune plante
nourricière il y pénètre par le bas et s'étend
progressivement dans tous les tissus en s'al-
longeant à mesure que la plante croît. En
résumé, les ustilaginées nous offrent deux
générations tout à fait dissemblables et alter-
nant irrégulièrement : l'une, filamenteuse,
pousse dans l'intérieur des tissus végétaux ;
l'autre, ressemblant à la levure, croît dans
la terre humide et permet au parasite de se
propager en attendant qu'il rencontre l'hôte
qui lui est nécessaire.

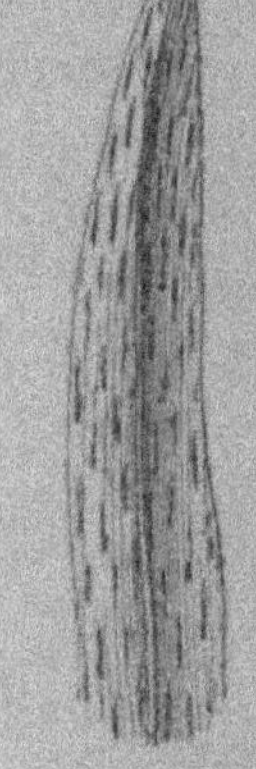

Fig. 22. — Feuille
de blé portant de
nombreux amas
de spores de
Rouille, *Puccinia
graminis*.

Le polymorphisme et l'alternance des générations atteignent leur maximum chez les
Urédinées. Ce sont des champignons dont
le mycélium est localisé en certains points
des plantes et y forme des masses feutrées, d'où naissent
les spores, en général orangées ou brunes ; d'où le nom

de Rouilles qu'on a donné à ces champignons (fig. 22). Si la spore tombe sur une plante nourricière elle développe un tube de germination qui y pénètre par un stomate et y forme un mycélium semblable au précédent. Ce mode de reproduction des rouilles favorise leur dissémination durant la belle saison. D'autre part on trouve en automne, sur la paille, des pustules noires ou *Puccinies* portant des spores dormantes qui en général ne germent qu'au printemps suivant. Chacune d'elles donne naissance à un tube de germination et à des sporidies ; celles-ci à leur tour produisent un tube qui pénètre dans l'épiderme des plantes nourricières. Ces sporidies ne peuvent pas comme celles des ustilaginées germer dans un liquide nutritif ni s'y développer en levures ; il faut donc les considérer comme un rudiment de la génération que nous avions trouvée bien développée chez celles-ci. Ici en effet l'adaptation est différente ; au lieu de donner naissance à des générations en forme de levure, les spores sont en vie latente en attendant que les circonstances redeviennent favorables.

Les urédinées offrent enfin un troisième mode de reproduction, celui par *Æcidies*. On observe souvent à la face inférieure des feuilles de certaines plantes, des pustules qui s'ouvrent pour former une sorte de cupule remplie de spores, placées en files verticales. Ces spores en germant reproduisent la forme *Uredo*. Dans certaines plantes, par exemple les betteraves et les fèves, les feuilles qui portent les æcidies sont à d'autres moments chargées de rouille ou de puccinies : les trois formes se présentent sur le même hôte. Mais il n'en est pas ainsi chez d'autres espèces d'urédinées, et notamment chez celles qui attaquent les céréales. Ici il y a non seulement alternance de générations mais *migrations* obligatoires d'un hôte sur l'autre. L'épine vinette ne porte jamais ni rouille ni puccinie : en revanche elle est fréquemment atteinte d'æcidies (fig. 23) ;

les æcidiospores ainsi formées ne se développent que sur les
céréales, et y produisent la rouille dite linéaire. Cet *Uredo*
continue à se propager pendant toute la belle saison ; il
donne à l'automne des puccinies, dont les spores germent
au printemps suivant sur l'épine-vinette sous forme

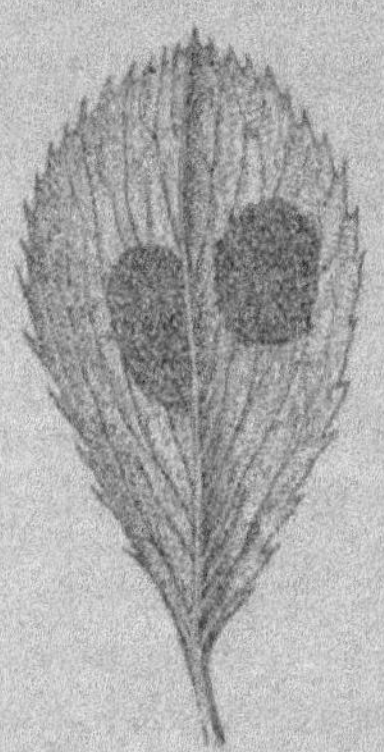

Fig. 13. — Feuille d'épine-
vinette portant deux
groupes d'æcidies de la
Rouille du blé.

d'æcidie, et le cycle recommence. D'autres rouilles ont la génération æcidie
sur des borraginées (*Puccinia rubigo
vera* des céréales), sur les nerpruns
(*Puccinia coronata* de l'avoine), etc.
Mais partout nous trouvons des modes
de fructifications multiples qui se succèdent pendant le cours de l'année dans
un ordre déterminé.

Ce que nous avons dit suffit pour
montrer que les champignons parasites
sont loin d'être aussi dégradés qu'on
pourrait le penser. En réalité ils sont
parfaitement adaptés à la vie qu'ils
mènent, et, si leur système végétatif est mycélien,
comme celui des champignons saprophytes d'ailleurs,
ils présentent un grand avantage sur ceux-ci par le perfectionnement de leur appareil reproducteur. Grâce à sa
souplesse, grâce aux ressources qu'il présente suivant
la saison et les circonstances, ces champignons sont
assurés de persister dans les conditions les plus défavorables et peuvent attendre la rencontre de l'hôte nécessaire à leur développement. Quant aux migrations,
leur origine phylogénique est difficile à expliquer ; il faut
cependant faire remarquer que, dans les climats à saisons
bien tranchées, le champignon tire un bénéfice direct de
son passage sur deux hôtes successifs qui se développent
à des moments différents, et du raccourcissement de son
séjour sur chacun d'eux. Ces migrations d'abord fortuites,

se sont fixées et sont devenues immuables chez les urédinées les plus parfaites.

L'alternance des générations a pour effet d'augmenter
considérablement le nombre des individus et par suite de
favoriser la *dissémination de l'espèce*. — Celle-ci a lieu
surtout par l'intermédiaire du vent ou de l'eau (pluie,
rosée). Les insectes jouent également un rôle important
dans cette dissémination. Les spores des parasites s'attachent à leurs poils et sont ainsi transportées d'une plante
à l'autre. C'est ainsi que les conidies de l'ergot de seigle
sont apportées d'un épi à l'autre par un coléoptère (*Can-
tharis melanura*) et par des mouches qui recherchent le
liquide sucré des conidies. Il y a donc là une adaptation
tout à fait comparable à celles que nous verrons plus tard
chez les phanérogames qui attirent les insectes au moyen
de nectar et favorisent ainsi la dissémination du pollen
(V. p. 172). Les grands animaux sauvages ou domestiques
contribuent aussi pour leur part à la dissémination des
spores qu'ils entraînent dans leur fourrure ou dans leurs
plumes. Enfin l'homme lui-même a introduit certaines
maladies des plantes. La puccinie des malvacées était
autrefois inconnue en Europe. Originaire du Chili, elle a
été apportée il y a une trentaine d'années, probablement
avec des marchandises.

Les plantes vivant en nombreuses sociétés s'infectent
naturellement très facilement les unes les autres. C'est
ainsi que dans les colonies d'algues vertes ou de diatomées, les champignons se propagent parfois avec tant de
rapidité qu'il ne reste bientôt presque aucun individu
intact. Dans des cas très rares (V. p. 62), des parasites des
végétaux peuvent se transmettre aux animaux ; une Chy-
tridinée (*Rhizophyton gibbosum* Z.) qui infecte certaines
Desmidiées peut aussi attaquer les rotifères et les tuer.

Nous avons vu que l'organe le plus habituel de pénétration du parasite est un tube germinatif. Il entre directement dans les cellules en perforant leur paroi, ou bien, comme chez les Érysiphées, il développe des suçoirs qui pénètrent dans les cellules. Certains champignons se contentent d'accoler leurs filaments à la paroi cellulaire. Le point de pénétration des parasites est le plus souvent une ouverture naturelle, telle que les stomates ; d'autres fois comme dans la maladie de la pomme de terre, le champignon perfore directement une cellule épidermique.

Au point de vue du *choix de l'hôte*, on observe la sériation suivante. Certains champignons ne parasitent qu'une seule espèce : *Melampsora padi* ne vit que sur *Prunus padus*, *Phragmidium carbonarium* sur *Sanguisorba officinalis*, *Ustilago echinata* sur *Phalaris arundinacea*, *Entyloma Aschersoni* sur *Helichrysum arenarium*, *Zopfia rhizophila* sur *Asparagus officinalis*. D'autres ont pour victimes la totalité ou la plupart des espèces d'un genre : *Uromyces geranii* vit sur divers *Geranium*, *Puccinia porri* sur les *Allium*, *Phragmidium potentillæ* sur les potentilles. D'autres parasitent les espèces de plusieurs genres voisins. Ainsi on rencontre *Ustilago violacea* sur des *Dianthus*, des *Silene*, des *Saponaria* ; *Cystopus candidus* sur de nombreuses crucifères ; *Protomyces macrosporus* sur toute une série d'ombellifères ; *Erysiphe graminis*, *Claviceps purpurea*, *Epichloe typhina* sur de nombreuses graminées, *Puccinia Hieracii* sur diverses composées. Enfin il y a des champignons encore plus éclectiques : *Erysiphe communis* attaque des composées, des scrofulariées, des renonculacées, des géraniacées, des dipsacées, des convolvulacées. *Sclerotinia sclerotium* se rencontre chez les monocotylées et les dicotylées les plus variées. Il va de soi que cette indifférence dans le choix de l'hôte représente en général

un état primitif, tandis que les parasites les plus évolués
sont souvent aussi les plus spécialisés.

Une sériation analogue s'observe dans le choix de l'organe attaqué et prêterait à la même réflexion. Dans des cas
assez rares (*Sclerotinia sclerotiam*, *Phytophtora omnivora*)
l'organisme entier est atteint. Bien plus souvent la maladie se limite à un organe ou à un groupe d'organes.
L'ergot de seigle n'attaque que les
ovules, la puccinie des malvacées se
confine à certaines parties de la feuille
et de la tige. Les Érysiphées, telles
que l'oïdium de la vigne, envoient
leurs suçoirs dans l'épiderme (fig. 24) ;
certains *Exoascus* ne végètent qu'entre
la cuticule et l'épiderme, tandis que
les *Protomyces* se développent dans
le tissu fondamental de la plante nourricière.

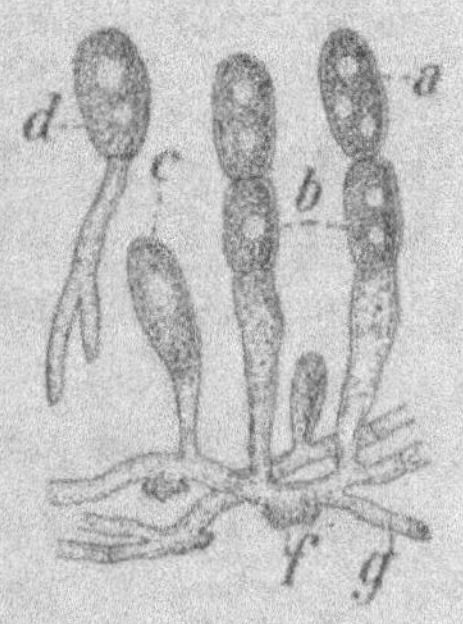

Fig. 24. — *Erysiphe Tuckeri*
ou oïdium de la vigne. —
g, thalle superficiel ; *f*, suçoir intra-épidermique, à
ramifications courtes ; *c*,
tube dressé, sporifère ; *b*,
spores jeunes ; *a*, spore
mûre ; *d*, spore en voie de
germination (Frank).

Il y a toute une série de champignons qui ne pénètrent dans leur hôte
ou dans l'organe qu'ils doivent attaquer, que lorsqu'ils le rencontrent à
un certain stade de développement. Ainsi l'ergot ne peut
infecter que de très jeunes ovules ; ceux qui sont plus
âgés ne sont jamais attaqués. *Cystopus candidus* ne se développe chez les crucifères qu'à condition de pénétrer dans
la plante lorsqu'elle est à l'état embryonnaire. En revanche
Phytophtora infestans attaque même les organes adultes
de la pomme de terre. Ces différences paraissent dues aux
sucs sécrétés par le champignon et par sa victime. Dans
certains cas celle-ci est assez bien armée dès qu'elle a atteint
un certain âge, pour résister aux attaques du parasite.

Ceci nous amène à parler des *moyens de défense* des

plantes. En effet après avoir étudié les divers modes d'attaque des parasites, il nous faut maintenant passer dans le camp opposé et examiner les ressources dont disposent les plantes pour se défendre des ennemis qui les assiègent. Les moyens de défense contre les parasites phanérogames sont encore peu étudiés. On sait cependant que les loranthacées ne peuvent s'implanter sur les arbres à écorce écailleuse qui s'exfolie rapidement, ou dont le feuillage trop épais empêcherait la lumière d'arriver jusqu'au parasite. D'autre part sur une plante qui renferme des matières âcres, amères, astringentes ou simplement résineuses, la vie parasitaire ne réussira que difficilement. Quand, dans un genre, une espèce a un suc amer qui manque aux autres, elle est toujours indemne tandis que celles-ci sont attaquées. C'est très vraisemblablement par des différences de composition chimique de l'hôte qu'il faut expliquer la préférence de certains parasites, le gui par exemple, pour tels ou tels arbres, préférence qui varie suivant les régions, probablement en même temps que la composition de la sève de ces arbres.

Quant aux cryptogames parasites, nous trouvons une preuve positive de l'existence de moyens de défense chez les plantes sujettes à leurs attaques dans le fait suivant : ce sont surtout les végétaux exotiques importés et les plantes cultivées qui sont infestés par eux. Les plantes indigènes de chaque région sont adaptées et savent se défendre contre les champignons correspondants. Quand elles succombent c'est surtout à l'attaque de parasites importés, tels que le mildiou et l'oïdium de la vigne, contre lesquels les moyens naturels de défense leur font défaut, alors que les cépages américains jouissent d'une immunité relative à l'égard de ces parasites, indigènes dans leur pays.

Il paraît démontré aussi que les plantes sauvages sont

plus résistantes que les plantes cultivées. En effet, comme le dit Forel[1], l'homme intervient dans la lutte pour l'existence entre ses espèces domestiques et leurs ennemis ou concurrents : la lutte n'est plus égale et, grâce à cette puissante intervention, les espèces domestiques se multiplient en proportions démesurées ; mais par une revanche fatale elles perdent aussi le bénéfice de la sélection naturelle et ne jouissent pas de cet accroissement de force et de résistance que l'on voit chez les espèces sauvages, grâce à la disparition des individus les moins aptes à se défendre. Ceci s'applique aussi bien aux animaux qu'aux végétaux et, dans les deux cas il y a avantage à supprimer de temps en temps la protection de l'homme, en laissant le champ libre à la lutte pour l'existence entre l'espèce domestique et son parasite. Après ce retour à la vie sauvage, on choisira comme reproducteurs les seuls individus ayant survécu.

Il est souvent difficile de dire en quoi consiste l'adaptation dans chaque cas particulier. Nous savons cependant que la plante se défend surtout par la formation de membranes capables de résister à l'action des sécrétions toxiques et digestives dont le champignon cherche à l'imprégner. Ce moyen de défense, utile surtout contre les cryptogames, s'applique cependant aux parasites de tous ordres. Il s'agit chez tout être vivant, de défendre aux parasites l'accès de ses parties internes en leur opposant des membranes aussi résistantes que possible. C'est là le rôle de la *cicatrisation*. Aussi la plupart des plantes, dès qu'il se produit une lésion, réagissent par une prolifération cellulaire abondante et la formation de liège, c'est-à-dire d'un tissu presque imperméable aux liquides et aux

1. F. A. Forel, La sélection naturelle et les maladies parasitaires. *Archives des sciences physiques et naturelles*, t. LIX. Genève, 1877, p. 349.

gaz. La plante sait aussi se faire un pansement naturel, avec des liquides qui durcissent à l'air et qui peuvent préexister en elle, comme les latex ; ou se former seulement à l'occasion d'une blessure, comme certaines gommes et résines. Tous ces produits que l'homme, dans son orgueil, croit avoir été créés pour son usage personnel ont en réalité un but défini dans la biologie de la plante et l'intensité des propriétés pharmaceutiques de beaucoup d'entre eux s'explique surtout par leur rôle de parasiticides.

Nous verrons (p. 207) que certaines plantes vivent en symbiose avec des acariens qui se chargent de débarrasser leur épiderme des germes de champignons qui peuvent s'y rencontrer. D'autres se recouvrent d'enduits cireux, ou subissent dans l'intimité de leurs tissus des modifications chimiques qui empêchent les parasites d'y prospérer. D'autres enfin limitent le mal en englobant le champignon dans une tumeur ou un tubercule d'où il ne peut plus sortir. On reconnaîtra l'analogie de ces *mycocécidies* avec les galles produites par certaines plantes sous l'influence de piqûres d'insectes. Dans les deux cas c'est l'irritation causée par le parasite qui entre en jeu ; mais il faut avouer que le plus souvent ces tumeurs paraissent jouer un rôle utile à la plante attaquée en empêchant le parasite d'envahir le reste de l'organisme.

Il y a toute une série de cas allant de la simple hypertrophie d'une partie de la plante jusqu'à la formation d'une galle parfaite. Parmi les plus remarquables de celles-ci citons les tumeurs du volume d'un pois ou d'une noix produites sur les racines d'*Helichrysum arenarium* et de *Gnaphalium luteo-album* par certains *Entyloma*. *Protomyces macrosporus* forme des nodules sur les nervures foliaires et les tiges des ombellifères, *Urocystis violæ* fait gonfler les pétioles et les nervures des violettes Sur les rhododendrons, un *Exobasidium* produit des tumeurs rouges qui peuvent atteindre le volume d'une noix. On peut rapprocher des mycocécidies proprement dites les hypertrophies produites par divers champignons sur les bourgeons des arbres. Les bourgeons ainsi attaqués donnent naissance à un faisceau serré de rameaux, qu'on connaît sous le nom de « balai de sorcière ».

Un dernier mode de réaction consiste en ce que la plante parasitée a une existence individuelle plus longue qu'à l'état normal, ce qui permet au champignon parasite de parfaire toute son évolution. En même temps les organes floraux de l'hôte subissent un arrêt de développement plus ou moins marqué : il y a castration parasitaire (Voir p. 18).

Notons enfin en terminant que les champignons parasites sont eux-mêmes attaqués par des cryptogames inférieurs. C'est ainsi qu'on a trouvé des *Cordalia* parasitant diverses puccinies. Ce sujet est encore peu étudié ; mais on y trouvera peut-être un moyen efficace de lutter contre les ennemis des plantes cultivées.

CHAPITRE IV

PLANTES PARASITES DES ANIMAUX

Les parasites végétaux des animaux sont tous soit des champignons, soit des microbes. Le nombre des premiers n'est pas très élevé : quelques-uns produisent des maladies de la peau chez l'homme ; l'*Oïdium albicans* ou muguet vit à la surface de la muqueuse buccale, sous forme d'un mycélium filamenteux ; ses spores cultivées dans un liquide sucré bourgeonnent et donnent des cellules ressemblant à la levure de bière. Il y a là un polymorphisme qui rappelle ce que nous avons déjà vu chez les Ustilaginées.

L'*Aspergillus glaucus* est une moisissure qui vit d'ordinaire en saprophyte sur les fruits gâtés, les sirops, les confitures. Son mycélium donne naissance à des rameaux dressés, terminés par un renflement sphérique aux dépens duquel naissent des chapelets de spores formant une sorte de bouquet terminal. Ce champignon peut devenir parasite et c'est à ce titre que nous en parlons ici. On l'a rencontré chez un grand nombre d'oiseaux, chez quelques animaux domestiques et plus rarement chez l'homme : il détermine une sorte de pneumonie à marche chronique. Nous renvoyons aux ouvrages médicaux pour tous les autres champignons parasites des animaux supérieurs ; ils ne nous apprendraient aucun fait nouveau.

L'histoire des champignons parasites des insectes nous retiendra davantage. M. Giard a étudié[1] en détail une forme intéressante non seulement au point de vue général, mais encore à cause des services qu'elle rend indirectement à l'homme. L'*Isaria densa* Fries est en effet parasite de la larve du hanneton, sur laquelle il forme un revêtement blanc, souvent pourvu de prolongements irréguliers qui agglutinent des blocs de terre, des racines et d'autres corps étrangers. Ils s'étendent souvent d'un ver blanc momifié à son voisin, réunissant par un réseau vivant toutes les victimes que le champignon a faites dans un espace déterminé. L'intérieur des larves est rempli par une masse dure, le *sclérote* ; celui-ci est formé par des filaments ramifiés qui communiquent avec les hyphes extérieurs à travers les téguments de la larve. On peut le considérer comme une sorte de tubercule séparé de l'extérieur par la peau de la larve et destiné à fournir plus tard les éléments nécessaires au développement de la partie extérieure ou fructifère du champignon. Les prolongements formés par des faisceaux d'hyphes absorbent les substances organiques contenues dans la terre humide ; ils permettent au champignon de se propager au loin à la façon des phanérogames pourvues de coulants ou de stolons. Il y a naturellement en outre une reproduction par spores ; à mesure que celles-ci se forment, d'une façon continue ou par poussées successives, le sclérote s'épuise et finalement l'enveloppe de la larve est entièrement vide. Les spores sont disséminées par les agents

---

1. *Bulletin scientifique de la France et de la Belgique*, t. XXIV, 1893.

atmosphériques et par les animaux fouisseurs. Elles peuvent même infecter les hannetons adultes au moment où ils sont encore sous terre et où leurs téguments sont encore mous. En plaçant dans le sol quelques larves infectées, on a des chances de communiquer la maladie à tous les vers blancs situés dans le voisinage : leur mort survient en six à huit jours. Aussi, indépendamment de leur intérêt général, les recherches de M. Giard ont une portée pratique sur laquelle nous ne pouvons insister ici. Au point de vue qui nous intéresse plus particulièrement il faut noter que l'*Isaria densa* est un parasite facultatif : il peut vivre en saprophyte sur les substances organiques de l'humus ; d'autre part la présence de la réserve alimentaire renfermée dans le sclérote lui permet de résister à des périodes de dessiccation. Il reprend ensuite une nouvelle vigueur lorsque la terre redevient humide.

Un cas bien remarquable d'insectes parasités par des Champignons a été signalé tout récemment[1]. En 1902, les cocotiers de la Martinique furent attaqués par une maladie qui fit craindre leur disparition. Les feuilles étaient couvertes par d'innombrables femelles d'*Aspidiotus* (probablement *A. destructor*), hémiptères du groupe des Cochenilles. Or brusquement la maladie entrait en pleine décroissance, et en février 1904, on trouvait à peine quelques arbres encore atteints. M. Dop, qui étudia les feuilles malades envoyées de la Martinique, reconnut que l'insecte qui les parasitait avait été attaqué à son tour par un Champignon Hyphomycète, *Hyalopus Yvonis*. Cette moisissure, qui vit habituellement sur les feuilles, avait changé d'habitat et était venue infecter les *Aspidiotus*. L'agriculture coloniale avait ainsi rencontré un allié inattendu, et les

1. *Bulletin scientifique de la France et de la Belgique*, t. XXXIX, 1905, p. 135.

cocotiers de la Martinique ont été sauvés de l'invasion des *Aspidiotus*. Le champignon, cultivé, marqua un polymorphisme analogue à celui que nous avons déjà constaté précédemment (p. 49). Il se comporte comme une levure sur certains milieux, et donne un mycélium filamenteux dans d'autres. Or dans le corps des insectes desséchés, M. Dop a constaté la présence de corps arrondis ou allongés qu'il reconnut être la forme levure du champignon, la seule qu'il put inoculer à des insectes, tels que l'*Aspidiotus* du laurier-rose. L'insecte a tous ses tissus envahis et meurt rapidement. Si l'on se rappelle que les femelles des Insectes du groupe des cochenilles restent immobiles, fixées par leur suçoir, et finissent par se dessécher sur leurs œufs, on peut les considérer comme de véritables parasites très dégradés. Dans ce cas nous avons donc affaire à des parasites de végétaux, parasités par des végétaux. C'est un exemple des plus remarquables de cet *hyperparasitisme* que nous avons signalé plus haut (p. 10). Le cas n'est pas moins intéressant au point de vue de l'utilisation des ennemis naturels des parasites des plantes cultivées, pour la lutte contre ces parasites. Il montre combien nous avons avantage à profiter des moyens de régulation entre espèces animales et végétales, que nous offre la nature.

Parmi les autres champignons qui attaquent les insectes il faut citer la muscardine des vers à soie. C'est une sorte de moisissure nommée *Botrytis bassiana*. Le corps de la larve se couvre d'une efflorescence blanche formée par les spores : en même temps les téguments prennent une teinte rouge-violacée ou rosée, qu'on observe également chez les larves de hanneton atteintes d'*Isaria*. Il est remarquable qu'après avoir eu son apogée de 1820 à 1840 la muscardine a considérablement diminué depuis, soit que le champignon ait perdu de sa virulence, soit que le ver à soie ait acquis une résistance plus grande, soit enfin pour ces deux causes réunies. La sélection en agissant à la fois sur le parasite et sur l'hôte détermine ainsi de part et d'autre des modifications importantes et cela d'autant plus vite que le parasite appartient à un groupe d'êtres où les générations se suivent plus rapidement.

Les *moyens de dissémination* des champignons parasites des animaux sont les mêmes que ceux des parasites des plantes : le vent, la pluie, la rosée, les insectes. La porte d'entrée la plus fréquente est la bouche, qui, chez les animaux supérieurs, conduit au tube digestif et aux organes respiratoires. C'est ainsi que le nourrisson recueille sur le mamelon maternel les spores du muguet qui vont se développer dans sa cavité buccale. Les *Actinomyces* provoquent chez l'homme et chez les bovidés des tumeurs volumineuses dans la région maxillaire ou dans les voies respiratoires. Leurs spores sont ingurgitées avec les aliments ou avec l'air respiré. En semant des spores d'*Entomophtora radicans* sur des choux, Brefeld a pu parasiter les larves de piérides qui vivaient sur ces plantes et démontrer que l'infection avait lieu par le tube digestif; mais ces spores pénètrent aussi à travers la peau intacte des chenilles. Jusqu'à présent on n'a pas pu démontrer que les stigmates des insectes servent de voie de pénétration aux germes des champignons. En revanche les plaies constituent dans tout le règne animal une porte d'entrée très fréquentée.

Comme chez les parasites des végétaux, nous trouvons encore ici divers degrés de spécialisation au point de vue du choix de l'hôte. *Empusa muscæ* et *Laboulbenia Baeri* ne parasitent que la mouche domestique. La muscardine (*Botrytis bassiana*) se rencontre à la fois chez des lépidoptères, des orthoptères et des coléoptères. L'affection ou mycose, produite par le champignon, peut être généralisée à tout l'organisme ou localisée à un organe ou à un système. Ce dernier cas est le plus fréquent chez les animaux supérieurs. C'est ainsi que les *Aspergillus* des oiseaux se limitent aux organes respiratoires, et que de nombreux champignons restent confinés à la peau où ils produisent des maladies telles que le favus, la teigne, le pityriasis. Chez les invertébrés on a au contraire le plus souvent affaire à des mycoses généralisées, qui entraînent la mort de l'animal. Il faut cependant faire exception pour les *Laboulbenia* des diptères et des coléoptères qui restent limités au squelette chitineux. Lorsque l'infection est généralisée, le résultat final est en général la momification de l'animal ; les larves d'insectes notamment conservent leur forme mais sont transformées en une masse compacte de filaments mycéliens. Il y a une véritable pseudormorphose qu'on observe d'ailleurs aussi dans certains cas dans le règne végétal, avec l'ergot de seigle notamment et avec *Sclerotinia vaccinii* qui donne une pseudomorphose du fruit de la myrtille.

Les mycoses des invertébrés sont relativement peu étudiées. Elles ont cependant une importance capitale dans l'économie de la nature en mettant un frein à la propagation de ces animaux. Nous avons montré plus haut la possibilité d'une application pratique de cette donnée sur le hanneton et sur l'*Aspidiotus*. Protozoaires, cœlentérés, vers peuvent être attaqués par des champignons, et tous ceux qui ont un aquarium savent combien il est difficile d'en défendre les habitants contre les saprolégniées.

Les *Microbes ou Bactéries* jouent dans la pathologie animale un rôle bien plus important que les champignons. Grâce à la petitesse de ces organismes et à la brièveté de leur existence individuelle, l'expérimentateur a réellement la possibilité de prendre sur le fait l'évolution d'une espèce déterminée, et de suivre les caractères de ses générations successives lorsqu'on modifie le milieu dans lequel elles se développent. En même temps les organismes qui leur servent d'hôtes subissent en général des variations corrélatives sur lesquelles nous aurons à revenir dans un instant.

Les microbes (fig. 25) sont extrêmement répandus dans l'air, l'eau et le sol et, si leur rôle dans la pathologie animale est immense, celui qu'ils jouent dans l'économie générale de la nature en tant que saprophytes est encore plus considérable. Ils sont toujours de dimensions beaucoup plus réduites que les Protistes (protophytes et protozoaires), et leur véritable place dans la nature est difficile à déterminer. Cependant une théorie soutenue par Artault de Vevey[1] me paraît des plus vraisemblables. D'après elle, les microbes ne peuvent pas être considérés comme des types originels, capables d'évolution progressive à un moment donné. Ce sont en réalité des organismes réduits par le parasitisme ou le saprophytisme. Ils ont été ramenés à la forme la plus élémentaire de la vie, un grain de chromatine presque sans protoplasma. Vivant de la substance ou des produits d'organismes complexes, ils

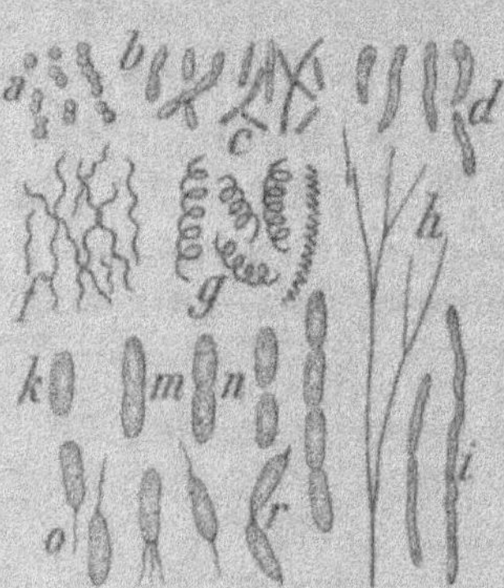

Fig. 25. — Principales formes de microbes. — *a*, micrococque; *b*, bactérie; *c*, bacille; *d*, vibrion (l'un renferme une spore); *f*, spirille; *g*, spirochète (gr. 1 000); *h*, cladotriche; *i*, *leptotriche de la bouche*; *k*, *n*, divers stades de la multiplication; *o*, filament mucilagineux qui naît lors de la dissociation (*r*).

1. Stephen Artault, *Biologie philosophique*, Dijon, Jacquot, 1902.

n'avaient plus besoin d'élaborer et ont perdu bientôt en vertu de la régression parasitaire tous les organes cellulaires servant à l'assimilation. Réduits à leur noyau, c'est-à-dire à leurs éléments essentiels, bien vivants, n'ayant même plus besoin, dans leur sécurité presque absolue d'existence, de grouper ces éléments, qui trouvaient au contraire, dans la dissémination, des chances de vie plus active, ils ont vu leur noyau même se dissocier, ses grains isolés de chromatine devenant les microbes que nous connaissons aujourd'hui. Ceux-ci ne sont donc en définitive que des cellules réduites et dissociées par le parasitisme ; ils dérivent selon toute vraisemblance d'algues et de champignons.

Cette théorie permet d'expliquer pourquoi les bactéries sont si dangereuses pour les organismes qu'elles attaquent. En effet, leur activité nutritive est d'autant plus intense qu'elles sont réduites à un plus petit volume, qu'elles n'ont pas de réserves et que leur substance agit directement sur le milieu nutritif pour le désagréger et le détruire. Mais ces échanges rapides, cette nutrition exagérée ne peuvent se faire sans une extrême production de déchets. Tout organisme en produit ; mais ici, l'accumulation ne peut s'en faire dans la masse même de l'individu réduit à la plus simple expression que puisse revêtir la vie. Ces déchets passent donc dans le milieu ambiant. Ce sont les *toxines* microbiennes, qui empoisonnent l'animal où se développe la bactérie, à moins qu'il ne parvienne à s'en débarrasser, et qui finissent même par entraver le développement des bactéries elles-mêmes.

Quand les conditions sont favorables, les microbes se reproduisent par division avec une extrême rapidité. Mais si le milieu s'appauvrit en principes nutritifs, ils forment à leur intérieur une spore (fig. 25 *d*), ou plus rarement plusieurs. Ces spores sont mises en liberté par destruction de la bactérie qui leur a donné naissance. Elles sont entourées d'une membrane très résistante, capable de les protéger contre l'action des agents extérieurs. Il suffit de rappeler l'extrême résistance que les spores des bactéries opposent à la chaleur et aux antiseptiques. Quand la spore se trouve dans des conditions favorables, elle germe et donne naissance à un nouvel individu. Sa paroi, d'abord très mince, se gonfle, puis se rompt en un point où apparaît bientôt une hernie protoplasmique[1]. Celle-ci s'allonge de plus en plus, s'entoure d'une membrane propre, et constitue ainsi le nouvel individu. Pendant ce temps les débris de la spore se résorbent et se dissolvent. Quand le jeune bacille a atteint une taille suffisante, il commence à se multiplier par bipartitions successives.

En résumé, la sporulation a pour but de permettre aux microbes de persister même lorsque les conditions ne sont pas favorables à une vie active. C'est moins un phénomène de multiplication qu'une sorte de triage qui se produit dans la substance de la bactérie ; les parties les moins nécessaires sont sacrifiées, tandis que les parties essentielles et sans lesquelles la vie serait impossible se rassemblent en une ou plusieurs masses ou spores entourées chacune d'une membrane défensive. Ce phénomène n'est pas non plus sans analogie avec l'*enkystement* que l'on observe chez les protozoaires et chez certains vers.

Les propriétés des bactéries sont modifiées non seulement par divers agents physiques et chimiques, tels que la chaleur, la lumière, les antiseptiques, mais encore par leur passage à travers des organismes successifs. On peut ainsi créer des races spéciales, de virulence généralement

1. Miquel et Cambier, *Traité de bactériologie pure et appliquée*. Paris, Naud. 1902.

atténuée, et dont le rôle en médecine humaine et vétérinaire est de plus en plus grand. Pour toute cette partie je ne puis que renvoyer aux traités spéciaux[1].

Les *moyens de défense* des animaux contre les parasites végétaux rentrent dans deux catégories distinctes. Il y a d'abord les propriétés générales de l'organisme qui permettent à la nutrition de se maintenir dans des limites déterminées ; qui écartent toute cause capable de pertuber les échanges, c'est-à-dire d'altérer la composition des humeurs et des tissus[2]. Ces modes de protection propres à assurer l'intégrité du fonctionnement des différents appareils sont d'ailleurs des plus variés et l'on conçoit que par exemple les glandes, qui excrètent les poisons fabriqués continuellement par l'organisme normal, soient aussi capables d'expulser les toxines provenant d'une invasion microbienne. Le tube digestif est merveilleusement armé pour résister aux poisons chimiques ou organiques qui y sont introduits avec les aliments ; les mêmes mécanismes, les mêmes sécrétions servent à éliminer certains des microbes qui y pullulent, ou au moins leurs toxines.

Mais en dehors de ces moyens généraux de défense de l'organisme, il y en a de plus spéciaux, qui rentrent dans la catégorie de l'*immunité*. Celle-ci peut être naturelle ou acquise ; il y a des espèces animales absolument réfractaires à une maladie infectieuse donnée ; par exemple les larves du coléoptère nommé *Oryctes nasicornis* qui vivent dans le terreau sont très sensibles au vibrion cholérique, mais manifestent une immunité naturelle très remarquable vis-à-vis des bacilles charbonneux et diphtérique ; et

1. Cornil et Babes, *Les bactéries et leur rôle dans l'étiologie, l'anatomie et l'histologie pathologiques des maladies infectieuses.* 3ᵉ édit., 2 vol. in-8°. Paris, F. Alcan, 1890.

2. Charrin, *Les défenses naturelles de l'organisme.* Paris, Masson, 1898.

cependant, parmi les insectes, il ne manque pas d'espèces sensibles à ces mêmes microbes. Toute une série de maladies infectieuses de l'homme ne peuvent être inoculées aux autres animaux ; en revanche, la peste bovine, la gourme, la péripneumonie, le choléra des poules, la pneumo-entérite des porcs, ainsi qu'une quantité d'autres infections, sont inoffensives pour l'homme. Le cocco-bacille de Danysz n'est virulent que pour les rats et les souris et sert à détruire ces rongeurs. Il existe donc des facteurs internes, propres à chaque espèce animale, qui lui permettent de résister à l'invasion de parasites déterminés.

La nature et surtout l'origine de cette immunité spéciale à des espèces déterminées sont difficiles à expliquer. Mais les faits du genre de ceux-ci ont leur importance. Les souris et les cobayes sont beaucoup plus sensibles au charbon que le bœuf et le cheval, parce que dans les conditions où vivent d'ordinaire ces rongeurs, ils n'ont pas occasion d'être infectés par le bacille charbonneux. De même les Européens sont extrêmement sensibles aux maladies tropicales, tandis que les indigènes des régions tropicales prennent avec la plus grande facilité des maladies comme la rougeole ou la variole inconnues chez eux avant l'arrivée des colons européens. Il y a donc une immunité de race ou d'espèce provenant de la sélection naturelle : les générations successives habitant un même pays ou vivant dans des conditions identiques ont toutes été plus ou moins infectées par les microbes endémiques dans leur patrie ou dans leur habitat ; les individus les plus robustes seuls ont résisté et ont transmis leur immunité à leurs descendants.

Quant à l'immunité acquise elle est naturelle ou artificielle. Dans le premier cas elle s'établit à la suite de la guérison spontanée de certaines maladies infectieuses ;

dans le second elle est le résultat de l'intervention de l'homme, comme dans la vaccination. Ce serait sortir du cadre que nous nous sommes tracé que de traiter de cette immunité artificielle. Rappelons cependant qu'elle peut être conférée par des microbes atténués dans leur virulence, découverte due à Pasteur et à ses collaborateurs.

Plus tard on a reconnu le pouvoir immunisant des produits de culture des microbes pathogènes et, en 1888, MM. Héricourt et Richet ont établi que le sang des animaux immunisés est capable de conférer l'immunité à des animaux sensibles. Ces découvertes ont entièrement rénové la thérapeutique des maladies infectieuses ; mais nous ne pouvons que les signaler ici.

Nous savons (Voir p. 5) que l'intervention de l'homme est le plus souvent funeste aux espèces qu'il a domestiquées. Une remarquable expérience de Forel montre que l'immunité perdue par la domestication peut être retrouvée par un retour à la vie sauvage. Les vers à soie des magnaneries sont fréquemment atteints d'une maladie nommée pébrine, causée par un micro-organisme du groupe des psorospermies. Forel élève des vers à soie en plein air, dans la campagne, sur des mûriers dont il entoure quelques rameaux d'un manchon de mousseline destiné à protéger les chenilles contre les oiseaux et les araignées. Il les y laisse se tirer d'affaire tout seuls, en se contentant de les porter sur d'autres rameaux entourés de gaze quand il voit que la nourriture va leur faire défaut. Le coconnage se fait en chambre et les œufs s'obtiennent par le procédé ordinaire. Au printemps suivant l'élevage en plein air recommence.

Dès la seconde génération, il n'y a plus trace de pébrine : grâce à la sélection naturelle tous les vers malades ont péri sans laisser de descendance. Il ne reste, pour faire souche, que les individus les plus forts, qui ont pu résister aux conditions un peu plus dures de l'éducation en plein air. D'autre part la race est entièrement régénérée. Les chenilles savent résister aux secousses du vent, aller à la recherche d'une feuille fraîche lorsque la nourriture vient à leur manquer. Au bout de quelques générations elles ont retrouvé l'instinct, perdu depuis un temps immémorial, d'attacher un fil à la branche et de se laisser glisser quand elles sont menacées d'une chute. Certaines savent même remonter le long du fil. Si on les laisse coconner dans les branches, elles savent plier une feuille en deux et y cacher leur cocon. En résumé, ces vers à soie retournés à la vie libre sont plus forts et plus rustiques : ce ne sont plus les vers abâtardis des magnaneries ; ils tendent à redevenir les chenilles saines et vaillantes des papillons sauvages ; la récupération d'instincts abolis depuis longtemps n'est pas un des faits les moins intéressants de cette expérience.

Je me suis étendu sur le cas des vers à soie parce qu'il a été étudié d'une façon expérimentale par un observateur de grand mérite. Mais ce n'est là qu'un exemple d'un phénomène tout à fait général. Partout, dans le monde végétal aussi bien que dans le règne animal, nous voyons les espèces sauvages plus résistantes et douées d'une immunité conférée par la sélection naturelle. Il en serait de même chez l'homme s'il était possible de le soustraire aux conditions artificielles de la vie dite civilisée et de le replonger dans la saine nature : une sensibilité mal entendue nous porte à conserver des êtres malingres et chétifs, dont la descendance ne fait qu'abâtardir la race. Le libre jeu des forces naturelles aurait vite fait de les supprimer pour le plus grand bien des survivants.

Le mécanisme de l'immunité peut se comprendre de la façon suivante. Les Myxomycètes, sortes de champignons tout à fait inférieurs qui vivent sur le bois pourri, englobent souvent des bactéries ; celles-ci continuent à vivre pendant quelque temps à l'intérieur des vacuoles digestives, mais elles finissent toujours par être digérées. C'est de la même façon que les organismes supérieurs se débarrassent de certains microbes pathogènes en les détruisant au moyen de leurs sucs digestifs. Mais le plus souvent ces sucs sont impuissants à digérer les bactéries et le tube digestif des animaux supérieurs fourmille de micro-organismes. Ce fait est d'ailleurs assez remarquable, si l'on se rappelle que, indépendamment des myxomycètes, de nombreux protozoaires, tels que les amibes et certains infusoires, totalement dépourvus de tube digestif, sont parfaitement capables de digérer les bactéries. Quoi qu'il en soit le mode de défense le plus ordinaire des animaux supérieurs est la *phagocytose*[1]. Chez les vers du groupe des nématodes il y a en tout guère plus de quatre cellules énormes fixées à la paroi du corps. Ce sont les phagocytes, qui poussent des prolongements d'une longueur extraordinaire, capables d'explorer toute la cavité intérieure de l'organisme.

Mais chez les autres animaux et notamment chez les vertébrés, les phagocytes, dénommés aussi globules blancs ou leucocytes, sont de petite taille ; ce sont des cellules pourvues d'un noyau et capables de mouvements amiboïdes (fig. 26). Elles circulent avec le sang et la lymphe et se portent rapidement en tous les points menacés d'infection.

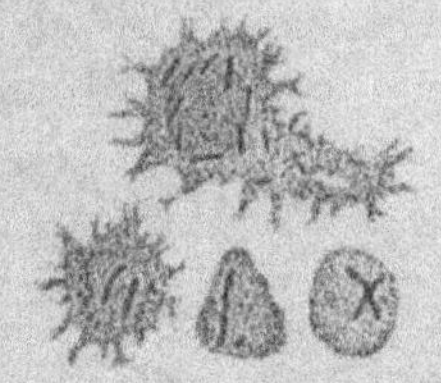

Fig. 26. — Phagocytes ayant englobé des bactéries.

Elles peuvent en effet sortir des vaisseaux, et chez beau-

1. E. Metchnikoff, *L'immunité dans les maladies infectieuses*. Paris, Masson, 1901.

coup d'entre elles le noyau, bien qu'unique, est divisé en plusieurs lobes. Il faut considérer cette forme multilobée du noyau comme une adaptation permettant de franchir le plus rapidement possible la paroi des capillaires et des petites veines. Aussitôt que les agents infectieux ont pénétré dans l'organisme, toute une armée de globules blancs se dirige vers l'endroit menacé et engage la lutte avec les microbes. Ils les saisissent à la façon des amibes et les digèrent ; cette digestion se fait dans des vacuoles du leucocyte, qui renferment un liquide faiblement acide et des ferments digestifs.

En dernière analyse l'immunité se réduit à la sensibilité cellulaire, qui régit tant de phénomènes de la vie des plantes et des animaux. C'est cette sensibilité qui pousse la tige vers la lumière, la racine vers le sol, qui dirige le spermatozoïde vers l'ovule. Toutes les cellules peuvent, en modifiant leur fonctionnement sous la direction de la sensibilité, s'adapter aux changements des conditions ambiantes. Tous les éléments vivants peuvent donc acquérir une certaine immunité. Mais parmi toutes les cellules de l'organisme, ce sont les éléments ayant conservé le plus d'indépendance, les leucocytes, qui le plus facilement et les premiers, acquièrent l'immunité dans les maladies infectieuses. C'est ainsi que l'étude de ce phénomène en apparence si spécial nous ramène aux grandes lois de l'adaptation et par-dessus tout à cette sensibilité protoplasmique, qui, comme je l'ai fait ressortir dans le volume précédent, domine toute l'évolution.

Lorsque l'organisme animal doit se défendre contre l'invasion de champignons pathogènes, il y a lutte entre les cellules sanguines et les spores du cryptogame. La question a été étudiée en détail par Metchnikof chez les Daphnies. Les phagocytes englobent les spores et les bourgeons et les détruisent, à moins que les filaments du champignon ne prennent le dessus et ne détruisent les cellules sanguines. Ces phénomènes rentrent dans la phagocytose que nous examinions précédemment.

Bien plus intéressant est le cas d'une moisissure commune sur le fumier de cheval, *Arthrobotrys oligospora* Fres., étudiée par Zopf. Le mycélium de ce champignon forme des boucles dans lesquelles viennent se prendre les anguillules qui habitent le même milieu; leurs mouvements désordonnés ne leur permettent pas de s'échapper de ce piège, qui a exactement les dimensions de leur corps. Dès que l'animal est pris, une cellule de la boucle envoie à travers ses téguments un prolongement dont partent bientôt des rameaux parallèles, qui envahissent tout le corps du ver. Les mouvements de celui-ci diminuent peu à peu et la mort survient bientôt. Il ne semble pas que les cellules de l'organisme aient le temps d'engager la lutte contre l'envahisseur; elles subissent une dégénérescence graisseuse rapide et c'est cette graisse qu'absorbe le champignon, en ne laissant que la peau de l'anguillule. Ce cryptogame qui tend un piège à un animal relativement élevé en organisation et qui le tue rapidement méritait d'être signalé en passant.

La lutte entre les champignons et les cellules des animaux supérieurs a été étudiée par Ribbert[1] sur le lapin infecté avec *Aspergillus flavus*. Voici les résultats auxquels il est arrivé. Les spores du champignon pathogène sont bientôt entourées d'une foule de leucocytes qui en empêchent la germination ou qui, du moins, retardent leur développement. Si les spores injectées dans les tissus sont en trop grand nombre, les leucocytes ne peuvent pas

---

1. Ribbert, *Der Untergang pathogener Schimmelpilze im Körper*. Bonn, 1887.

les englober toutes, et quelques-unes arrivent à former
des filaments. Le développement a lieu avec plus ou
moins d'abondance dans les divers organes, ce qui tient
à ce que les leucocytes ne se rassemblent pas partout avec
la même rapidité. Dans certains organes, comme le foie
et le poumon, les cellules fixes des tissus participent à la
lutte ; elles forment des cellules géantes qui achèvent de
détruire les spores dont la vitalité a déjà été amoindrie à
l'intérieur des nodules formés par les leucocytes. Cellules
géantes, nodules et spores finissent par être résorbés.
L'organisme qui a été infecté une première fois résiste
mieux à une seconde infection ; les leucocytes sont plus
nombreux et englobent avec plus d'énergie les spores des
parasites. Enfin l'organisme animal peut aussi lutter
contre l'invasion des parasites en les incarcérant dans une
paroi calcaire ; c'est ce qu'on a observé surtout dans l'ac-
tinomycose. Mais qu'il s'agisse de microbes ou de champignons, le champion principal de l'intégrité de l'organisme animal est le leucocyte : dans le premier cas il
agit en absorbant le microbe, dans le second en englobant
la spore du champignon de façon à l'empêcher de germer.

CHAPITRE V

ANIMAUX PARASITES DES VÉGÉTAUX

Les animaux parasites des végétaux appartiennent presque tous à la classe des insectes. Nous observons chez eux toutes les transitions entre le prédatisme et le parasitisme le plus accentué. Les insectes simplement phytophages, à l'état adulte ou larvaire, sans trace de régression parasitaire, sont extrêmement nombreux. Nous en rencontrons des exemples un peu partout, mais surtout parmi les hémiptères ; telles sont les punaises si nombreuses qui pâturent sur les plantes les plus variées. Un second degré est atteint lorsque l'animal emprunte à la plante non seulement le vivre, mais le logis : c'est surtout à l'état larvaire que ce phénomène s'observe et l'on conçoit que des régressions parasitaires assez sensibles aient lieu chez ces êtres qui, vivant à l'intérieur même des provisions qu'ils doivent consommer, n'ont plus besoin de se déplacer pour chercher leur nourriture. C'est ainsi que les chenilles qui habitent nos fruits sont chargées de graisse, pourvues de pattes courtes et, en général, peu capables de mouvements.

Mais on conçoit que la régression soit bien plus sensible lorsqu'elle s'exerce chez l'adulte. Beaucoup d'hémiptères vivent immobiles en suçant avec leur trompe la plante sur laquelle ils sont fixés. Les Pucerons (fig. 27 et fig. 28, 1, 2) ont des téguments mous et sont presque toujours dépourvus d'ailes. En même temps leur reproduction subit des modifications remarquables qui expliquent la rapide multiplication de cette engeance. Pendant tout l'été on n'observe que des femelles aptères qui donnent naissance, sans fécondation préalable, à des femelles parthénogénéti-

Fig. 27. — Puceron du rosier : femelles aptères et mâle ailé.

ques comme elles, et de temps en temps à des femelles ailées qui s'en vont répandre l'espèce au loin. Par une anomalie extraordinaire toutes ces femelles sont vivipares : elles naissent les unes des autres à l'état parfait et, avant même que sa tête soit entièrement dégagée de l'abdomen maternel, le jeune puceron étend ses pattes postérieures pour prendre pied. Enfin vers l'automne naissent de grandes femelles aptères et de petits mâles ailés. L'accouplement a lieu et les femelles fécondées déposent des œufs qui au printemps suivant donneront naissance à de nouvelles générations parthénogénétiques et vivipares. On remarquera l'analogie de ce mode de reproduction avec celui de certains champignons, tels le *Peronospora* (Voir p. 47) : multiplication asexuée pendant tout l'été, puis fécondation qui donne lieu à des œufs d'hiver. L'existence de phénomènes identiques chez des êtres aussi éloignés les uns des autres que des champignons et des insectes montre que la vie parasitaire peut rendre la fécondation sexuée superflue, mais que celle-ci redevient nécessaire dès qu'il s'agit de produire un germe capable de résister à des conditions vitales plus difficiles.

Le Phylloxéra (fig. 28, 3, 4) nous offre des phénomènes analogues. Les femelles aptères qui ont passé l'hiver entre les fentes des racines de la vigne donnent naissance à des séries de généra-

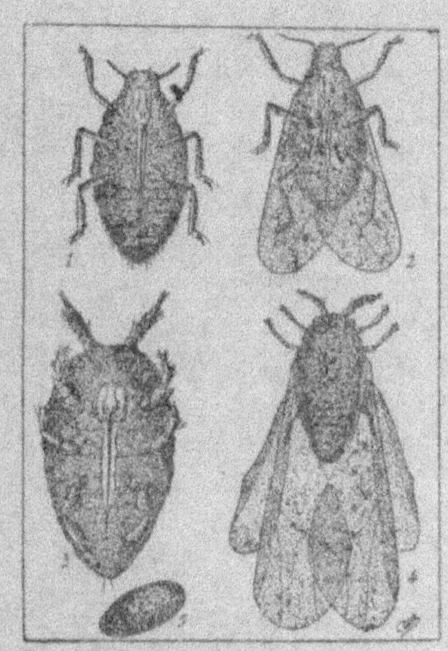

Fig. 28. — Puceron lanigère : 1, aptère ; 2, ailé. — Phylloxéra de la vigne : 3, aptère ; 4, ailé ; 5, œuf. Fort grossissement.

tions de femelles aptères et parthénogénétiques comme elles (fig. 28, 3). Si l'on réfléchit que chacune pond environ 200 œufs et que cinq à huit générations se succèdent ainsi durant l'été, on se rendra compte de la rapidité de la multiplication de ce parasite. Parmi les dernières générations on remarque des femelles dont le développement est plus lent : après quatre mues elles se présentent sous la forme d'insectes ailés. Ce sont elles qui, après être montées à la surface du sol, vont être emportées par

le vent et vont propager leur espèce au loin. Chacune pond
en moyenne quatre œufs qu'elle dépose sur les différentes
parties d'un pied de vigne. Ils donnent naissance à des
femelles et à des mâles aptères. Ceux-ci, privés de suçoir
et d'appareil digestif, ont des organes reproducteurs très
développés. La fécondation a lieu et la femelle qui renferme un œuf unique remplissant tout son abdomen
effectue sa ponte sous l'écorce de la vigne. Cet œuf passe
l'hiver et fournit au printemps suivant une femelle qui va
s'attaquer aux racines. Mieux encore que chez les pucerons, nous constatons ici la parfaite adaptation du parasite
à ses conditions d'existence ; il faut noter surtout le
dédoublement qui s'opère dans le stade de l'arrière-saison ;
il y a chez le phylloxéra deux générations, l'une de
femelles ailées chargées de porter l'espèce au loin, l'autre
de mâles et de femelles aptères chargés uniquement de
la reproduction sexuée.

D'autres hémiptères vont nous présenter des phénomènes intéressants à un point de vue différent. Ce sont les
Coccides, vaste groupe qui comprend, outre la cochenille
du Nopal (fig. 2 et 3, p. 15 et 16), de nombreuses espèces
qui vivent sur la plupart des arbres fruitiers et d'orne-
ment ; tels les *Aspidiotus* que nous avons signalés précédemment. Les larves des deux sexes sont mobiles et pourvues de
pattes et d'antennes. Mais tandis que le mâle adulte est un
insecte muni de deux ailes, la femelle est aptère et subit
des régressions parasitaires intenses. Elle enfonce son
rostre en un point convenable de la plante et ne bouge
plus. Après l'accouplement elle devient informe ; on ne
distingue plus trace de segmentation et, à la face inférieure, les antennes et les pattes sont à peine reconnais-
sables. Ces femelles sont souvent entourées d'une matière
cireuse, floconneuse, ou d'une croûte résineuse. Elles
déposent sous elles de nombreux œufs et, après leur mort,

leur corps desséché reste au-dessus d'eux comme un bouclier protecteur. Le dimorphisme sexuel des coccides est une des meilleures preuves de l'influence de la vie parasitaire sur la forme des organismes, puisque le mâle et la femelle d'une même espèce arrivent à ne plus se ressembler du tout ; le mâle, libre, conservant ses caractères ancestraux, tandis que le parasitisme fait rétrograder la femelle et finit par la transformer en un sac à œufs.

Les coccides sont extrêmement répandus dans la nature ; en voici quelques exemples. On observe souvent sur les oranges d'innombrables petites taches noires qu'on peut détacher d'un coup d'ongle : ce sont les femelles desséchées d'un coccide (*Parlatoria zizyphi* Lucas) qui sont mortes sur place en recouvrant leurs œufs de leur corps. Une autre cochenille (*Lecanium hesperidum*), qui vit sur les feuilles et les jeunes rameaux des orangers, des citronniers, des lauriers, des grenadiers, est bien plus redoutable. Car non seulement elle épuise l'arbre sur lequel elle vit en troupes innombrables, mais encore elle rejette un liquide sucré dans lequel se développe un champignon, la fumagine, qui donne aux arbres un aspect lamentable : ils semblent recouverts de suie et dépérissent bientôt. Le parasite animal a dans ce cas amené les conditions favorables au développement du parasite végétal.

On rencontre parmi les animaux parasites des plantes un certain nombre d'exemples d'importation involontaire par l'homme. Le plus connu est celui du phylloxéra. Cet insecte, dont nous avons décrit les mœurs et la reproduction plus haut, existe sur les vignes sauvages et cultivées de l'Amérique du Nord, depuis le Canada jusqu'à la Floride. Il a été importé en Europe avec des cépages américains vers 1860 ; on sait combien son invasion a été rapide. L'Amérique nous a d'ailleurs fourni encore d'autres parasites des végétaux cultivés, notamment plusieurs coccides du genre *Aspidiotus*.

Les exemples que nous avons cités suffisent à montrer en quoi consiste le parasitisme des animaux sur les végétaux. Remarquons qu'ils sont pris tous dans un seul ordre d'insectes, celui des Hémiptères, qui nous présente toutes les modalités possibles de ce genre de vie. On peut se demander pourquoi les Hémiptères sont à un tel point sujets au parasitisme sur les végétaux. Tout d'abord la plupart d'entre eux sont herbivores, et ils ne le sont pas à la façon des coléoptères ou de leurs larves, ou des chenilles de la plupart des lépidoptères. Tandis que ces animaux broient les tissus végétaux avec leurs mandibules et se déplacent sans cesse à mesure qu'un endroit est épuisé, les hémiptères sucent les végétaux au moyen d'une trompe enfoncée dans leurs tissus. D'une part les sucs ainsi absorbés sont déjà très élaborés et ne nécessitent pas de grands efforts de digestion ; d'autre part le mode d'alimentation au moyen d'un suçoir s'accommode parfaitement d'une vie entièrement sédentaire. On peut, parmi les hémiptères végétariens, suivre toute une gradation depuis les punaises des champs et des bois qui mènent une vie errante jusqu'aux cigales qui, quoique très bien conformées, se déplacent très peu ; aux pucerons qui, encore plus sédentaires, ont déjà subi de nombreuses réductions parasitaires et aux coccides et groupes voisins où la régression est encore plus remarquable, surtout chez la femelle.

Les *moyens de défense* des végétaux contre leurs parasites animaux rentrent dans diverses catégories. Il y a chez eux, comme chez les animaux, une sorte d'immunité créée par la sélection naturelle. On sait en effet que les vignes d'Amérique sont particulièrement résistantes au phylloxéra : le parasite étant endémique dans ce pays, les ceps les plus vigoureux seuls ont pu lui résister et se perpétuer. Nos vignes, au contraire, non immunisées, ont succombé à la formidable invasion de 1870 à 1880.

Parmi les moyens de défense anatomiques des plantes il convient de citer : la lignification des tissus, le développement de l'écorce ou du liège, de façon à mettre les parties profondes à l'abri des piqûres. D'autres fois les organes deviennent durs, prennent la consistance du cuir ; ils s'imprègnent de silice ou de chaux, ils se couvrent d'épines, de rugosités ou d'enduits collants qui maintiennent les petits insectes fixés. Il se pourrait que les sécrétions des plantes carnivores ne soient qu'un perfectionnement de ce dernier mode de protection et que leur cannibalisme ne soit qu'accessoire, le but essentiel étant d'écarter les insectes parasites ; et quel meilleur moyen de s'en débarrasser que de les manger ?

D'autres plantes sont protégées par leur habitat ; telles sont celles qui vivent dans l'eau, sur les rochers, les murailles. On conçoit également que les épiphytes qui croissent au sommet d'arbres élevés, les rhizomes, les bulbes et tubercules souterrains sont garantis contre un grand nombre d'ennemis appartenant au règne animal. Certains végétaux ont, outre leurs fruits aériens qui servent à la dissémination de l'espèce, des fruits souterrains qui sont beaucoup mieux protégés contre les parasites et les herbivores. C'est le phénomène de la *géocarpie*, qui a été mis en lumière par Huth[1]. Il est à noter qu'il accompagne souvent la cleistogamie, c'est-à-dire la présence de fleurs fermées, se fécondant elles-mêmes et inaccessibles aux insectes. Chez *Linaria elatine*, *L. spuria*, *Oxalis aceto-*

---

[1] E. Huth, *Ueber geokarpe, amphikarpe und heterokarpe Pflanzen.* Berlin, 1890.

sella et diverses violettes, les fleurs cleistogames sont d'abord aériennes ; elles s'enfouissent ensuite dans la terre pour y mûrir leurs fruits. Il y a en outre des fleurs à fécondation croisée donnant des fruits aériens. Chez le *Trifolium subterraneum*, 10 à 12 fleurs constituent un capitule ; mais 3 seulement se développent. La tige du capitule se recourbe vers la terre et les fleurs avortées forment autour des fruits des aiguillons recourbés qui facilitent leur pénétration dans la terre.

Comme les précédents, les moyens de défense chimiques servent autant à protéger les plantes contre les herbivores que contre les parasites proprement dits. Dans cette catégorie rentrent les acides, le tannin, les huiles essentielles, les camphres, les principes amers, les glucosides, les alcaloïdes. Bien entendu aucun de ces moyens de protection ne garantit la plante d'une façon absolue contre ses ennemis. Un certain nombre de ceux-ci ont subi des contre-adaptations, de sorte qu'ils s'accommodent fort bien de substances qui seraient toxiques pour d'autres. D'autre part le rôle de ces produits est loin d'être unique ; ils protègent la plante à la fois contre ses ennemis animaux et végétaux. Certains, comme les essences, les revêtements cireux ou pileux, servent en même temps à garantir la plante contre une évaporation trop active. Nous n'avons pas à envisager ici cet ordre de faits.

Mais il est un autre genre de réaction du végétal sur lequel il importe de dire quelques mots. Ce sont les *Galles* ou *Cécidies* qui comprennent d'ailleurs un grand nombre de variétés. Darboux et Houard[1] qui n'envisa-

---

1. G. Darboux et C. Houard, *Catalogue systématique des zoocécidies de l'Europe et du bassin méditerranéen*, avec une préface par A. Giard. Paris, 1901. Les figures 30 à 35 ont été tirées de cet ouvrage avec la bienveillante autorisation des auteurs.

gent que celles produites par les animaux (zoocécidies)
en comptent plus de 4 000 formes. Elles peuvent attein-

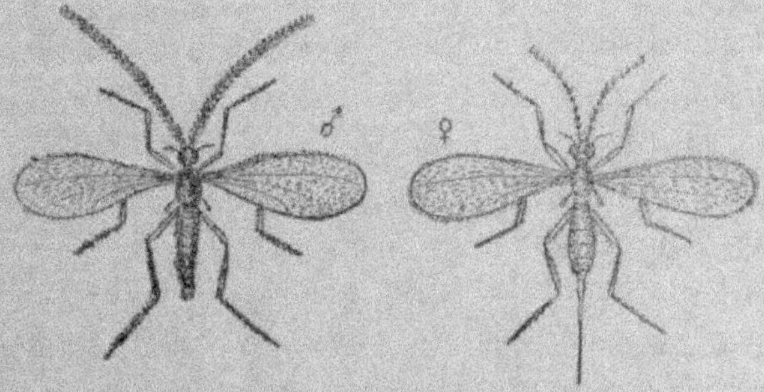

Fig. 29. — Cécidomye, mâle et femelle, très grossis.

dre tous les organes de la plante ; fleur, fruit, bourgeon,
feuille, tige ou racine. Des acariens provoquent sur la face
inférieure des feuilles de la vigne la formation de fos-

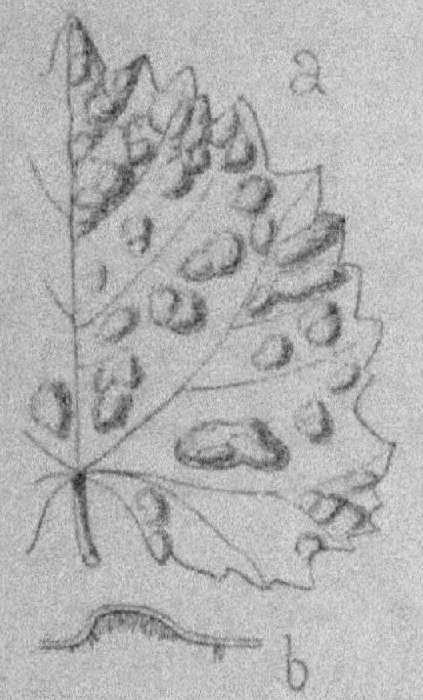

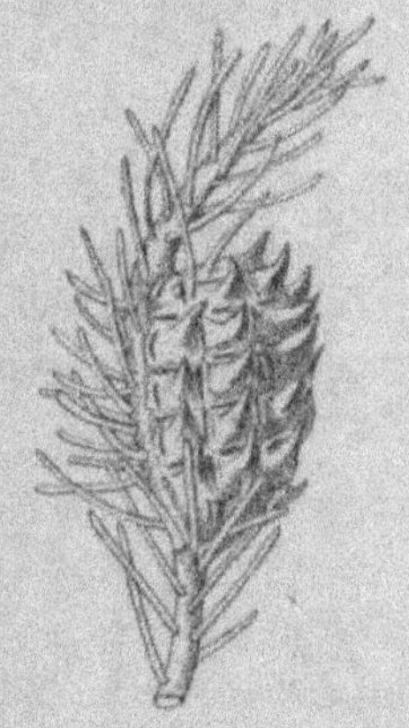

Fig. 30. — a, Feuille de vigne atteinte
d'érinose ; b, coupe transversale de la
déformation.

Fig. 31. — Galle écailleuse produite sur
le sapin par un *Adelges*.

settes garnies d'un feutrage blanc qu'on a pris autrefois
pour un champignon et décrit sous le nom d'*Erineum*
(fig. 30). Dans une autre forme, causée par des acariens,

des pucerons, des diptères, on voit les feuilles s'épaissir et se replier de diverses façons pour protéger le parasite. De nombreux diptères du groupe des cécidomyes (fig. 29) produisent à la face supérieure des feuilles des arbres des excroissances bulbeuses et vermeilles où vivent leurs larves. Des pucerons du genre *Adelges* provoquent un raccourcissement des bourgeons des sapins dont l'aspect finit par rappeler celui du fruit du même arbre (fig. 31). D'autres pucerons produisent sur le peuplier et sur divers autres arbres des galles globuleuses ou irrégulières, qui leur servent d'habitation. La larve de la *Cecidomyia cerris* a pour logement sur les feuilles du *Quercus austriaca* une cavité conique à la face supérieure de la feuille, et fermée à la face inférieure par un disque garni de poils. Au moment de la nymphose, ce disque se détache et la larve tombe à terre pour s'y métamorphoser. Beaucoup de galles ont ainsi une porte de sortie toute préparée pour l'issue de la larve arrivée à maturité : c'est ce qu'on observe notamment sur les galles produites sur les feuilles du hêtre, du tremble et du saule par divers diptères. Celle dont *Hormomyia reaumuriana* provoque la formation sur le tilleul à grandes feuilles (fig. 32) se partage, en juillet en une galle externe et une galle interne placée dans la première comme l'œuf dans son coquetier. Cette galle interne finit par tomber et passe tout l'hiver à terre, où elle ressemble à un akène de composée. Au printemps la larve qu'elle renferme creuse un sillon circulaire qui détache la pointe du cône et lui permet de sortir. Un papillon produit sur une Anacardiacée de l'Amérique du Sud une galle sphérique, d'où se détache au moment voulu un bouchon régulier ; la chenille adulte sort par le trou parfaitement rond ainsi formé.

Mais les galles les plus intéressantes sont celles qui sont produites par les hyménoptères de l'ordre des Cynipides. Qui ne connaît celles si nombreuses et si variées qui gar-

nissent les chênes (fig. 33 et 34)? Celle des rosiers, qui
porte le nom de bédégar, est moussue et chevelue (fig. 35).
L'étude des galles est très intéressante, parce que les insectes
qui les produisent sont très variés et qu'ils ont de nombreux parasites qui viennent s'installer à leur place dans la
galle qu'ils ont produite. Les larves des cynipides présentent de nombreuses régressions parasitaires : immobilité,
atrophie des pattes, abondance du tissu adipeux. Quoique

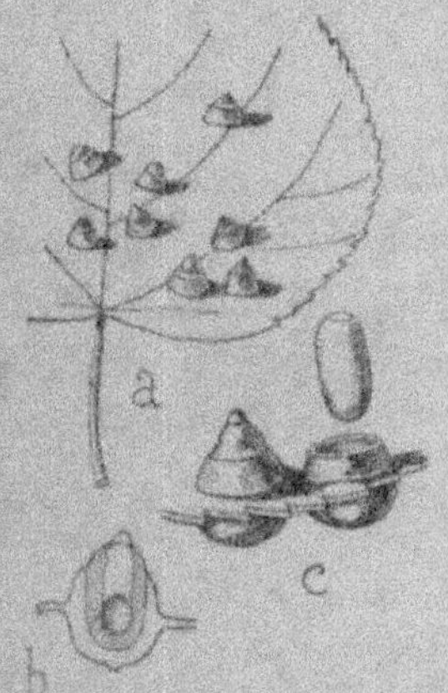

Fig. 32. — a. Feuille de tilleul attaquée
par *Hormomyia* ; b, coupe transversale
d'une galle ; c, vue perspective d'un
groupe de galles ; de l'une d'entre
elles se détache la galle interne.

Fig. 33. — a. Feuille de chêne
portant des galles en groseille,
produites par un Cynipide, *Neu-
roterus baccarum*, b, coupe transversale de l'une d'elles.

libres à l'état adulte, ces animaux offrent cependant de
nombreuses anomalies dans leur mode de reproduction ;
la parthénogénèse est fréquente chez eux et l'on observe
même des générations alternantes, par exemple chez le
biorhize aptère dont une génération détermine des galles
sur les racines des vieux chênes, tandis que la suivante
monte à la surface et est pourvue d'ailes. Elle produit
sur les branches du chêne, des galles rondes d'où sort une
génération sexuée.

Les galles sont le résultat de l'irritation pathologique

produite sur les tissus du végétal par la piqûre de l'insecte
qui effectue sa ponte et surtout par le développement de
la larve. Autour de ce corps étranger, les sucs nutritifs
arrivent en plus grande abondance, les cellules se multiplient rapidement; il se forme une tumeur. C'est préci-
sément le but que se proposait l'insecte ; ces sucs abondants, ces principes chimiques élaborés dans la tumeur
vont nourrir la larve qu'il a déposée. La galle est donc

Fig. 34. — Galle d'un bourgeon de
chêne produite par un cynipide, *Andri-
cus fecundatrix* ; *b*, coupe transversale
de la galle ; *c*, galle interne.

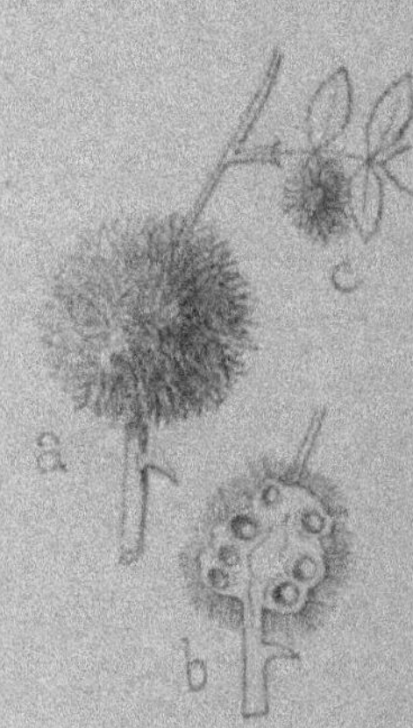

Fig. 35. — Galle du rosier produite
par *Rhodites rosæ* ; *b*, coupe transversale ; *c*, jeune galle naissant sur une
foliole.

en réalité un *fruit*, que le végétal, trompé par l'apparence, a
produit autour d'une graine animale comme il l'eût fait autour de sa propre graine. La différence est d'ailleurs moins
grande qu'elle ne le semble au premier abord. Car les fruits
normaux sont en définitive produits par l'excitation provenant de l'ovule qui vit en parasite sur la plante-mère. Cette
identité fondamentale des deux phénomènes permet de se
rendre compte pourquoi les galles ressemblent à des
fruits non seulement par leur forme extérieure et leurs

couleurs, mais même par les substances nutritives qu'elles renferment ; on y trouve en effet de la fécule, des graisses, du sucre, du tannin et des matières albuminoïdes. Seulement, comme l'excitation due au parasite est cependant différente de celle produite par l'embryon, le pseudo-fruit ressemblera souvent non pas au fruit de la plante considérée mais à celui d'un végétal appartenant à une famille différente. Beaucoup de galles des chênes simulent des pommes, dont elles ont souvent les vives couleurs. Mais la galle du sapin (fig. 31) a la structure du cône de cet arbre.

Dans tous ces cas nous nous trouvons en présence non pas d'un être qui lutte contre son parasite, mais d'un végétal qui témoigne pour un insecte une sorte de sollicitude et qui lui fournit le vivre et le logis. Il n'y a naturellement là qu'une apparence et le fond du phénomène est dans l'irritation parasitaire simulant celle produite par l'ovule et dans la sélection naturelle qui n'a laissé survivre que les cynipides et autres insectes les plus aptes à produire des galles habitables. Remarquons que le végétal tire lui-même quelque bénéfice de cette incarcération du parasite et de la limitation du mal à une région très bornée de son organisme.

Il serait intéressant de savoir si la production de nombreuses galles sur les feuilles ou les rameaux diminue la formation des fruits normaux par castration parasitaire indirecte. Lorsque les cécidies occupent les bourgeons floraux, il y a naturellement une castration parasitaire directe ; le parasite gallicole se substitue aux produits génitaux et modifie la forme du fruit (*Cecidomyia verbasci*, *C. cardaminis*) ou bien même il remplace le vrai fruit par des pseudo-fruits.

Les galles offrent à leurs hôtes une protection souvent efficace contre les oiseaux qui seraient tentés de les manger et contre les parasites qui cherchent à s'y introduire.

Elles sont même en général mieux protégées que les fruits véritables. Les oiseaux sont écartés par la dureté de la paroi, qui est parfois garnie d'une couronne d'épines, et surtout par la teneur de la galle en tanin. Certaines galles sont visqueuses à la surface, ce qui arrête les parasites qui voudraient y pénétrer ; d'autres ont une couche épaisse d'un tissu spongieux qui empêche l'aiguillon d'autres hyménoptères d'arriver jusqu'à la logette centrale. Chez d'autres cette loge est contenue dans une vaste cavité où elle est entièrement isolée ; ses parois sont toujours très dures. Certaines attirent, au moyen d'un exsudat sucré, des fourmis qui les protègent contre les autres insectes (v. p. 206). Beaucoup de galles possèdent à la fois plusieurs de ces moyens de défense. Nous avons vu qu'en dépit de toutes ces précautions les cas d'hyperparasitisme sont très fréquents chez les insectes gallicoles ; au point que, lorsqu'on recueille une galle, on ne peut prévoir ce qui va en sortir, l'insecte qui l'a produite ou un autre qui a pris sa place.

On voit à quel point l'étude des galles est féconde et quels horizons, elle nous ouvre sur les rapports mutuels des parasites et de leurs hôtes, et d'autre part sur le développement du fruit véritable et sur les réactions qu'il détermine sur l'organisme parent, soit chez les végétaux, soit chez les animaux. Nous aurons à développer cet ordre d'idées dans l'un des chapitres suivants.

CHAPITRE VI

PARASITISME ANIMAL

Parasites organiques et parasites par emprunt des aliments et du logement.
— Fixation et parasitisme : les cirripèdes et les rhizocéphales. — Parasites
à transmigrations : taenias et distomes. — Génération alternante et fragmentation de l'individu : un parasite de l'hyponomeute. — Parasitisme
conscient. — Rôle de l'instinct dans le choix de l'hôte. — Les méloïdes :
l'hypermétamorphose. — Les larves des hyménoptères. — Instincts larvaires et maternels.

Tous les parasites que nous avons passés en revue
jusqu'à présent sont des parasites *organiques*, c'est-à-dire
qu'ils vivent directement de la substance même de l'être
sur lequel ils sont fixés. Il en est de même d'un grand
nombre d'animaux parasites des animaux. D'autres n'absorbent que les liquides du tube digestif ou les sécrétions
de leur hôte ; mais les régressions intenses qu'ils ont subies portent à les faire rentrer dans la même catégorie.
Une autre classe de parasites n'empruntent que les aliments que devrait normalement consommer leur hôte, et
le logement qui lui était réservé. Les uns et les autres
nous fourniront nombre de faits intéressants. Nous retrou-
verons chez les parasites organiques les phénomènes de
régression, les générations alternantes et les transmigrations que nous avons étudiées dans le règne végétal.
Quant aux parasites par emprunt des aliments ou du logement, ils nous ouvriront des horizons tout nouveaux et

soulèveront les plus difficiles problèmes de l'instinct et de la descendance des êtres.

Mais le nombre des cas qui se présentent est immense, et sous peine de nous livrer à une simple énumération sans portée philosophique, nous sommes forcés de faire un choix et de ne citer que les faits les plus propres à mettre en évidence des lois générales.

Nous étudierons les régressions parasitaires d'abord chez les Cirripèdes. Les travaux tout récents de M. Gruvel[1] ont montré que ces curieux crustacés descendent du type *Turrilepas*, du silurien inférieur, qui était recouvert d'écailles imbriquées et toutes semblables entre elles, et que l'évolution actuelle du groupe consiste en la réduction du nombre et la spécialisation progressive de ces écailles. A côté de types à cinq plaques, comme *Lepas* (fig.

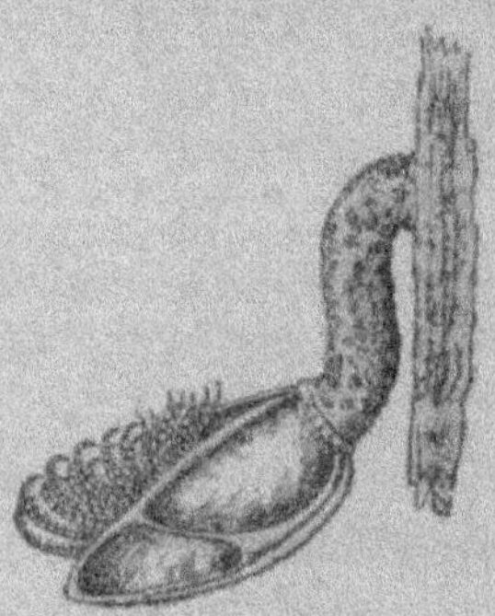

Fig. 36. — Anatife (*Lepas anatifera*) fixée sur une épave.

36) qui représente le summum de perfectionnement du groupe, il y en a d'autres, comme *Pollicipes*, qui par le grand nombre des plaques se rapprochent du type ancestral, d'autres encore chez lesquels les plaques ont disparu par régression parasitaire.

Quoi qu'il en soit, les cirripèdes mènent dans leur jeunesse une vie libre: ils ont alors cette forme de *Nauplius* commune à la majorité des Crustacés et caractérisée par la présence de pattes natatoires transitoires. Après deux mues qui changent profondément sa forme et la font

---

1. *Expéditions scientifiques du Travailleur et du Talisman : Cirripèdes*, par A. Gruvel. Paris, Masson, 1902 — *Monographie des cirripèdes*, par A. Gruvel, Paris, Masson, 1904.

ressembler à un *Cypris* comme on en rencontre dans
nos eaux douces, la larve se fixe par la tête sur un
corps solide, et une dernière mue fait apparaître le
jeune cirripède. Il passera désormais sa vie dans cette
bizarre attitude, les pieds en l'air, la tête en bas. Celle-ci
peut demeurer de dimensions restreintes : l'animal est
alors sessile, comme les balanes si communs sur nos
côtes ; ou bien elle s'allonge démesurément et forme le
long pédoncule qui supporte l'anatife ou *Lepas*. Le corps,
très ramassé, est enveloppé d'un manteau en forme
de sac à deux valves, dans les parois duquel se développent les plaques calcaires dont nous avons parlé.
Quant aux six paires de pattes de la larve, elles se sont
transformées en autant de paires de cirres ou longs tentacules, dont les mouvements provoqueront un courant
d'eau qui amènera des particules alimentaires à la bouche
située au fond du sac [1].

Les cirripèdes typiques nous permettent d'étudier les
différenciations produites par la vie fixée et de saisir leurs
analogies et leurs différences avec celles du parasitisme.
Nous constatons que dans les deux cas la segmentation
a disparu ; le mode de reproduction, soumis aux mêmes
difficultés, subit des variations analogues. Mais les membres, atrophiés par le parasitisme, sont plutôt transformés
par la fixation. N'ayant plus à déplacer l'être dans le
milieu, ils déplaceront le milieu autour de lui et, en dé-
terminant un courant d'eau, ils présideront aux échanges
alimentaires et respiratoires. Aussi tous les animaux fixés,
qu'il s'agisse d'hydraires, de bryozoaires, d'annélides
ou de cirripèdes, sont pourvus d'une couronne de cirres
ou de tentacules.

Les cirripèdes sont particulièrement intéressants parce

1. Voir pour plus de détails L. Laloy, Les cirripèdes, leur phylogénie et
leur évolution sexuelle. *Revue scientifique*, 4ᵉ série, t. XIX, 1903, p. 360.

qu'on peut étudier chez eux tous les passages de la vie simplement fixée au parasitisme le plus accentué. En même temps squelette et membres subissent une régression marquée. Si *Lepas*, *Balanus* et leurs analogues sont fixés sur des corps inertes, d'autres cirripèdes se placent toujours sur des hôtes vivants, des crustacés, des méduses, des requins ou des cétacés. A cause de la position assez protégée qu'ils occupent, leurs plaques défensives diminuent de nombre et d'ampleur. Cependant ils n'empruntent à leur hôte qu'un support. D'autres formes sont nettement parasites. Les *Anelasma* enfoncent dans la peau des requins les prolongements de leur court pédoncule et, gorgés de sucs nutritifs, voient leurs cirres et leurs machoires, désormais inutiles, devenir rudimentaires. Chez les *Protolepas* qui se fixent à l'intérieur du manteau d'autres cirripèdes, le tube digestif subit à son tour une rétrogradation marquée. Enfin chez les Rhizocéphales, tels que la sacculine[1], le tube digestif lui-même disparaît et l'animal n'est plus qu'un sac situé sous l'abdomen des crabes et d'où partent des filaments mous qui pénètrent dans l'intérieur de l'hôte comme les racines d'une plante dans le sol, se ramifient sur tous les organes et servent ainsi d'une façon exclusive à la nourriture du parasite. Notons que les individus ainsi fixés sont hermaphrodites, tandis que ceux qui n'ont pas réussi à trouver un hôte restent à l'état de larve *Cypris* et acquièrent la sexualité mâle. Ce dimorphisme sexuel est à rapprocher des phénomènes encore plus curieux que nous étudierons (p. 135).

Nous venons de parcourir une gamme où sont représentées toutes les nuances d'un parasitisme plus ou moins accentué. Grâce à ce que toutes ces formes existent chez les cirripèdes actuels, nous pouvons nous rendre compte

---

1. Y. Delage. *Évolution de la sacculine*, Paris, 1884, in-8.

de ce qu'a été l'évolution du groupe et, d'une façon plus
générale, comment, au cours des âges, des animaux ont
pu passer de la vie libre à la fixation et de celle-ci au parasitisme le plus complet. Les rétrogradations qu'ils ont
subies peuvent être considérées, suivant l'expression de
M. Brazier[1], comme un progrès physiologique basé sur
une adaptation de plus en plus étroite aux conditions biologiques du milieu.

Le *parasitisme à transmigrations* est instructif à un
autre point de vue. Tout d'abord les animaux qui le présentent sont tous des parasites internes, qui vivent soit
dans le tube digestif, soit dans d'autres cavités de l'organisme. Ils sont donc dans les meilleures conditions possibles pour s'alimenter sans la moindre peine. Aussi pré-
sentent-ils des régressions parasitaires très marquées.
Peut-être ce terme de régression est-il impropre et fau-
drait-il dire plutôt arrêt dans l'évolution. Il n'est pas en
effet certain que les Cestoïdes du type du tænia et les
Trématodes comme les distomes, aient jamais évolué beaucoup au-dessus du stade où nous les voyons. Il est très
vraisemblable qu'à l'époque bien reculée dans le passé
où ces vers menaient une vie indépendante dans les eaux
douces, ils présentaient déjà la même forme générale
qu'aujourd'hui.

Ils sont intéressants surtout parce qu'ils y sont restés
alors que les vers non parasites ont évolué vers un type
plus parfait. En effet le trématode représente, comme le
turbellarié, un animal formé d'un seul somite ; il en diffère par deux adaptations à la vie parasitaire : la perte des
cils locomoteurs et la formation de ventouses servant à la
fixation. D'autre part c'est en étudiant le tænia qu'on se

---

1. Brazier, Études de biologie générale. *Les sciences biologiques à la fin
du* XIX*e siècle*. Paris, 1895.

rend le mieux compte de la constitution d'une colonie
linéaire. Sur aucun animal non parasite nous ne trouvons
une répétition aussi nette de tous les organes dans chacun des anneaux du corps. Comme l'absorption des aliments se fait par toute la surface du corps, comme les
organes des sens sont nuls, le tube digestif absent, aucun
des anneaux n'a pu acquérir sur les autres une préémi-
nence et devenir une tête. Sauf le système nerveux représenté par des nerfs traversant tous les anneaux, un appareil excréteur constitué par des canaux longitudinaux,
sauf encore l'organe de fixation, ou scolex, improprement
nommé tête du tænia, il n'y a pas de services communs
dans cette colonie, dont tous les membres sont entièrement autonomes.

Trématodes et cestoïdes sont hermaphrodites et leur
appareil génital présente une grande complication et des
perfectionnements dans le détail desquels nous ne pouvons
entrer. Notons cependant que, quoique, chez les tænias,
il y ait toujours auto-fécondation interne, il y a cependant
un vagin qui indique que cet état de choses n'est pas primitif et qu'autrefois il y avait fécondation réciproque. Dans
chaque anneau les produits mâles arrivent à maturité les
premiers et s'accumulent dans un réservoir séminal spécial
en attendant que les œufs, mûrs à leur tour, viennent se
faire féconder. Chez les trématodes, il y a au contraire
accouplement et fécondation réciproque. Le distome ou
l'anneau de tænia, qui est son équivalent morphologique,
tombent à terre lorsqu'ils sont mûrs et bondés d'œufs et
alors commencent les transmigrations, variables suivant
chaque espèce, mais qu'on peut ramener aux deux types
généraux suivants.

L'œuf du cestoïde est avalé par un herbivore et, ou bien
il se développe directement en tænia, ou bien — et c'est
le cas de beaucoup le plus fréquent — il donne naissance

à un embryon dit hexacanthe (fig. 38 *d*), portant six crochets disposés par paires. Cet embryon franchit les parois de l'intestin et va se loger dans un tissu déterminé de son hôte provisoire. C'est là qu'il attendra, à l'état de cysticerque (fig. 38 *f*), pendant des années s'il est nécessaire, que cet hôte soit dévoré par un carnivore. Dans certaines espèces, l'échinocoque du foie ou le cénure du cerveau du mouton (fig. 39) par exemple, cette période d'attente est mise à profit par l'embryon, devenu vésiculeux et portant le nom de cysticerque, pour se reproduire par voie agame et donner

Fig. 37. — *Tænia solium*. — 1. *a*, tête ; *b*, crochets ; *c*, ventouses. — 2, crochet grossi.

naissance par bourgeonnement interne à un nombre plus

Fig. 38. — *d*, embryon hexacanthe ; *f*, viande avec cysticerques ; *g*, cysticerque grossi, avec la tête du jeune tænia invaginée dans sa cavité.

ou moins grand de scolex. Quoi qu'il en soit l'herbivore est mangé par un carnivore et le cysticerque ou les scolex formés à son intérieur arrivent dans l'intestin de celui-ci. Dans le premier cas, l'embryon se transforme directement en un scolex, c'est-à-dire en ce qu'on appelle faussement une tête de tænia. Ce n'est qu'un organe de fixation (fig. 37), pourvu de ventouses et parfois de crochets. Ce scolex était invaginé dans le cysticerque et celui-ci n'a qu'à le dégainer pour se transformer en un jeune tænia. A son extrémité postérieure vont naître les anneaux par simple bourgeonnement. Il en est de même des scolex nombreux développés à l'intérieur de certains cysticerques. Il y a en somme d'abord reproduction sexuée sur des individus vivant en colonie linéaire, puis développement incomplet de l'embryon sur un hôte d'attente, et parfois multiplication de cet embryon par bourgeonnement ; enfin développement définitif de l'embryon ou des individus (scolex) qu'il a formés en nouvelles colonies linéaires.

Hôte d'attente et hôte définitif sont absolument déterminés pour chaque espèce de tænia. Ce sont toujours des animaux dont l'un sert normalement de proie à l'autre.

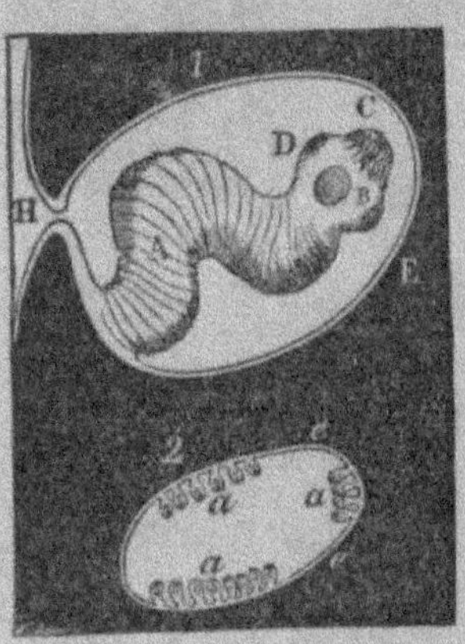

Fig. 39. — 2, Cénure cérébral du mouton (longueur 8 centim.) ; à la face interne de cette vésicule sont nés par bourgeonnement un grand nombre de jeunes tænias renfermés chacun dans une vésicule propre. — 1, un de ces tænias représenté isolément ; A, premiers anneaux ; B, D, ventouses ; C, crochets.

Le tænia du loup vit en cysticerque sur le mouton ; ceux de l'homme ont leurs cysticerques l'un sur le cochon (ladrerie), l'autre sur le bœuf ; le *T. serrata* du chien vient d'un cysticerque du lapin et du lièvre ; le cénure cérébral qui provoque chez le mouton l'affection nommée *tournis* devient le *Tænia cœnurus* du chien ; le *T. cucumerina* du chien habite à l'état larvaire une sorte de pou de cet animal, le *Trichodectes canis*, et le chien introduit le premier de ces parasites dans son intestin en cherchant à se débarrasser du second. Les tænias des musaraignes ont leur cysticerque logé dans les canaux biliaires d'un myriapode. Ainsi tout au long de l'échelle organique il y a des échanges entre dévorants et dévorés, ceux-ci léguant aux premiers des parasites qui vont les venger.

Quant au bourgeonnement du cysticerque de l'échinocoque ou du cénure, c'est en somme un phénomène de même ordre que le bourgeonnement du scolex. Comme chez les vers parasites les nécessités de la locomotion et de la recherche de la nourriture n'existent plus, la reproduction agame

peut s'exercer chez eux par toute la surface du corps.
C'est là un caractère secondaire acquis par le parasitisme,
et dont l'effet pourra, suivant les circonstances, combattre
le caractère ancestral que ces animaux ont en commun
avec tous les vers, à savoir le bourgeonnement linéaire à
leur partie postérieure. Celui-ci persistera lorsque le séjour
dans l'intestin favorisera et rendra utile ce mode d'accroissement. Le bourgeonnement aura au contraire lieu
d'une façon diffuse quand l'inclusion parasitaire dans une
cavité fermée rendra avantageux ce procédé de croissance.
Il y a d'ailleurs un balancement entre ces deux modes :
l'exercice du pouvoir reproducteur dans la phase échinocoque entraîne nécessairement un amoindrissement du
même pouvoir dans la phase adulte ; les nombreux scolex
provenant des énormes kystes à échi-
nocoques du foie du mouton donnent, dans l'intestin du chien, des
tænias presque microscopiques qui
ne possèdent le plus souvent qu'un
seul anneau parvenu à maturité.

Nous allons voir ces phénomènes
de bourgeonnement encore bien plus
développés chez les Trématodes. De
l'œuf de la douve du foie du mouton,
ou distome hépatique (fig. 40) sort
une larve ciliée qui nage dans l'eau et
pénètre dans la cavité respiratoire
d'un mollusque du genre limnée.
A son intérieur se forment des bour-

Fig. 40. — Douve du foie (*Dis-
tomum hepaticum*), double de
grandeur naturelle ; a, bouche ; b, pénis ; c, tube digestif bifurqué ; d, ventouse
abdominale ; e, ramifications
du tube digestif.

geons dont chacun devient une rédie. Celles-ci sont mises
en liberté par destruction de la larve-mère et gagnent le
foie de la limnée. Dans chaque rédie naissent par bourgeonnement interne soit des rédies de troisième généra-

tion, semblables aux précédentes, soit (fig. 41) des organismes nouveaux, nommés cercaires et pourvus d'un tube
digestif bifurqué et de deux ventouses comme le distome. Ces cercaires quittent définitivement leur hôte transitoire et, grâce à la longue queue dont ils sont munis, ils nagent librement dans l'eau et peuvent être avalés avec elle par le mouton. Le cercaire perd alors sa queue, gagne directement les canaux hépatiques où sa forme se complique quelque peu, et où ses organes génitaux mâles et femelles se développent. Nous avons donc ici plusieurs générations, les unes libres, les autres parasites, se développant toutes par voie agame et une génération parasite, à reproduction sexuée. Il est évident que ces phénomènes si compliqués ont non seulement

Fig. 41. — Cercaire d'*Amphistoma sub-clavatum* très grossi ; l'adulte vit dans l'intestin de la grenouille, le cercaire se trouve chez un mollusque d'eau douce, *Cyclas cornea*.

pour effet une multiplication plus rapide de l'espèce, mais de plus ils permettent la transmission du parasite d'un herbivore à l'autre par l'intermédiaire de l'eau et des hôtes de passage. Mais dans ce cas il n'y a plus seulement chez ceux-ci des stades d'attente plus ou moins inertes, comme ceux de la plupart des tænias. Rédies et cercaires sont de véritables individualités et il est difficile de leur refuser la valeur de générations successives agames, comme la douve adulte représente une génération sexuée.

Dans le cas suivant il n'en est pas de même et il est certain qu'ici le terme de *fragmentation de l'individu* doit être substitué à celui de génération alternante. L'hyponomeute, ce papillon dont la chenille est si terrible aux arbres fruitiers, a pour parasite un hyménoptère de l'ordre des chalcidiens, l'*Encyrtus fascicollis*. Celui-ci pond dans chaque œuf du lépidoptère un seul œuf. Dans cet

œuf *unique* la blastula se résout presque entièrement
en une quantité de petites morulas, qui fournissent chacune un embryon. De la sorte chaque chenille infestée
contient à son intérieur un long tube épithélial commun,
l'amnios primitif, dans lequel se trouvent 5o à 100 embryons d'*Encyrtus*. Je terminerai par cet exemple mon
examen du parasitisme organique. Il nous montre quelle
variété de ressources déploient les parasites et quelles
adaptations merveilleuses ils nous présentent. L'œuf de
l'hyponomeute est trop petit pour que l'*Encyrtus* puisse y
pondre plusieurs des siens. Il n'en introduit donc qu'un,
mais cet œuf renferme les germes d'embryons nombreux
qui se développeront à mesure que leur hôte va grandir.

L'étude du parasitisme que l'on pourrait appeler *conscient* va nous mettre en présence d'un certain nombre
de problèmes nouveaux en rapport avec les facultés psychiques des animaux. C'est surtout parmi les insectes que
ce mode de parasitisme est développé : son étude nous sera
grandement facilitée par les observations de J.-H. Fabre[1].
Dans tous les exemples que nous avons passés en revue
le *choix de l'hôte* se faisait pour ainsi dire par des procédés purement mécaniques. Une spore de cryptogame
tombe sur le milieu qui lui est favorable et se développe ;
elle meurt dans le cas contraire. Le tænia ou la douve du
foie ne continuent leur évolution que si à chacun des stades
qu'ils ont à parcourir se présente à point nommé l'hôte
nécessaire à ce stade. Aussi les chances contraires étant
très nombreuses, l'espèce ne peut se propager que grâce
au nombre immense de germes qu'elle produit.

Avec les insectes nous allons voir le choix de l'hôte

---

1. J.-H. Fabre, *Souvenirs entomologiques. Études sur l'instinct et les mœurs
des insectes*, Paris, Delagrave.

plus ou moins sous la dépendance de la conscience de l'intéressé ou de sa mère ; en même temps le nombre des germes nécessaires diminue dans de fortes proportions, parce que le développement futur de l'embryon est bien mieux assuré quand des mesures ont été prises pour sa conservation. Ces mesures sont bien plus efficaces lorsqu'elles ont été prises par la mère que lorsqu'elles sont sous la dépendance de la larve. Aussi est-ce chez les hyménoptères paralysants que nous verrons le nombre des œufs devenir extrêmement faible. Au contraire, chez les coléoptères du groupe des méloïdes dont la femelle ne prend presque aucun soin de sa progéniture, ce nombre est encore très élevé.

La femelle du *Sitaris* pond environ 2 000 œufs à l'entrée de la galerie qu'une sorte d'abeille, l'anthophore, a creusée au flanc d'un talus et où elle a déposé son œuf sur une provision de miel. Ces œufs du *Sitaris* donnent naissance, à la fin de septembre, à des larves campodéiformes (fig. 42, 1) longues de 1 millimètre, qui passent tant bien que mal l'hiver et dont la majeure partie sont dévorées par les araignées, les acares et autres prédateurs. Au mois d'avril suivant, celles qui survivent s'accrochent à la toison des anthophores qui sortent les premières des galeries et s'y maintiennent solidement au moyen des crochets et des cirres dont elles sont munies ; un liquide visqueux sécrété dans le voisinage de l'anus joue aussi un rôle en permettant aux larves de se maintenir en place malgré les heurts auxquelles elles sont soumises de la part de l'anthophore, pendant ses courses vagabondes sur les fleurs. La larve est donc parfaitement armée pour le genre de vie qu'elle doit mener dans la première partie de son existence. Quoiqu'elle n'ait encore rien mangé depuis sa naissance, c'est-à-dire depuis 6 ou 7 mois, elle n'emprunte cependant à son hôte qu'un moyen de transport.

La plupart des larves de *Sitaris* placées à l'entrée des galeries sont ramassées par les anthophores mâles écloses les premières. Or pour arriver à la provision de miel qui va être déposée, il faut qu'elles passent sur le corps de la femelle qui, seule, s'occupe du creusement de la galerie et de son approvisionnement. C'est au moment du rapprochement des deux sexes que ce passage a lieu. Comme le dit Fabre, la femelle trouve à la fois, dans les embrassements du mâle la vie et la mort de sa progéniture ; au moment où elle se livre au mâle pour la conservation de sa race, les parasites vigilants passent du mâle sur la femelle pour l'extermination de cette même race. La femelle fécondée va pondre ; elle garnit de miel une cellule et y dépose un œuf. Mais un des parasites qu'elle porte s'est laissé choir en même temps que l'œuf et, cramponné à celui-ci, il flotte sur le miel. Il est à remarquer qu'il n'y a jamais qu'une seule larve à la fois sur l'œuf et que d'ailleurs deux ne sauraient y vivre. En effet, la larve qui, dans les expériences de Fabre a toujours refusé obstinément de toucher au miel qu'il lui offrait prend alors son premier repas, et ce repas est constitué par l'œuf de l'anthophore, tout juste suffisant pour nourrir une larve de *Sitaris*. Comment se fait-il qu'au lieu de se ruer toutes ensemble sur le premier œuf à leur portée, les nombreuses larves de *Sitaris* accrochées à l'anthophore s'emparent une à une et avec un ordre parfait des œufs successivement pondus par l'hyménoptère? Si le fait est réel, il est assez difficile à expliquer.

Quoi qu'il en soit, après ce premier repas, qui a duré 8 jours, la larve subit une mue et alors nous voyons intervenir cette succession de phénomènes remarquables auxquels Fabre a donné le nom d'*hypermétamorphose*. La larve, de carnivore et prédatrice qu'elle était, devient franchement végétarienne et parasite. Elle subit à la fois les nombreuses régressions dues au parasitisme et des modifications structurales adaptées au genre de vie qu'elle mène. La larve secondaire est en effet presque dépourvue de pattes, elle a également perdu les yeux qui étaient si utiles à la larve primaire dans ses pérégrinations. Elle flotte sur le miel et s'en gorge sans interruption ; dans les premiers jours de juillet elle a atteint toute sa grosseur,

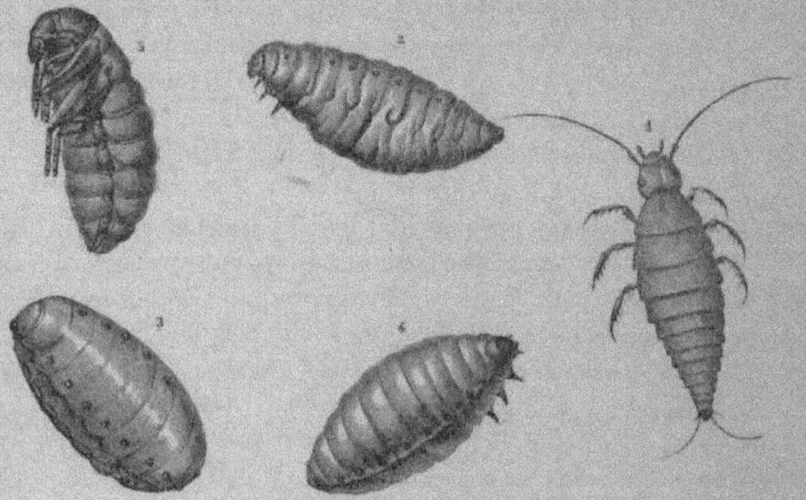

Fig. 42. — Métamorphoses du Sitaris huméral. 1, première larve, à pattes et antennes très développées, du type campodéiforme ; 2, larve secondaire ; 3, pseudo-chrysalide ; 4, larve tertiaire ; 5, nymphe.

elle a alors 12 à 13 millimètres de longueur (fig. 42, 2). Il est à noter que les orifices respiratoires ou stigmates sont placés très haut, près du dos, de façon à ne pas être bouchés par le miel.

Si sous sa première forme la larve du *Sitaris* est organisée pour agir, pour se mettre en possession de la cellule convoitée, sous sa seconde forme, elle est uniquement organisée pour digérer les provisions conquises. Quand celles-ci sont épuisées, l'animal subit une seconde mue et en sort à l'état de pseudo-chrysalide (fig. 42, 3), qui reste généralement en repos pendant une année entière. Au mois de juin de la seconde année, de cette pseudo-chrysalide sort une larve tertiaire (fig. 42, 4) à peu près semblable à la secondaire. Ainsi après une transformation des plus singulières qui lui a permis d'attendre, dans un sommeil léthargique, le retour d'une saison favorable, l'animal est revenu en arrière, à sa seconde forme. Au mois de juillet cette larve se transforme en une chrysalide régulière (fig. 42, 5) de coléoptère d'où l'insecte parfait sort au bout d'un mois.

L'évolution des *Méloés* (fig. 43) est à peu près semblable.

Fig. 43. — *Meloe cicatricosus*, femelle adulte.

Fig. 44. — Larve primaire, ou triongulin, du Meloé, très grossie.

Nous y trouvons la même larve primaire (fig. 44) suivie d'une forme parasitaire très dégradée qui n'arrive à la forme adulte qu'après une série de métamorphoses. Mais ici le nombre des œufs pondus est encore plus grand. En effet les sitaris, confiant leurs œufs aux galeries mêmes où doivent nécessairement passer les anthophores, épargnent à leurs larves une foule de dangers, tandis que les méloés pondent les leurs dans un trou creusé en terre et rebouché aussitôt. Les larves, nées loin des demeures des abeilles, sont obligées d'aller elles-mêmes au devant des hyménoptères nourriciers. Aussi la richesse des ovaires des femelles de méloés supplée à l'insuffisance de leur instinct maternel en proportionnant le nombre des germes à l'étendue des chances de destruction.

A peine écloses, les larves primaires des méloés se rendent sur les fleurs fréquentées par les hyménoptères, en particulier sur les capitules des composées. Elles passent de là sur le premier insecte velu qui se trouve à leur portée et s'accrochent à sa fourrure. Il est évident que celles qui se fixent sur des diptères, éristales et calliphores, dont les larves vivent dans les matières corrompues, ou sur des hyménoptères comme les ammophiles qui approvisionnent les leurs de chenilles, sont condamnées à disparaître. Ces larves se sont fourvoyées et l'instinct, chose rare, se trouve ici en défaut. Fabre en a trouvé également sur le corps des mélectes et des cœlioxys, hyménoptères parasites de l'anthophore : elles sont apportées par eux dans le nid de celle-ci et au moment où le parasite, après avoir détruit l'œuf de l'anthophore, déposera le sien sur le miel usurpé, la larve de méloé se laissera couler sur cet œuf pour le détruire à son tour et rester unique maître des provisions. Grâce à cet *hyperparasitisme*, la pâtée amassée par l'anthophore passera par trois maîtres successifs et restera finalement la propriété du plus faible des trois.

C'est par l'étude de la larve primaire du *méloé* que nous nous rendons le mieux compte du rôle de l'instinct dans le choix de l'hôte. Cet instinct veut que le parasite s'accroche à un insecte velu quelconque ; s'il y a réussi il se tient dans une quiétude parfaite. Il a atteint le but qu'il poursuivait dans ses courses affairées sur les capitules des composées. Il reste également en repos s'il s'est logé sur un cadavre d'insecte que l'expérimentateur lui a présenté ; et cependant dans ce cas il est irrémédiablement condamné à mort. Maintenant, qu'on lui offre un peu de bourre de coton, ou une plante velue telle qu'un gnaphale il s'y précipite aussitôt ; mais loin de rester en repos, il se livre

à des marches et à des contre-marches et cherche à revenir à la fleur s'il en est encore temps. Il a donc reconnu
son erreur ; de plus, fait capital au point de vue de la
théorie du psychisme des insectes, si on le laisse retourner à la fleur et qu'on lui présente à nouveau quelque
objet inanimé, il se laisse difficilement reprendre au même
piège. Ainsi il y a même chez ces larves si petites, une
mémoire, une expérience des choses.

*L'instinct ne pousse donc pas la larve à s'accrocher à
un objet quelconque mais à un insecte. Celui-ci peut être
vivant ou mort et son espèce est indifférente. Cependant
la larve n'arrivera au nid de l'anthophore que si elle s'est
fixée sur celle-ci ou sur l'un des parasites qui pénètrent
dans sa galerie. C'est grâce à cette imperfection de l'instinct que tant de jeunes larves meurent sans arriver à évo-
luer et cette mortalité énorme ne peut être compensée
que par le grand nombre des œufs pondus. Remarquons
aussi que dans le cas du *Sitaris*, le choix de l'hôte repose en
majeure partie sur la femelle qui pond ses œufs à l'entrée
des galeries de l'anthophore ; tandis qu'ici c'est la larve elle-
même qui se charge de rechercher les fleurs préférées par
les hyménoptères, la femelle pondant ses œufs dans un endroit à peu près quelconque, pas trop loin cependant des
nids d'anthophore. Il y a donc, pour le choix de l'hôte un balancement entre les instincts maternels et ceux de la larve.

La suite de l'évolution du méloé ne nous apprendrait
rien de nouveau. Aussi passerons-nous immédiatement à
l'étude d'un problème tout différent. Chez les hyménoptères, la sollicitude maternelle est extrêmement développée.
C'est la mère seule qui prévoit la nourriture qui sera nécessaire à sa progéniture, c'est elle également qui sait prendre
toutes les mesures nécessaires pour assurer le développement de ses larves et les protéger contre leurs ennemis.

Les ichneumonides (fig. 45) pondent leurs œufs dans
le corps d'une chenille vivante. Certains sont armés d'une

Fig. 45. — Les ichneumonides : *Ephialtes manifestator*, mâle, au vol ; une femelle
de la même espèce introduisant son œuf dans le corps d'une larve de capricorne
qui a creusé sa galerie dans un tronc d'arbre ; une *Rhyssa persuasoria* femelle,
au repos.

longue tarière, qu'ils font pénétrer dans le bois. Ils effectuent ainsi leur ponte dans une galerie habitée par une de
ces larves qui rongent les vieux arbres. On peut se de-

mander par quel indice la femelle arrive à reconnaître de
l'extérieur, la présence d'une larve propre à l'évolution de
son œuf et comment elle peut déterminer l'endroit précis
où elle se trouve, de façon à faire pénétrer sa tarière dans
son corps, à travers toute l'épaisseur de bois interposé.
Peut-être l'œuf est-il simplement pondu dans la galerie
et la larve de l'ichneumonide une fois éclose se met-elle
à la recherche de l'hôte qui lui est nécessaire ? Quoi qu'il
en soit la mort de l'animal habité par les larves d'ichneumonides survient seulement au moment où celles-ci ont
achevé leur développement. Il est donc certain qu'elles
possèdent cet art de manger sur lequel nous aurons à revenir tout à l'heure : elles consomment d'abord les tissus
adipeux et savent respecter les organes essentiels tant
qu'elles n'ont pas encore atteint leur maturité.

Les mégachiles, les anthophores, les xylocopes, les
osmies, servent à leurs larves une pâtée de miel ; les hyménoptères sociaux, abeilles, bourdons, guêpes, fourmis
les entourent des soins les plus empressés. Les sphex, les
ammophiles, les philanthes, les cerceris, les eumènes, les
odynères, les pompiles approvisionnent les leurs de proies
préalablement paralysées avec un art étonnant. Le bembex
apporte aux siennes des diptères qu'il a tués et il vient tous
les jours renouveler ces provisions. Dans tous ces cas
l'instinct maternel a fait tout le nécessaire pour assurer le
développement de la larve. Celle-ci vit au sein de l'abondance et présente de nombreuses régressions parasitaires.
Elle est dépourvue de pattes, aveugle, chargée de graisse et
incapable de se suffire à elle-même. La pâtée de l'osmie,
composée surtout de pollen, est assez solide ; j'ai à diverses
reprises alimenté des larves avec du miel d'abeilles, qu'elles
acceptent parfaitement, mais à moins d'une surveillance
constante, elles s'y noient infailliblement, incapables de
faire un effort pour se tirer de cette pâtée fluide à laquelle

elles ne sont pas accoutumées. C'est surtout chez les abeilles, les guêpes et les fourmis, où toute l'organisation sociale est fondée en vue de l'élevage des larves, que celles-ci, véritables parasites de la société, ont besoin des soins constants de leurs nourrices. Nous aurons à revenir sur ces faits en étudiant les sociétés animales.

Ce sont les hyménoptères paralysants qui nous présentent l'ensemble d'instincts le plus énigmatiques. Ce serait sortir de notre sujet que d'examiner comment ont pu se développer ces facultés qui permettent à un hyménoptère, qui ne se nourrit que du nectar des fleurs, de prévoir qu'il faut à sa larve une alimentation animale ; de paralyser cette proie sans la tuer, en piquant successivement tous ses ganglions nerveux ; enfin de pondre l'œuf au point précis où la larve pourra le plus commodément attaquer la proie. Il faudrait envisager aussi comment ces instincts si parfaits tant que les événements suivent leur cours régulier, sont la plupart du temps déroutés dès qu'une circonstance exceptionnelle se présente. Il nous suffit d'avoir montré que grâce aux soins si appropriés donnés par leur mère, les larves des hyménoptères vivent en réalité en parasites sur leurs provisions.

Mais il ne faudrait pas croire que ces larves n'aient absolument qu'à se laisser vivre sans prendre aucune mesure pour leur propre conservation. Certes il en est ainsi de celles qui se nourrissent de miel et qui, comme celles de l'osmie, n'ont qu'à sucer sans interruption les provisions amassées par leur mère ; il en est ainsi encore des larves d'abeilles et de fourmis qui sont soignées directement par certains membres de la communauté, ou de celles des bembex auxquelles la mère apporte des proies mortes sans cesse renouvelées, ou de celles comme les eumènes et les odynères, qui ont à leur disposition de petites proies paralysées, qui seront consommées successivement

et chacune en une séance de courte durée. Mais les
larves des autres hyménoptères paralysants, attablées
devant une proie unique et de grande taille qu'il s'agit de
consommer en ne la tuant qu'au dernier moment, présentent des instincts parfaitement appropriés à ce but si
spécial, et semblables à ceux que nous avons rencontrés
chez les ichneumonides. La larve attaque sa proie au
point même que la mère a choisi pour y pondre son œuf.
A mesure que le repas s'avance, les viscères de la victime
sont rongés de proche en proche et méthodiquement, les
moins nécessaires d'abord, puis ceux dont l'ablation laisse
encore un reste de vie, enfin ceux dont la perte entraîne
irrévocablement la mort. Il est hors de doute que toutes
les larves d'hyménoptères dont les provisions sont des
proies paralysées de grande taille sont douées d'un art particulier de manger qui ménage, jusqu'à consommation
finale, des traces de vie dans la proie dévorée. Si on dé-
range la larve, elle refuse de mordre sa proie en tout autre
point que celui primitivement choisi ; et même alors l'élevage est très compromis. Bien souvent la larve ne sait
plus retrouver le filon qu'elle exploitait ; elle mord des
organes importants, la proie se putréfie et le nourrisson
meurt empoisonné.

Il n'y a d'ailleurs pas possibilité d'invoquer pour la
consommation des vivres une propriété antiseptique dont
serait doué le venin distillé par l'hyménoptère paralysant.
En effet la larve du sphex, attablée sur une éphippigère,
nourriture qui lui est dévolue, connaît à fond l'art de la
consommer ; la scolie sait la méthode pour absorber la
la larve de cétoine, son invariable lot. Si on donne à sa
larve une éphippigère, paralysée par un sphex, elle l'ac-
ceptera et commencera à la dévorer ; mais, inhabile à dé-
pecer ce gibier inconnu, elle tranche au hasard, et la proie,
qui aurait survécu jusqu'à la fin si elle avait été consom-

mée par le sphex, tombe rapidement en pourriture sous la dent de la scolie.

L'*Anthrax trifasciata*, un diptère, est parasite du chalicodome des galets. Nous ne nous arrêterons pas sur son remarquable dimorphisme larvaire : larve primaire très petite et pourvue de pattes, qui s'insinue jusque dans le nid du chalicodome, larve secondaire apode et aveugle qui consomme les vivres, enfin nymphe armée de pointes et de cils qui lui permettent de perforer le dur mortier du nid, pour revenir à la lumière. Mais ce qui est le plus remarquable c'est la façon dont la larve secondaire absorbe la larve du chalicodome : elle la suce à la façon d'une ventouse, sans lui faire la moindre blessure. Ce mode de nutrition est en relation avec ce fait que la larve d'*Anthrax* n'est pas fixée sur sa proie, elle l'attaque en un point quelconque, et, si elle avait des mandibules, elle la tuerait du coup. Le chalicodome reste frais d'apparence jusqu'à ce qu'il soit réduit à la peau. Il y a donc transvasement d'un animal dans un autre et la vie ne s'éteint que quand elle n'a plus de point d'application. Il est probable que les matériaux non encore élaborés pour créer l'adulte passent seuls par osmose, tandis que le système nerveux et les trachées restent inattaqués jusqu'à la fin.

Tels sont les faits établis par les belles recherches de Fabre. Ils nous montrent entre les instincts maternels et ceux de la larve une harmonie si parfaite que les uns venant compléter les autres, le développement de la progéniture est assuré dans des circonstances normales.

On peut rapprocher des mœurs des hyménoptères dont la larve vit dans le nid d'une autre espèce et consomme ses provisions, celles du coucou qui fait élever ses petits par d'autres oiseaux. Ici encore on rencontre cette concordance entre l'instinct de la mère qui sait confier sa ponte à des hôtes convenables, et celui du jeune qui se débarrasse à propos de la progéniture de ses parents occasionnels. Pour la phylogénie de ces mœurs si remarquables je renvoie à un travail publié récemment[1].

Dans les chapitres précédents, nous avons vu les dispositions organiques auxquelles donne lieu le parasitisme. Lorsque dans le choix de l'hôte ou des hôtes successifs, le psychisme semblait intervenir, il ne s'agissait en tous cas que de cette conscience vague dont est douée toute substance vivante, qu'elle appartienne au règne animal ou au règne végétal. Mais avec le parasitisme larvaire des insectes, nous avons assisté à l'intervention continue d'actes qui semblent dirigés par une conscience plus ou moins nette du but à atteindre et sans lesquels toute la chaîne des phénomènes serait rompue. Que ces actes instinctifs maintenant aient été intellectuels autrefois, c'est ce qu'il est difficile d'admettre. Il faudrait supposer en effet, pour ne citer que l'exemple le plus caractéristique, que les hyménoptères paralysants et leurs larves aient eu une connaissance exacte de l'anatomie et de la physiologie des animaux qui leur servent de victimes, ce qui est visiblement absurde. Ces instincts si délicats, où celui de la larve vient compléter celui de la mère et achever le cycle des opérations nécessaires, n'ont pu s'organiser que par la sélection naturelle, les groupes les plus habiles en l'art de paralyser et de consommer la proie survivant seuls. Mais même dans ce cas l'acquisition d'instincts aussi précis et aussi compliqués, reste une énigme[2]. Nous aurons à revenir, en traitant du mimétisme, sur une autre face de ce problème.

---

1. L. Laloy, L'origine de l'instinct du coucou. *La Nature*, 1er juin 1901.

2. Pour plus de détails, voir L. Laloy, Instinct et intelligence chez les insectes. *Le Naturaliste*, 15 janvier 1901, p. 24. — Les Odynères, *ibid.*, 1er déc. 1905, p. 273. — Les Eumènes, *ibid.*, 1906.

CHAPITRE VII

UNE INCURSION DANS LA PATHOLOGIE

Ce chapitre n'est en réalité qu'une annexe du précédent ; car il s'agit encore de parasitisme animal. Mais l'étude des parasites que j'ai en vue a révélé des faits intéressants qui ont entièrement rénové certains chapitres de la pathologie et qui méritent d'être exposés avec quelques détails.

L'ankylostome est un ver de l'ordre des nématodes et de la famille des strongles. Il a une dizaine de millimètres de longueur, présente une bouche munie de deux crochets et un tube digestif bien développé ; les sexes sont séparés. Cet animal habite l'intestin grêle de l'homme, sur la muqueuse duquel il est fixé au moyen de ses crochets. Il suce le sang des capillaires et, comme il est très abondant chez un même individu, ces innombrables petites saignées produisent une anémie caractéristique. La reproduction et la ponte ont lieu dans l'intestin. Les œufs sont entraînés par les matières fécales et s'y développent, à condition que la température ambiante soit supérieure à 15°. Les larves s'enkystent dans une enveloppe résistante, qui leur

permet d'être avalées sans être digérées. C'est en effet par
la voie buccale que se fait l'infection, en absorbant de
l'eau ou des aliments plus ou moins souillés au contact
des matières fécales. L'enveloppe des larves résiste également à la plupart des agents antiseptiques. J'attire en
passant l'attention sur cette adaptation qui permet au parasite de survivre aux causes ordinaires de destruction et
notamment aux sucs digestifs de l'estomac. Une fois arrivée dans l'intestin grêle, la larve se différencie, acquiert
les organes de l'adulte et le cycle recommence.

Mais ce qu'il y a de plus intéressant dans l'histoire de
l'ankylostomose, c'est sa distribution géographique. Le
parasite occupe toutes les régions tropicales humides ; il
est extrêmement répandu dans l'Inde, l'Indo-Chine, la
Chine méridionale, l'Égypte, les Antilles, la Guyane, le
Brésil. Dans tous ces pays, la chaleur et l'humidité permettent au parasite de se développer à la surface même
du sol et tous ceux qui vivent dans des conditions hygié-
niques défectueuses sont susceptibles d'être atteints. Signalé pour la première fois en Italie dès 1843, on le retrouve en 1879 chez les ouvriers employés au percement
du Saint-Gothard. Après la fin des travaux les ouvriers se
dispersèrent en Allemagne, en Hongrie, en Belgique et
en France[1] et y portèrent le parasite. Mais en Europe ce
n'est que dans les mines qu'il trouve les conditions de
chaleur, d'humidité et de malpropreté nécessaires à son
développement. C'est donc là seulement, et plus spécialement chez les ouvriers du fond, qu'on le rencontre. En
somme, grâce aux grands travaux industriels modernes,
un parasite primitivement limité à la zone tropicale a pu
trouver en Europe un milieu favorable et augmenter ainsi

---

1. Calmette et Breton, *L'ankylostomiase (anémie des mineurs)*, Paris,
Masson, 1905.

son aire d'extension. Les études de parasitologie ont permis de relier des affections qu'on croyait totalement distinctes : l'anémie tropicale et l'anémie des mineurs.

Il y a, dans la distribution de l'ankylostome, un autre fait intéressant. Perroncito a, dès 1880, établi l'action toxique du chlorure de sodium sur ses larves. C'est ce qui explique pourquoi le parasite ne s'observe jamais dans les mines de sel gemme. Or dans le bassin d'Anzin certaines houillères jouissent d'une immunité remarquable, quoiqu'il y règne la même saleté et la même chaleur humide que dans les fosses voisines. M. Manouvriez[1] a montré que si ces mines sont réfractaires à l'ankylostome, c'est qu'il s'y infiltre des eaux salées provenant de poches souterraines, reliquats des lagunes des époques géologiques anciennes, qui sont situées au-dessus du terrain houiller. C'est de la même façon qu'il faut expliquer l'immunité de certaines mines de Cornouailles qui s'étendent au-dessous de la mer et qui en reçoivent des eaux salées : une teneur de 2 pour 100 en chlorure de sodium suffit en effet pour tuer les larves de l'ankylostome avant leur enkystement. Ces relations de la géologie avec la distribution actuelle d'un parasite étaient assez inattendues.

Les maladies que je me propose de passer en revue maintenant sont intéressantes à un autre point de vue : à cause du rôle joué par les insectes dans leur propagation. On sait, depuis la découverte de Laveran en 1880, que les fièvres intermittentes ou paludéennes sont causées par un protozoaire, le *Plasmodium malariæ*, qui vit dans le sang. Les recherches récentes ont montré qu'il s'agit d'un parasite à transmigrations, dont une partie de l'évolution

---

1. A. Manouvriez, *Mines de houille rendues réfractaires à l'ankylostome par des eaux salées de filtration*. Paris, Rousset, 1905.

se fait dans le corps de certains moustiques du genre *Anopheles*. Son cycle vital peut se résumer de la façon suivante[1] : évolution parthénogénétique ou asexuée dans le sang de l'homme, donnant des générations de plus en plus nombreuses de parasites des globules sanguins ; évolution sexuée dans le corps des moustiques. L'accès de fièvre paraît correspondre à l'éclosion de nouvelles générations de ces parasites et aussi, sans doute, aux toxines, déchets de leur nutrition, qu'ils abandonnent au sérum du sang.

Quand un moustique infecté par le parasite vient piquer un homme sain, il déverse dans la plaie une gouttelette de salive, dans laquelle nagent des animalcules vermiformes, ou *sporozoïtes*, munis d'un noyau. Ils deviennent bientôt amiboïdes, s'accolent aux globules rouges du sang et y pénètrent. Le sporozoïte prend alors le nom de *corps sphérique*, il se nourrit aux dépens du globule et lorsqu'il a atteint sa taille définitive, son noyau se divise en un certain nombre de fragments qui se portent à la périphérie et autour desquels le protoplasma se condense tandis que les granules pigmentaires extraits du sang se rassemblent au milieu. A ce moment le globule rouge éclate, les corpuscules ou *mérozoïtes* tombent dans le plasma, chacun d'eux s'accole à un globule rouge, y pénètre et le cycle recommence. Cette reproduction par scissiparité se répète un grand nombre de fois et amène un envahissement très rapide de l'organisme ; car chaque corps sphérique donne naissance à une quinzaine de mérozoïtes et, dans la fièvre tierce, dont l'accès revient toutes les 48 heures et coïncide avec la

1. R. Blanchard, Rapport sur le paludisme. *Bulletin de l'Académie de médecine*, 3 juillet 1900, p. 6 — Id., *Les moustiques, histoire naturelle et médicale*. Paris, Rudeval, 1905. — A. Laveran, *Traité du paludisme*. Paris, Masson, 1898. — Id., *Prophylaxie du paludisme*. Paris, Masson et Gauthier-Villars. — P. J. Navarre, *Les insectes inoculateurs de maladies infectieuses*. Lyon, Rey, 1905.

mise en liberté des mérozoïtes, il se produit tous les deux jours une génération nouvelle.

Quand ces phénomènes se sont répétés pendant un certain temps, on voit apparaître dans le sang des éléments parasitaires d'une configuration particulière. Les derniers mérozoïtes produits s'allongent, s'incurvent en croissant et persistent ainsi dans le sang sans se reproduire ni se modifier d'aucune façon. On observe ce phénomène surtout dans la cachexie palustre. Les corps en croissant dérivent de mérozoïtes épuisés par une longue série de divisions agames et ayant évolué pour cette raison dans une autre direction. Le phénomène rappelle ce que Maupas a décrit chez les infusoires, où la conjugaison succède à la scissiparité. Il s'agit en effet de la préparation de la sporogonie ou reproduction sexuée, qui doit s'accomplir en dehors de l'organisme humain.

C'est ici qu'intervient le moustique : en se gorgeant de sang, il avale un grand nombre de corps sphériques et de corps en croissant. Ces derniers arrivés dans l'estomac de l'insecte s'arrondissent, de sorte que bientôt on n'y trouve plus que des corps sphériques. Environ la moitié de ceux-ci poussent en divers points de leur surface des prolongements longs et grêles, les *microgamétes*. Les corps sphériques dont la surface n'émet pas de prolongements sont les *macrogamétes*. Les premiers, mis en liberté, se portent sur les macrogamétes, y pénètrent par un acte identique à la pénétration du spermatozoïde dans l'ovule. L'organisme ou zygote produit par cette fécondation se porte contre la paroi de l'estomac du moustique, s'y enfonce et s'enkyste en formant une saillie de plus en plus considérable sur la face externe de cette paroi. Le zygote se divise en un grand nombre de corpuscules fusiformes, les *sporozoïtes*, qui s'échappent par rupture du kyste. Ils tombent dans la cavité générale du moustique et s'acheminent vers ses glandes salivaires, où ils vont se fixer. Dès lors, quand l'insecte piquera, il versera dans la plaie, en même temps que sa salive, une certaine quantité de sporozoïtes, qui pénétreront dans les globules rouges et le cycle décrit tout à l'heure recommencera. Il est à remarquer que les sporozoïtes vont toujours se placer dans les glandes salivaires du moustique, c'est-à-dire dans l'organe qui justement leur permettra d'arriver à l'hôte qui leur est maintenant nécessaire pour continuer leur évolution. Notamment ils n'infectent jamais les organes génitaux du moustique, de sorte que celui-ci ne transmet pas la maladie à sa ponte. Les larves et les insectes nouvellement éclos sont donc toujours indemnes. Ils n'acquièrent le parasite du paludisme qu'après avoir piqué un homme déjà malade. C'est sur cette donnée qu'est basée en grande partie la prophylaxie du paludisme, qui consiste à la fois à empêcher les personnes saines d'être contaminées par la piqûre de moustiques infectés, et les moustiques de se contaminer en piquant des individus malades.

Il existe chez les animaux des hématozoaires très voisins de ceux de l'homme. C'est ainsi que le bœuf et la chèvre de la campagne romaine, la chèvre et le mouton de Sologne sont assez souvent atteints d'une véritable fièvre paludéenne. Au Soudan, les chevaux importés sont décimés par le paludisme, alors que les chevaux indigènes sont très résistants. On connaît des parasites du même type chez les chauves-souris, les oiseaux, les reptiles, les batraciens. Le *Piroplasma* du bœuf qui produit la fièvre du Texas, celui du chien qui provoque chez cet animal un ictère infectieux, se propagent non par les moustiques, mais par les tiques ou ixodes.

Ces cas ne nous arrêteront pas. Il y a dans les régions tropicales tout un groupe de maladies caractérisées par la présence de vers ronds de petite taille dans le système circulatoire. Ces vers sont des filaires ; l'une des filarioses les mieux connues est l'hématochylurie. Les recherches de Manson ont montré que la filaire qui la produit est introduite dans l'organisme humain par des moustiques du genre *Culex*. Il est à remarquer que les embryons de cette filaire sont nocturnes, c'est-à-dire qu'ils ne viennent à la périphérie que la nuit ; le jour ils gagnent les gros vaisseaux du centre de l'organisme. Or, le moustique est, lui aussi, le plus habituellement nocturne. Il s'infeste ainsi sur les animaux et l'homme porteurs de filaires, et les embryons ingérés avec le sang résistent aux sucs digestifs et vont se loger dans les muscles des ailes. Au bout de 18 jours environ, ils ont pris tout leur développement et se dirigent vers la tête ou la trompe. Ils sont inoculés lorsque le moustique pique sa victime. Après un court passage dans le sang de l'homme, le parasite tend à gagner le système lymphatique, où il poursuit son évolution jusqu'à l'état adulte.

Il est impossible de parler du rôle des insectes dans la propagation des maladies infectieuses, sans dire quelques mots de la peste, bien que ce sujet ne rentre pas directement dans ce chapitre. La peste a en effet pour cause un parasite végétal, un microbe, découvert en 1894 par Yersin. Il est transmis du rat à l'homme et réciproquement par l'intermédiaire des puces. Quant à celui du choléra, sa dissémination a lieu par l'intermédiaire des mouches communes[1], qui, peu délicates dans le choix de leur nourriture, se posent indifféremment sur des matières fécales ou sur nos aliments. Le microbe du choléra résiste fort mal à la dessic-

---

[1] Chantemesse et Borel, *Mouches et choléra*, Paris, J.-B. Baillière, 1906, in-16.

cation ; mais une disposition organique de la mouche vient prévenir cette dessiccation et permettre au microbe d'être ensemencé successivement en divers milieux. En effet quand une mouche rencontre des aliments trop solides pour être absorbés par sa trompe, elle fait sourdre à l'extrémité de celle-ci une gouttelette de liquide qui dissout une parcelle de la substance convoitée. S'il s'agit de matières fécales de cholériques, ce liquide se contaminera et, comme la mouche l'ingurgite à nouveau, elle emporte avec elle une véritable culture de microbe, avec laquelle elle va ensemencer toutes les substances alimentaires qu'elle rencontrera sur son passage. Elle conservera son pouvoir d'infection jusqu'à ce que ce liquide soit entièrement renouvelé.

En ce qui concerne la fièvre jaune, nous ne connaissons pas encore son microbe. Mais quel que soit l'organisme qui la produit, nous savons, par les recherches toutes récentes des médecins américains à Cuba et de la mission française à Rio de Janeiro, que cet organisme est transmis exclusivement par un moustique nommé *Stegomyia fasciata* Fabr. Le sérum du sang des malades est surtout virulent dans les trois premiers jours de la maladie. C'est pendant cette période que la *Stegomyia* s'infecte en piquant un malade. Il faut ensuite une période de 12 jours pour que le moustique infecté puisse transmettre la maladie. En détruisant systématiquement les moustiques et leurs larves, et en isolant les malades de façon que les moustiques ne puissent venir s'infecter à leur contact, les Américains ont réussi à débarrasser entièrement la Havane de la fièvre jaune, alors que, sous le régime espagnol, cette maladie y causait un millier de décès par an. La distribution de la fièvre jaune dans l'univers est en rapport avec les températures nécessaires à la *Stegomyia* pour vivre. Cet insecte présente son maximum de vitalité à 28° ; il devient paresseux à 16° et meurt à 12°. Dix jours suffisent pour l'amener à l'état parfait avec des températures nocturnes de 26° à 28° et diurnes de 30° à 32°. Ce sont les températures habituelles de la mauvaise saison des pays intertropicaux.

L'étude des trypanosomes a permis de relier entre elles toute une série de maladies de l'homme et des animaux, dont on ignorait jusqu'à ce jour l'étiologie et les relations[1]. Depuis longtemps on savait que, en Afrique australe, les bœufs et les chevaux sont atteints d'une maladie mortelle, appelée *nagana*, et causée par la

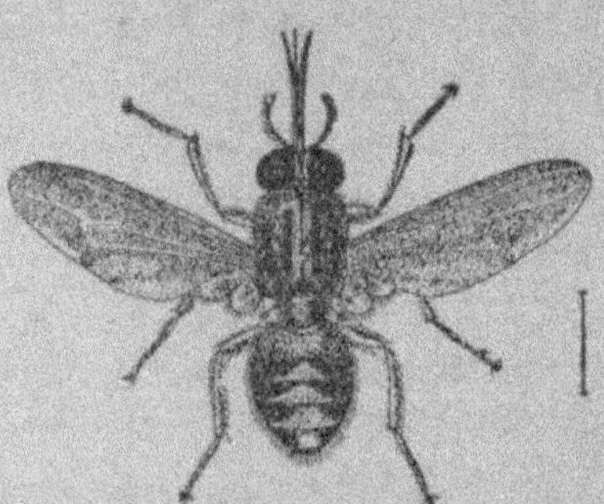

Fig. 46. — Mouche tsétsé, *Glossina morsitans*.

piqûre de la mouche tsétsé, *Glossina morsitans* (fig. 46), qui vit dans les terrains marécageux.

En 1894 Bruce reconnut que cette affection était en réalité produite par un infusoire flagellé, le *Trypanosoma Brucei*, que la tsétsé recueille en pompant le sang des grands animaux et qu'elle réinocule par sa piqûre. Du reste le trypanosome ne subit aucune transformation dans l'organisme de la mouche, contrairement à ce qui se passe pour le micro-organisme de la malaria. La tsétsé ne sert que d'agent de transport et les trypanosomes contenus dans sa trompe ou son estomac sont tous morts au bout de 48 heures, s'ils n'ont pas été réinoculés.

Le nagana n'est pas absolument limité à l'Afrique aus-

1. A. Laveran et F. Mesnil, *Trypanosomes et Trypanosomiases*, Paris, Masson, 1904.

trale ; on le rencontre au Congo, au Cameroun, au Togo, on l'a parfois signalé en Abyssinie. C'est probablement la mouche tsétsé qui, dépassant ses limites ordinaires, a pénétré autrefois en Égypte et y a causé la quatrième plaie, la cinquième, celle qui frappa les bêtes, aurait été la conséquence de la précédente. Il est à noter que les animaux sauvages de l'Afrique, tels que les buffles et les antilopes peuvent héberger dans leur sang le trypanosome sans en souffrir sérieusement. C'est encore là un de ces cas d'immunité spécifique due à la sélection naturelle, comme nous en avons déjà rencontré des exemples au cours de ce travail. Mais si la santé des animaux indigènes est à peine altérée par les trypanosomes qui les parasitent, ils n'en constituent pas moins un réservoir de virus où les glossines peuvent indéfiniment se réinfecter pour transporter le micro-organisme sur les animaux domestiques. La seule ressource des colons serait donc, non pas de détruire le gibier comme on l'a proposé, mais de créer par sélection des races de bœufs et de chevaux particulièrement résistantes au nagana.

Les glossines ne vivent en Afrique qu'entre 28° latitude Sud et 13° latitude Nord En tous cas elles ne franchissent jamais le Sahara. Or on connaît dans le Nord de l'Afrique des affections des dromadaires et des zébus, qui semblent identiques au nagana et qui sont propagées non plus par des glossines mais par des taons. Si ce fait se confirme, il a une grande importance théorique et pratique. En effet, comme le dit M. Blanchard [1], en principe un parasite déterminé a pour hôte ou pour agent de dissémination une espèce animale définie. Mais que, pour des conditions géographiques, climatériques ou autres, celle-ci n'existe

---

1. R. Blanchard, Rapport sur les mouches tsétsé, *Bulletin de l'Académie de médecine*, 7 juin 1904, p. 485.

pas dans le pays où le parasite se trouve transplanté, ce dernier ne sera pas fatalement condamné à s'éteindre ; il pourra trouver dans la faune locale des espèces voisines de la première, qui pourront se substituer à elle dans son rôle d'hôte ou de disséminateur. Cette adaptation du parasite à la faune locale est d'autant plus facile dans le cas des trypanosomes, que ceux-ci ne subissent aucune évolution dans le corps de l'insecte et que celui-ci se borne à les disséminer. Par suite il ne faudra pas s'étonner de voir un jour le nagana envahir le Sud de l'Europe, où existent les mêmes espèces de taons que dans l'Afrique septentrionale.

À ce point de vue l'exemple du surra est particulièrement instructif. Cette maladie est causée par *Trypanosoma Evansi*, espèce très voisine du *Tr. Brucei* ; elle sévit aux Indes sur le cheval, le chameau, le buffle et l'éléphant, et est disséminée par des taons. Or le surra s'est considérablement propagé depuis quelques années. Il existe maintenant en Perse, à Java, à Sumatra, en Birmanie, en Chine, en Indo-Chine, aux Philippines et à l'île Maurice. Dans ces deux dernières régions l'agent de transmission n'est plus un tabanide, mais un muscide, du genre *Stomoxys*. Or comme les *Stomoxys* sont très répandus sur toute la surface du globe, l'importation en un pays quelconque d'un seul animal atteint de surra peut y acclimater définitivement cette maladie. Le surra ressemble beaucoup au nagana : c'est une anémie pernicieuse, avec œdèmes des membres, enflure du ventre et amaigrissement. On a pu croire qu'il y a identité entre les deux affections, et que les différences observées tiennent à des conditions locales et à des immunités acquises par certaines espèces animales. Mais les expériences de M. Laveran et Mesnil ont montré que des animaux immunisés par une atteinte de l'une des affections ne sont pas réfractaires à l'autre. Par suite le nagana et le surra paraissent bien constituer des entités morbides distinctes.

Les maladies à trypanosomes sont très nombreuses. Citons rapidement le mal de Cadéras, qui atteint les chevaux dans l'Amérique du Sud et qui est causé par le *Trypanosoma equinum*, que les taons puisent dans le sang d'animaux sauvages, probablement les cabiais ; la dourine du cheval et de l'âne, répandue en Malaisie et dans le bassin méditerranéen ; son parasite, le *Trypanosoma equiperdum*, paraît se transmettre surtout au moment du coït ; la fièvre bilieuse des bœufs du Transvaal, provoquée par *Trypanosoma Theileri*, et transmise par une mouche piquante, *Hippobosca rufipes*.

Une autre trypanosomose nous intéresse bien plus di-directement : c'est la *maladie du sommeil*. Elle est causée par le *Trypanosoma gambiense* (fig. 47) découvert par Dutton en 1902. Ce parasite vit

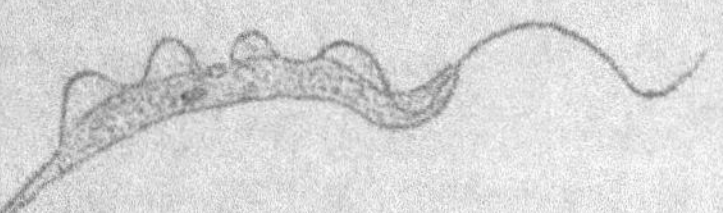

Fig. 47. — *Trypanosoma gambiense*, Dutton (d'après Laveran et Mesnil).

chez l'homme, d'abord dans le sang, puis il passe dans le liquide céphalo-rachidien, qui baigne les centres nerveux. Dans la première période il n'y a pas de somnolence, mais des poussées fébriles. Dans la seconde, lorsque les centres nerveux sont envahis, il y a une somnolence invincible, une apathie complète, une fièvre irrégulière et un affaibisssement progressif. La terminaison est toujours mortelle. La première période dure de quelques mois à quelques années ; la seconde, six à huit mois. On sait maintenant que la propagation de la maladie se fait par l'intermédiaire d'une mouche très voisine de la tsétsé, la *Glossina palpalis*.

Cette mouche vit au bord des cours d'eau et dans les

endroits ombragés ; elle est spéciale à l'Afrique tropicale. C'est là également la distribution de la maladie du sommeil. Mais l'aire de cet affection tend à s'accroître : limitée autrefois à l'Afrique occidentale elle a gagné maintenant l'Ouganda et la région des grands lacs. Ce fait est dû aux migrations de peuples et surtout au transport de travailleurs d'une région contaminée dans une région saine, dont les glossines ont été infectées à leur contact. On pourrait même craindre que comme le nagana et le surra, la maladie du sommeil finisse par envahir des régions où l'hôte habituel du trypanosome n'existe pas. Il est certain qu'on a trouvé en Algérie des malades porteurs d'un trypanosome qui paraît identique au *Trypanosoma gambiense*. Il aurait été apporté par un convoyeur de caravane traversant le Sahara du Sud au Nord, et les taons et autres diptères piqueurs se chargeraient de le disséminer dans le pays. Pourtant le fait suivant permet d'espérer que la maladie du sommeil restera localisée en Afrique. A l'époque de la traite des nègres, beaucoup d'individus atteints de cette affection ont été transplantés aux Antilles et aux États-Unis ; travaillant dans les plantations ils étaient constamment exposés à la piqûre des tabanides ou des muscides piqueurs ; néanmoins la maladie ne s'est pas propagée dans le Nouveau Monde faute d'un insecte capable de se substituer à la *Glossina palpalis*.

Nous terminerons ici cette incursion dans le domaine pathologique. L'étude de l'ankylostomose nous a montré comment grâce à l'intervention de l'homme, la distribution géographique d'un parasite peut varier. Dans les paragraphes suivants nous avons appris à connaître le rôle des insectes dans l'inoculation de certaines maladies infectieuses. Nous avons vu que tantôt ils jouent seulement le rôle d'agent de transport, tantôt au contraire, comme dans le paludisme, le parasite subit une partie de son évolution dans le corps de l'insecte. Enfin nous avons constaté dans quelle mesure la distribution géographique du parasite dépend de celle de l'insecte chargé de l'inoculer et quelles conséquences pratiques on peut tirer de ce fait.

CHAPITRE VIII

LE PARASITISME EMBRYONNAIRE ET SEXUEL

Rôle du parasitisme dans l'évolution des espèces. — Parasitisme des jeunes
sur leur mère : la viviparité. — Mâles parasites sur les femelles. — Évolution sexuelle des cirripèdes. — Le parasitisme et la détermination des
sexes.

Dans un volume précédent, j'ai montré (*L'évolution de
la vie* p. 170) comment chez les hydraires des individus
primitivement indépendants finissent par se transformer
en organes et vivre en parasites aux dépens du reste de la
colonie. C'est là un fait absolument général. A mesure
que, au cours de l'évolution, des cellules se spécialisent
en vue d'une fonction déterminée, elles deviennent incapables de se suffire à elles-mêmes, et elles ne vivent
qu'aux dépens d'autres cellules auxquelles est dévolue la
fonction de nutrition. Il est inutile d'insister sur ces faits,
qui constituent, chez les animaux et les végétaux, cette
symbiose grâce à laquelle chacune des parties de l'organisme a besoin du concours de toutes les autres. Le progrès organique, dans toute la série des formes vivantes,
repose en entier sur cette division du travail.

Mais je voudrais exposer le rôle joué par le parasitisme
dans certains phénomènes vitaux et surtout dans ceux qui
touchent à la reproduction. Je ne reviendrai pas sur le
règne végétal, dont toute l'évolution est dominée par le

parasitisme de plus en plus complet des prothalles sexués sur le thalle agame. Je ne parlerai pas de la greffe qui est une sorte de parasitisme artificiel d'un organisme sur un autre de même espèce ou d'espèce voisine.

En ce qui concerne la *viviparité* chez les végétaux, on se rappelle que chez les muscinées et chez les floridées l'œuf fécondé germe directement sur le prothalle et qu'il y a également un certain nombre de plantes vasculaire vivipares. Il est vraisemblable que c'est l'humidité qui a été à l'origine, la cause de l'apparition de ce caractère. On sait en effet que le blé peut germer sur la plante-mère quand l'année est très humide. Les végétaux qui croissent sous les tropiques, au bord de la mer, et dont l'ensemble constitue la mangrove, vivent dans un air toujours très chargé de vapeur d'eau. L'embryon se développe sur la plante-mère et y atteint une grande taille. Chez les *Rhizophora* il y a, à la surface des cotylédons, des papilles qui pénètrent dans les tissus périphériques pour en extraire les sucs nourriciers. Chez les *Avicennia* l'appareil de succion est encore plus développé. Grâce à ce parasitisme prolongé des jeunes plantes sur leur mère, elles atteignent un poids énorme et lorsqu'elles se détachent elles s'enfoncent directement dans la vase et n'ont plus à craindre d'être renversées par la vague. Dans le cas actuel la viviparité est donc très utile à la propagation de l'espèce.

Mais c'est surtout dans le règne animal que ce phénomène a pris un grand développement. Dès que l'œuf a été fécondé, il devient dans l'organisme maternel un organisme distinct et, comme le dit Houssay[1], il y a antagonisme entre les deux. Une séparation doit s'effectuer ; elle s'accomplit d'une façon plus ou moins rapide, et, plus le détachement est lent, plus on voit l'organisme

---

[1] F. Houssay, *La forme et la vie*. Paris, Schleicher, 1900.

Laloy.

maternel assujetti, comme un être parasité, à un détournement au profit d'un autre, d'une partie de son activité et de sa substance. En même temps l'embryon subit de son côté toutes les transformations que la vie parasitaire entraîne.

Dans son degré le plus faible, ce phénomène rentre dans l'instinct maternel. Ce n'est pas ici le lieu de nous occuper des soins donnés aux jeunes par les mammifères, les oiseaux ou les insectes. Remarquons cependant qu'en leur fournissant du lait, une pâture, un nid, ces animaux détournent en faveur de leur progéniture une partie de leur activité. Il en est de même encore de ces araignées qui transportent partout avec elles le cocon qui renferme leurs œufs, ou de ces blattes qui en font autant de leur coque ovigère. Chez un acarien, le *Pediculoides ventricosus*, parasite des coléoptères, le parasitisme des jeunes sur leur mère est plus marqué. La femelle a un abdomen sphérique, bondé d'œufs. Les jeunes passent les premiers temps de leur existence sur cet abdomen ; ils s'y promènent et s'y fixent de temps en temps par leur bouche, absorbant vraisemblablement quelque suc nutritif fourni par la mère.

Chez les invertébrés il y a un grand nombre de cas où le jeune reste sur l'organisme maternel, à l'abri d'un repli des téguments, que l'excitation de sa présence développe davantage et transforme en une cavité incubatrice. Chez les crustacés copépodes, tels que les cyclopes, les œufs sont en général placés dans deux sacs disposés de part et d'autre du corps de la femelle. Les daphnies conservent les leurs jusqu'au stade nauplius dans une cavité incubatrice située entre les valves de la carapace. Chez certains échinodermes les jeunes se développent dans la cavité générale de la mère : en même temps il y a accélération de l'embryogénie, comme chez les batraciens que nous étudierons tout à l'heure. Il est très probable que la suppression de certaines phases larvaires est due à la vie protégée et alimentée que mène le jeune animal. C'est encore par l'accélération embryogénique qu'il faut expliquer la viviparité des diverses sortes de pucerons dont nous parlions plus haut (p. 78) ; il y a d'autre part des diptères, dits pupipares, qui donnent naissance non plus à des œufs ou à des larves, mais à des nymphes. On observe des dispositions organiques propres à favoriser le développement des jeunes même chez des animaux très rudimentaires ; certaines actinies des mers arctiques et antarctiques sont pourvues de poches incubatrices, où évoluent leurs larves[1].

Dans la plupart des exemples que je viens de passer en revue les embryons sont sur l'organisme maternel des commensaux ou tout au plus des parasites externes ; nous allons voir maintenant des cas où l'embryon est un véritable parasite interne. Parfois, comme chez les scorpionides, l'œuf subit son développement à l'intérieur des organes génitaux de la mère, sans contracter aucune attache avec eux et profite seulement des sécrétions de la muqueuse près de laquelle il se trouve. Chez bon nombre d'animaux vivipares les choses se passent de cette façon simple ; l'embryon est protégé et nourri sans s'attacher solidement à l'organisme maternel qui lui sert d'hôte momentané. On peut citer, parmi les reptiles, la vipère dont l'œuf achève son développement dans l'utérus, sans prendre sur lui d'insertion bien nette. Il y a certains batraciens qui prodiguent à leurs jeunes des soins véritablement maternels sur lesquels nous ne pouvons insister ici. Chez d'autres il y a de véritables dispositions organiques destinées à favoriser l'évolution des œufs ; la femelle du *Pipa dorsigera*, de Surinam (fig. 48) porte les siens dans des logettes qui se forment sur son dos à l'époque de la

1. L. Laloy. La maternité chez les actinies. *La Nature*, 8 mars 1902, p. 211.

reproduction, et où ils sont probablement apportés par le mâle. L'embryon y accomplit tout son développement et reçoit d'abondants apports nutritifs des vaisseaux maternels qui parcourent la loge (fig. 49). Parmi les poissons, la femelle d'*Aspredo lœvis* porte ses œufs dans des pochettes pédiculées qui se forment sur son ventre et où pénètrent des vaisseaux nourriciers. Dans d'autres espèces, l'hippocampe notamment, il se forme chez le mâle une poche où les œufs sont introduits on ne sait encore par quel procédé, et où s'accomplit leur évolution. C'est ce que Giard[1] appelle la paternité embryophorique. Dans tous ces cas il s'agit de parasitisme externe ; mais d'autres poissons sont vivipares ; les œufs se développent dans l'ovaire même, dont les parois sécrètent des liquides nutritifs qui sont avalés par les embryons[2]. Enfin chez certains poissons cartilagineux, il s'établit des liens vasculaires entre les œufs en voie de développement et la cavité qui les renferme. C'est là un acheminement des plus nets vers les relations si étroites qui s'établissent chez les mammifères entre l'embryon et sa mère.

L'atteinte portée à la santé générale de celle-ci par son

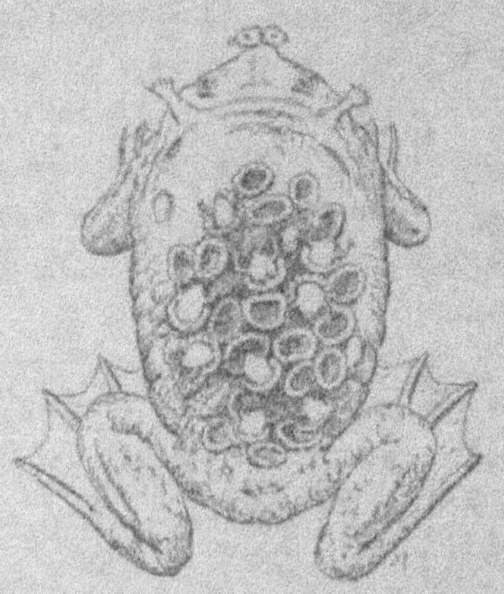

Fig. 48. — *Pipa dorsigera*, femelle.

---

1. A. Giard. Les origines de l'amour maternel, *Revue des idées*, II, 1905, p. 249.

2. L. Laloy, Soins donnés aux jeunes par les batraciens. *La Nature*, 13 avril 1901, p. 305. — Soins donnés aux jeunes par les poissons, *La Nature*, 14 septembre 1901, p. 245. — La famille chez les batraciens et les poissons. *Le Naturaliste*, 15 février 1903, p. 46.

état de grossesse montre bien que la viviparité n'est, au fond, qu'une maladie parasitaire. Cette démonstration est encore plus complète dans le cas suivant. Un ver du groupe des anguillules, le *Rhabditis flexilis*, a quatre embryons qui se déplacent activement dans l'utérus de la femelle. Ils le désagrègent et finissent par tomber dans la cavité générale du corps. Ils détruisent tous les organes maternels en ne laissant que la peau. Ainsi dans ce cas extrême, la mère est littéralement dévorée par les enfants

Fig. 49. — Embryon de *Pipa dorsigera* dans sa logette (grossi 3 fois). 1, couvercle ; 2, cloison de séparation contenant des vaisseaux sanguins. 3, 4, embryon avec son sac vitellin, ses pattes et ses branchies rudimentaires.

qu'elle porte en elle. Mais en ne tenant compte que des cas réguliers tels que ceux que nous énumérions tout à l'heure, nous voyons que, parmi les jeunes animaux il y en a, comme parmi les parasites véritables, certains qui ne demandent à leur hôte qu'un abri, et d'autres qui lui empruntent en même temps des aliments. Dans ce cas, suivant l'intensité et la durée du parasitisme embryonnaire, la mère et l'embryon subissent des modifications plus ou moins profondes qui peuvent aller jusqu'aux merveilleuses adaptations réciproques que nous constatons chez les mammifères. Mais il importait de montrer que la viviparité n'est pas spéciale à ceux-ci ni même aux vertébrés ; et que d'autre part dans ce cas particulier le progrès n'a pu s'accomplir que par le parasitisme de plus en plus complet des jeunes sur leur mère. C'est ce qu'on observe lorsqu'on passe des vertébrés ovipares aux monotrèmes et aux marsupiaux et de ceux-ci aux mammifères placentaires. Mais même chez les animaux ovipares les jeunes sont en un sens parasites de leur mère, puisque celleci, forcée de couver ses œufs, doit sacrifier à sa progéniture une part de son activité. Quand on passe des ovipares aux vivipares on constate simplement la disparition de cet instinct et son remplacement par des dispositions organiques propres à permettre le développement de l'embryon dans l'organisme maternel.

Chez les Marsupiaux, le jeune naît à l'état d'embryon et achève son développement dans une poche située sur le ventre de la mère et où viennent déboucher les glandes mammaires : de parasite interne il s'est transformé en parasite externe. Chez les Mammifères supérieurs le premier stade est bien plus long, le second raccourci et simplifié. Le fœtus atteint, dans l'utérus de sa mère, un degré de développement variable suivant les espèces, mais toujours assez avancé. Il est relié à l'organisme maternel par un organe spécial, le placenta, qui lui permet d'absorber les aliments apportés par le sang de la mère. A sa naissance, il n'a plus besoin d'être renfermé dans une poche incubatrice. En revanche les glandes mammaires, diffuses chez les Mammifères inférieurs, se sont transformées chez les placentaires en des organes nettement délimités, qui entrent en fonctionnement au moment précis où le jeune animal en a besoin. Le nombre des mamelles est, dans chaque espèce, en relation avec le nombre de jeunes que la femelle peut mettre au monde à la fois.

Un autre cas bien curieux est celui des *mâles parasites*

sur leurs femelles. Chez beaucoup d'insectes le mâle, plus petit que la femelle se borne à son rôle d'époux sans être apte à aucune des industries si merveilleuses que nous observons dans ce groupe zoologique. Dans bien des espèces il ne prend aucune nourriture et meurt aussitôt la fécondation accomplie. Chez les araignées il est même exposé à être dévoré par sa redoutable épouse. Dans toutes ces espèces ultra-féministes, le beau sexe est en même temps le sexe fort et intelligent.

Chez certains crustacés l'infériorité des mâles n'est plus seulement sociale mais organique. Les cirripèdes des genres *Scalpellum* et *Ibla* ont, outre leur forme principale hermaphrodite, des mâles nains sur lesquels les travaux de Hœk et de Gruvel jettent un jour tout nouveau. Ces mâles seraient d'anciens hermaphrodites fixés fortuitement sur des hermaphrodites de taille plus grande et pratiquant avec ceux-ci la fécondation réciproque directe. Mais ces hermaphrodites fixés sur d'autres devenant de plus en plus petits, il est arrivé que faute de place, leurs œufs n'ont plus pu se développer. De là une diminution du volume de l'ovaire qui, par défaut d'usage a fini par disparaître entièrement. En même temps tous les autres organes entrent en régression pour laisser la place à l'appareil génital mâle, qui prend une structure de plus en plus parfaite. Les mâles vivent entièrement fixés sur l'hermaphrodite, qui les porte dans des fossettes de son manteau. Un pas de plus et nous aurions la transformation d'individus primitivement indépendants en organes sexuels, telle qu'on peut l'observer chez les hydraires.

Ce pas est bien près d'être franchi chez quelques *Scalpellum*. En effet, la fécondation étant assurée par l'intermédiaire de mâles nains nombreux et parfaitement adaptés à leurs fonctions, il arrive que les organes mâles de l'hermaphrodite, n'ayant pour ainsi dire plus de raison d'être, finissent par s'atrophier et disparaître complètement. Le dernier stade de l'évolution sexuelle du genre *Scalpellum* est dès lors constitué par une grande forme exclusivement femelle et une petite forme exclusivement mâle fixée sur la première. La plupart des autres stades sont également représentés chez les espèces de ce genre actuellement vivantes. Cette évolution sexuelle est extrêmement intéressante, parce que, outre le fait brut du parasitisme des mâles, elle nous montre un des mécanismes par lesquels a pu se faire la séparation des sexes, chez des formes primitivement hermaphrodites.

On observe encore chez d'autres crustacés des mâles nains attachés sur une femelle et vivant de ses résidus ; ils sont toujours très déformés et ne présentent plus en général ni tube digestif ni appendices. Il est cependant à noter que parmi les *Scalpellum*, ceux qui se rapprochent le plus de la forme ancestrale ont des mâles nains moins réduits par le parasitisme et de taille plus grande que les autres. Ce fait a son importance au point de vue du sens dans lequel s'est faite l'évolution de ce groupe.

On trouve également des mâles pygmées chez un ver du groupe des géphyriens, la *Bonellia viridis*. Le mâle est un petit organisme qui vit en parasite dans l'œsophage de la femelle. Son tube digestif ne possède ni bouche ni anus. Au moment de la maturité sexuelle les mâles émigrent dans une anfractuosité des téguments au fond de laquelle arrive l'oviducte et ils fécondent les œufs au passage.

Giard et Bonnier[1] ont reconnu chez les crustacés isopodes parasites une série de faits des plus intéressants qui

---

1. A. Giard et J. Bonnier. Contribution à l'étude des Bopyriens, *Travaux du laboratoire de zoologie maritime de Wimereux*, t. V, 1887.

montrent l'influence du parasitisme sur la détermination des sexes, avec d'autant plus de netteté qu'on suit la succession des phénomènes sur les mêmes individus aux diverses phases de leur existence. Il semble que le parasitisme, par la surnutrition qu'il provoque, soit la cause de la formation du sexe féminin. En effet, les cymothoadiens sont des isopodes peu parasites et peu dégradés ; on rencontre chez eux des mâles et des femelles. Mais chaque individu est successivement mâle dans sa jeunesse et femelle dans sa vieillesse, après avoir passé par un stade intermédiaire hermaphrodite. Chez les entonisciens, parasites des crabes, les mâles, arrivés à un certain stade larvaire, fécondent les femelles, puis eux-mêmes se fixent, mènent une vie plus étroitement parasitaire et évoluent en femelles ; s'ils ne réussissent pas à se fixer, ils meurent à l'état larvaire. Nous avons vu un processus analogue chez les rhizocéphales. Mais ici les phénomènes sont plus complexes : des mâles nombreux arrivent à se fixer sur la femelle, chacun d'eux subit la dégradation parasitaire et joue le rôle de mâle pygmée actif. En grandissant, et en trouvant, grâce à la vie parasitaire, une nourriture plus abondante, il devient d'abord hermaphrodite, enfin les jeunes mâles complémentaires le suppléant dans sa fonction testiculaire, il termine sa carrière comme femelle, transformé en un vaste sac ovigère.

En somme indépendamment de son rôle général dans l'évolution des animaux et des végétaux, le parasitisme en a joué un plus marqué dans l'évolution particulière de quelques groupes zoologiques. Chez certains animaux primitivement hermaphrodites il a pu provoquer la séparation des sexes, chez d'autres il a institué le dimorphisme sexuel. Mais si le parasitisme des mâles sur les femelles ou les changements de sexes successifs des isopodes parasites ne sont guère que des curiosités zoologiques, le parasitisme des embryons sur leur mère a eu la plus grande importance sur la marche générale de l'évolution. De même que le parasitisme des prothalles sexués a permis l'évolution progressive du règne végétal, la viviparité des animaux en assurant la perpétuité de l'espèce avec un plus petit nombre de germes a provoqué le magnifique épanouissement des groupes zoologiques qui en sont affectés. Dans les deux cas le progrès de l'espèce, son adaptation plus parfaite aux conditions extérieures ont eu pour cause directe la régression de certains organes devenus superflus parce que les phénomènes de la reproduction s'étaient perfectionnés.

DEUXIÈME PARTIE

MUTUALISME

CHAPITRE IX

LA VIE SOCIALE DANS LE RÈGNE VÉGÉTAL

Associations ou formations végétales — La lutte des flores pour la suprématie. — Les avantages de l'association. — Les sociétés : plantes grimpantes et épiphytes. — Les symbioses de l'humus : les mycorhizes. — Les nodosités des légumineuses et la nitrification. — Infection et tubérisation. — Les espèces par agrégation. — Les lichens, leur rôle dans la nature.

Nous avons étudié jusqu'à présent des groupes organiques où l'un des êtres en présence était exploité par l'autre. Il nous faut maintenant passer en revue les cas où des êtres vivants se rendent des services réciproques ou tout au moins coexistent dans le voisinage les uns des autres sans se nuire. Nous aurons donc à étudier des *associations* dans lesquelles la concentration de nombreux individus en un point donné est due non tant aux services qu'ils se rendent qu'à une cause plus profonde, climat, composition du sol, etc., d'autre part des *sociétés* où les services réciproques passent au premier plan ; enfin les *symbioses* où il y a fusion organique entre les parties en présence. Il va sans dire que cette division n'est introduite que pour la clarté de l'exposition. Dans l'infinie diversité des rapports des êtres les uns avec les autres, les cas extrêmes sont seuls tranchés, et l'on passe des uns aux autres par des gradations si insensibles qu'il est souvent fort difficile de dire à quelle catégorie se rattache un phénomène déterminé.

Les *associations* ou *formations* végétales dépendent en première ligne du climat, en seconde ligne de la composition du sol, enfin des services que les plantes se rendent les unes aux autres. Pour les deux premiers facteurs nous ne pouvons que renvoyer aux ouvrages spéciaux et surtout à l'excellent traité de Schimper[1]. Mais les influences biologiques nous intéressent plus directement.

De même qu'il y a des animaux solitaires et des animaux sociaux, il y a des plantes qu'on trouve toujours isolées et d'autres qui vivent toujours en société. Celles-ci couvrent d'une façon uniforme de vastes étendues, mais elles sont toujours accompagnées d'un certain nombre de plantes caractéristiques, moins nombreuses en individus. Ce sont ces associations qui donnent au paysage sa physionomie. Presque partout le botaniste dira sans hésitation le caractère de la végétation qui l'environne ; il en distingue la note dominante, qui peut se résumer, à peu près toujours, dans l'indication d'une ou deux espèces principales. Ces espèces occupent dans la flore une place prépondérante, fournissent à elles seules une caractéristique suffisante de tel ou tel niveau, de telle ou telle station. Mais d'autres espèces, représentées par un nombre moins grand d'individus, ou tenant moins de place dans le paysage, grâce à leurs dimensions plus faibles, sont ce-

---

1. A. F. W. Schimper, *Pflanzen-Geographie auf physiologischer Grundlage*. Iena, Fischer, 1898.

pendant toujours associées aux premières. C'est ainsi que *Vaccinium myrtillus*, *Rubus idæus*, *Oxalis acetosella*, *Mercurialis perennis*, *Potentilla tormentilla*, *Anemone nemorosa*, *Lysimachia nemorum*, *Malva moschata*, *Hypericum humifusum*, *Maianthemum bifolium*, *Paris quadrifolia* sont les associés constants du hêtre, tandis qu'avec le châtaignier on rencontrera toujours *Sarothamnus scoparius*, *Teucrium scorodonia*, *Veronica officinalis*, *Digitalis purpurea*, *Aira præcox*, *Deschampsia flexuosa*, *Calluna vulgaris*, *Pteris aquilina*, *Rumex acetosella*. Ces faits, dans le détail desquels nous ne pouvons entrer ici sont bien connus depuis les travaux de de Candolle[1] et de Flahault[2].

En laissant de côté les déserts, on constate qu'il y a à la surface de la terre deux types principaux de formations, suivant que la végétation est ligneuse ou herbacée. Ces types ne sont pas seulement opposés par leur composition botanique, mais ils ont toujours été en lutte l'un avec l'autre, et depuis que la terre s'est couverte d'un manteau végétal on peut dire que toute son histoire est corrélative des empiétements de la prairie ou de la savane sur la forêt et réciproquement. C'est que des variations relativement faibles du climat suffisent pour favoriser l'une des formations au détriment de l'autre : on conçoit qu'en même temps la faune doive subir de profondes variations. C'est ce que l'on constate en étudiant les faunes et les flores qui se sont remplacées les unes les autres dans nos pays depuis l'époque glaciaire ; on y voit se succéder très nettement l'ère des toundras, celle des steppes et celle des forêts dans laquelle nous vivons encore actuellement.

---

1. A. de Candolle, *Géographie botanique raisonnée*. Paris, Masson, 1855.
2. Ch. Flahault, Projet de carte botanique de la France. *Bulletin de la Société botanique de France*, t. XLI, 1894 — Id., *La flore et la végétation de la France*, introduction à la flore de France de l'abbé Coste. Paris, P. Klincksieck, 1901.

La forêt n'exige pas une grande abondance des précipitations atmosphériques, mais la présence constante d'une réserve aqueuse située au niveau des extrémités radiculaires, c'est-à-dire à une assez grande profondeur. La saison à laquelle cette réserve se renouvelle est tout à fait indifférente. Au contraire la végétation herbacée, avec ses racines peu profondes, a besoin de précipitations qui peuvent être peu abondantes, mais qui doivent en tous cas être fréquentes pour entretenir l'humidité de la surface.

Des facteurs locaux introduisent d'infinies variétés dans ces formations principales, je me contenterai d'énumérer les plus caractéristiques d'entre elles, en me guidant sur la classification de Ludwig[1].

1° Dans les régions arctiques nous trouvons les *toundras* formées, dans leur partie méridionale, de vacciniacées, éricacées, salicinées, mousses et lichens, avec quelques conifères, pionniers de la forêt située plus au Sud. Plus loin vers le Nord, les arbres ont tout à fait disparu, et l'on rencontre des espaces très vastes recouverts d'une seule espèce de mousse ou de lichen. Ce sont, en allant du Sud au Nord : des *Polytrichum*, *Dicranum*, *Cladonia*, *Platysma* accompagné de *Cetraria*, puis *Alectoria*, enfin *Lecanora*. C'est ce lichen qui est le dernier représentant de la vie végétale, vers l'extrême Nord ;

2° Les *prairies* de la zone tempérée, formées surtout de graminées, accompagnées de renonculacées, ombellifères, papilionacées, composées, qui ne frappent le regard qu'au moment de leur floraison. Dans les endroits humides cette flore se modifie et l'on voit apparaître les *Carex*, les *Juncus*, les *Scirpus* et les *Equisetum* ;

3° La *savane* des plaines tropicales, peuplée d'herbes

---

1. Fr. Ludwig, *Lehrbuch der Biologie der Pflanzen*, Stuttgart, Enke, 1895

très hautes qui continuent à végéter pendant la saison sèche. Elles forment des bouquets denses séparés par des espaces nus. Il y a en général quelques arbres qui en se rapprochant transforment la savane en forêt, tandis que par la disparition des arbres elle prend peu à peu le caractère des steppes. Si la plupart des arbres de la savane sont rabougris, il y a cependant quelques végétaux ligneux de grande taille. En Afrique c'est le Baobab, dont le tronc gigantesque et la ramure régulière constituent l'un des traits les plus caractéristiques de la grande plaine herbeuse. La réserve d'eau contenue dans son bois tendre et spongieux lui permet de vivre dans ces territoires où ne prospère aucun autre arbre de grande taille ;

4° La *steppe*, qui ne renferme que des plantes *xérophiles*, c'est-à-dire adaptées à la sécheresse, et à période de végétation courte. On distingue des steppes herbeuses, pourvues d'une certaine quantité d'humus et peuplées surtout de graminées du genre *Stipa*. Dans la steppe sableuse ces plantes sont remplacées par des arbustes. Enfin dans la steppe salée, la végétation, formée surtout de chénopodées et d'artémisiées, à cuticule épaisse et à tissus charnus, se rapproche de la flore des rivages maritimes ;

5° Le *type désertique* n'est que l'exagération de la steppe. Les plantes y ont un caractère xérophile encore plus marqué : les feuilles sont absentes ou peu développées, les tissus sont charnus pour conserver des réserves aqueuses ; il y a des épines qui permettent à la plante de se défendre contre les herbivores. Tels sont les cactus et les euphorbes cactiformes, qui donnent à certains déserts américains un caractère si tranché. Ailleurs ce sont des légumineuses épineuses, ou bien des plantes gonflées en forme d'outre comme les *Pyrenacantha* et les *Adenia* de l'Afrique australe. En Asie centrale on trouve des *Tamarix* et une chénopodée arborescente, le saxaoul (*Haloxylon*), au bois très dur et à l'écorce gonflée d'eau ; ses rameaux sont dépourvus de feuilles ;

6° Les *landes* à bruyères, caractéristiques de l'Allemagne du Nord et d'une partie de la Russie. Elles sont formées surtout de *Calluna valgaris*, avec quelques autres éricacées, des vacciniacées et quelques arbustes, genèvriers, genêts, saules et bouleaux. Leur sous-sol est sablonneux ou tourbeux. Cette formation n'existe que dans les régions où il y a un certain degré d'humidité, même en été ;

7° Les *marais* et les *tourbières*, bordés d'aulnes et de bouleaux et renfermant une végétation des plus caractéristiques : sphaignes, graminées, cypéracées, prêles et bruyères. Les conditions biologiques y sont très particulières. En effet cet humus est chargé de produits organiques en décomposition et très pauvre en sels minéraux. D'autre part grâce à la quantité trop faible d'oxygène qu'il renferme, les bactéries nitrifiantes n'y prospèrent pas et son azote n'est pas assimilable. Aussi est-il probable que les plantes des tourbières sont simplement des plantes plus rustiques que les autres, qui n'y réussissent qu'en l'absence de concurrence. Certaines, comme les éricacées, peuvent cependant se nourrir partiellement d'humus, grâce à leurs mycorhizes (Voir p. 161). D'autres, comme les droséracées cherchent un supplément d'aliments dans un régime carnivore ;

8° Les *plantes du littoral* maritime sont dans une situation analogue. C'est à tort qu'on les a appelées *halophiles* ; elles n'aiment pas le sel, mais savent s'accommoder de ce milieu qui tuerait d'autres plantes. Elles se protègent contre la dessiccation par leurs tissus charnus et par l'épaisseur de leur cuticule, ou bien en se couvrant de poils ; en effet un excès de transpiration concentrerait en elles le sel. Toutes ont des racines profondes qui vont chercher au loin l'eau douce, ou des rhizomes charnus qui leur permettent de végéter malgré l'ensablement. Grâce à cette convergence de caractère, les plantes des familles les plus diverses arrivent à se rassembler, et la flore des rivages maritimes est une des plus caractérisées. Elle comprend d'ailleurs plusieurs variétés suivant qu'il s'agit de marais salés, sur les rives desquels dominent dans nos pays les chénopodées, les staticées et certaines composées comme *Aster tripolium* et *Inula crithmoides* ; de plages ou de dunes sableuses avec *Psamma arenaria*, *Triticum junceum*, *Eryngium maritimum*, des euphorbes et quelques crucifères ; ou de falaises rocheuses où la flore strictement maritime est bien plus pauvre.

Cette flore présente les mêmes moyens de protection contre la sécheresse que les plantes des montagnes et des déserts. Aussi ne faut-il pas s'étonner de voir quelques-unes de ces dernières s'acclimater au bord de la mer, par exemple les *Opuntia*, les *Agave*, les *Yucca*. J'ai trouvé de jeunes plants de *Yucca* spontanés dans les sables de l'embouchure de la Gironde ; or cette plante est originaire des déserts de l'Amérique du Nord. C'est aussi par leur mode de végétation en touffes basses et serrées que les plantes des rivages maritimes rappellent celles des montagnes ; dans les deux cas ce caractère leur permet de résister au vent.

9° La *forêt* constitue la manifestation la plus grandiose de la vie végétale. Dans les régions tropicales, au-dessous des géants de 50 à 60 mètres de hauteur, qui balancent leur tête en plein embrasement solaire, vit tout un monde d'arbres moins élevés qui ne sauraient supporter une lumière aussi vive. A leur tour ils abritent à leur ombre une multitude d'arbrisseaux et de plantes herbacées. Les lianes s'élancent d'un tronc à l'autre (fig. 50) et les végétaux épiphytes forment une sorte de forêt aérienne

qui est comme greffée au-dessus de la première[1]. Si les
phénomènes sont moins frappants dans nos climats, nos

Fig. 50. — *Pacosha scandens*, liane qui, après s'être développée sur le sol, s'élance
sur un arbre, et produit ses fleurs dans les rameaux supérieurs (d'après
M. Tschirch).

forêts de hêtres, de chênes ou de conifères présentent
cependant des caractères tout à fait comparables à ceux

1 J. Costantin, *La nature tropicale*. Paris, F. Alcan. 1899.

des forêts tropicales. C'est chez elles surtout que nous étudierons le mutualisme et la symbiose.

10° La *flore aquatique* est constituée dans les eaux douces par un certain nombre de plantes les unes dressées à partir du fond, les autres flottantes ou nageantes. La communauté de leur genre de vie donne à la plupart d'entre elles un air de famille. Ici encore on observe des associations et ce sont suivant les conditions physiques du milieu, les cypéracées, les joncacées, les potamées, les renonculacées, les nymphéacées qui prédominent. Dans la mer il n'y a plus comme phanérogames que des zostéracées. Nous sommes dans le monde des algues et la visite de certaines prairies qui ne découvrent qu'aux plus fortes marées peut nous donner une idée de ce qu'était la terre à ses origines alors qu'elle n'était encore peuplée que de protophytes et d'animaux inférieurs. La distribution des algues suivant la profondeur est intéressante[1]. Elle tient à ce que la lumière perd en s'enfonçant dans l'eau une partie de ses radiations et c'est pour compenser ces pertes que les algues sont pourvues de pigments qui permettent à la fonction chlorophyllienne de s'exercer même sous l'eau. On trouvera donc des zones successives étagées de la façon suivante d'après les recherches de M. Kjellmann: une zone littorale découvrant entre deux marées et comprenant surtout des algues vertes, des algues brunes et quelques algues rouges; une zone sublittorale qui va jusqu'à 40 mètres et dans laquelle les algues vertes disparaissent, les rouges devenant de plus en plus nombreuses avec la profondeur; enfin une zone elittorale qui s'étend jusqu'à 400 mètres et où se trouvent des algues rouges seulement. Dans l'intérieur de ces zones on établira des subdivisions, de sorte que l'on constatera l'existence de

---

1. J. Costantin, *Les végétaux et les milieux cosmiques*, Paris, F. Alcan, 1898.

vastes associations de fucus, de laminaires, etc. Enfin dans la pleine mer il y a une formation pélagique des plus importantes : ce sont les diatomées, dont les cadavres tombent en pluie continuelle et servent d'aliments aux animaux des profondeurs.

Les formations végétales sont loin d'être toujours en état d'équilibre. Sans revenir sur l'évolution du règne que j'ai décrite dans le volume précédent, il est hors de doute qu'il y a une lutte constante entre les espèces et que, suivant les localités, c'est tantôt l'une, tantôt l'autre qui tend à supplanter ses voisines. Il n'est pas rare de voir dans une forêt de conifères un sous-bois d'arbres à feuilles caduques et réciproquement; il se prépare un remplacement d'une essence par une autre. De nombreux noms de lieux indiquent la présence à l'époque historique de chênes, de châtaigniers, de hêtres etc. en des localités d'où ils ont entièrement disparu aujourd'hui. M. Fliche a montré par l'étude de charbons datant d'une époque antérieure à l'occupation romaine, que la forêt de Haye près de Nancy était autrefois peuplée de hêtres, à l'exclusion des chênes qui en forment aujourd'hui l'essence principale. Quand on coupe à blanc une forêt de conifères, ceux-ci, qui ont besoin d'un couvert lorsqu'ils sont jeunes, ne peuvent se ressemer. Ils abandonnent donc le terrain aux framboisiers et à divers arbustes et finalement aux hêtres. Lorsque ceux-ci sont devenus grands, la forêt de conifères peut se reconstituer à leur ombre.

Les bruyères, les genêts, les ajoncs, tendent à occuper le sol d'une manière si exclusive que ces plantes repoussent toute autre végétation, qu'elles sont même un obstacle au repeuplement des grandes espèces ligneuses. C'est ce qu'on observe notamment dans les régions déboisées par l'homme, où de vastes espaces sont ainsi devenus entièrement inutilisables. Ce n'est pas le lieu de nous étendre sur les méfaits du déboisement[1] ni sur ses conséquences désastreuses pour le climat et pour le régime des cours d'eau. Mais même indépendamment de lui, l'agriculture tend à donner à la terre un cachet d'uniformité ; elle détruit les espèces indigènes et les remplace par d'autres qu'elle force à vivre en grandes sociétés. Quant au pâturage il ne laisse subsister que les ronces, les églantines, les chardons et autres plantes épineuses, seules assez bien armées pour résister à la dent des troupeaux. Enfin l'homme entraîne avec lui à son insu un certain nombre de plantes, comme l'ortie, qui se trouve toujours dans le voisinage des habitations. Depuis la découverte de l'Amérique, il s'est introduit en Europe des espèces adventices qui peuvent remplacer une partie de la flore indigène : je ne citerai que l'*Elodea canadensis*, qui a envahi progressivement tous nos cours d'eau, l'*Erigeron canadense* qui tend à supplanter les autres végétaux des décombres, l'*Amsinkia angustifolia*, la *Phytolacca decandra* et divers *Ænothera* qui donnent par endroits un cachet tout spécial à notre flore.

Il est intéressant de savoir comment le sol qui a été modifié par l'action de l'homme est reconquis par la végétation spontanée lorsque cesse cette action. M. Fliche[2] a publié les résultats d'une étude sur ce sujet et M. Flahault a fait des recherches du même ordre en Languedoc. Voici les principaux résultats obtenus. Le sol abandonné par la culture se couvre d'espèces adventices, annuelles en majorité, que remplace d'année en année un

1. L. Laloy, Le déboisement dans les Pyrénées. *La Nature*, 25 avril 1903, p. 323.

2. Fliche, Un reboisement, *Annales de la Société agronomique française et étrangère*, I, 1888.

nombre plus grand d'espèces vivaces. Les arbustes et les arbres apparaissent ensuite, ce sont tout d'abord ceux qui ne craignent pas la pleine lumière. Les espèces qui ont besoin d'ombre n'apparaissent qu'après de longues années, lorsque l'ensemble des conditions qui leur sont nécessaires a pu s'établir. Mais beaucoup d'espèces, surtout parmi les arborescentes, sont incapables de reconquérir le sol d'où elles ont été évincées : elles en ont disparu pour toujours à moins qu'on ne les réintroduise artificiellement. Ce fait est intéressant : il prouve que les espèces en question n'ont pu s'établir qu'à la faveur de conditions qui n'existent plus aujourd'hui.

Si les formations végétales sont dues pour une bonne part à des facteurs climatiques et géologiques il n'en est pas moins certain que pour un grand nombre de végétaux la vie sociale est une condition biologique de première nécessité. C'est ainsi que chez les plantes dont le pollen est transporté par le vent, la chance de la fécondation croisée diminue en raison du carré de la distance. Telles sont les graminées, les cypéracées, les cupulifères, les bétulacées, les conifères, etc. qui ne peuvent se reproduire qu'en société. Chez les algues, les mousses, les lycopodes, les prothalles des fougères et des équisétacées, les anthérozoïdes arrivent d'autant plus facilement à l'oogone que les pieds sont plus rapprochés. Parmi les plantes dont le pollen ou les graines sont transportés par des animaux, certaines ne prospèrent qu'en société, parce que leurs fleurs ou leurs fruits sont trop petits pour attirer l'attention lorsque ces plantes sont isolées. C'est pour une raison semblable que sur un même individu on peut observer des associations de fleurs ou de fruits, par exemple chez les ombellifères (fig. 63, p. 173), les composées, les viornes, etc. De la sorte les insectes peuvent polliniser sucessivement de nombreuses fleurs ; les oiseaux et les mammifères peuvent emporter un grand nombre de graines fixées dans leurs plumes ou leur toison et les disperser au loin. Les plantes, comme les orchidées, qui ont de grandes fleurs bien visibles ou des fruits très exposés ne sont pas sociales. Il en est de même de celles dont nous venons de parler et chez lesquelles chaque pied porte des inflorescences composées.

Indépendamment de la fonction de reproduction, les plantes s'associent pour se protéger contre les animaux ou contre les extrêmes de température et la sécheresse. Dans le premier cas cette protection peut s'effectuer par un revêtement pileux, par des principes toxiques ou par un goût désagréable qui empêchent les animaux de consommer la plante. Mais c'est surtout lorsque les plantes se protègent au moyen d'épines ou d'aiguillons que leur association sous forme de buisson est favorable. Il est intéressant de constater que ce mode de protection est surtout développé chez les plantes xérophiles, par exemple chez les cactus et les euphorbes épineuses ; en effet dans les régions sèches la lutte pour l'existence est bien plus âpre que dans les pays plus favorisés par la nature. Aussi les plantes y ont-elles développé tous leurs moyens de protection, alors que dans les climats humides la destruction d'un certain nombre d'individus ne mettant pas en péril l'espèce, richement représentée, elle n'a pas eu à perfectionner son armure défensive.

C'est surtout dans les forêts qu'on observe les avantages de l'association pour la protection contre les extrêmes de température. Nous savons déjà qu'un grand nombre de végétaux ne peuvent prospérer que dans la lumière atténuée des sous-bois. Il en est ainsi surtout dans les régions tropicales : le caféier et le cacaoyer se cultivent à Java toujours à l'abri de grands arbres. Les fougères qui peuplent nos sous-bois donnent une idée réduite de ce que peut être l'intérieur d'une forêt vierge avec ses fougères arborescentes, ombrophiles comme les nôtres.

Dans tous ces cas c'est le végétal de plus petite taille qui tire un bénéfice direct de l'abri offert par l'arbre, sans que celui-ci profite du voisinage du premier. Mais dans d'autres circonstances il y a de véritables rapports de mutualisme. Les mousses qui forment au pied des arbres d'épais coussins ne prospèrent que grâce à l'ombre qu'ils leur fournissent; en même temps elles entretiennent l'humidité en empêchant l'eau de pluie de se perdre trop rapidement sous terre. Isolés en plein soleil, la mousse et l'arbre périraient; leur association est un des mécanismes les plus utiles à l'économie générale du globe : elle règle la distribution de l'humidité, modère les excès du climat et ralentit l'érosion des reliefs terrestres. Les champignons eux-mêmes qui décorent à l'automne le sol de nos forêts ne sont pas sans utilité pour les arbres qui leur fournissent l'abri de leur ombre. Nous réserverons leur étude pour le moment où nous étudierons les symbioses de l'humus.

Mais auparavant il nous faut dire quelques mots de certaines *sociétés végétales* qui nous ramènent tout droit au parasitisme. Je veux parler des plantes grimpantes et des épiphytes. Toutes les plantes n'ont pas une tige d'une rigidité suffisante pour se diriger verticalement vers la lumière; elles ont besoin de l'appui d'un autre végétal et se font soutenir par lui; c'est du commensalisme par emprunt de la force. Plusieurs cas peuvent se présenter: ou bien la plante est simplement étayée, ou elle est volubile et tourne d'une façon régulière autour de son support, ou enfin elle est armée d'organes de fixation, vrilles ou crampons. Dans les forêts trop touffues, les arbres croissent en hauteur, leur tronc reste mince et ils se soutiennent réciproquement, sans cependant présenter d'adaptation spéciale à ce genre de vie. La douce-amère présente suivant les cas des types dressés, étayés ou volubiles. Les ronces, les rosiers, le *Galium aparine* ont des aiguillons recourbés en bas qui permettent à la plante de s'étayer sur les tuteurs les plus divers ; le houblon s'accroche avec ses soies raides lorsqu'il ne trouve pas de support autour duquel il puisse s'enrouler. Enfin la capucine est un type de plante simplement étayée.

La volubilité constitue une adaptation beaucoup plus parfaite à la vie grimpante : les nombreuses plantes qui en sont affectées bénéficient de la verticalité de leurs supports pour atteindre plus rapidement la lumière qui leur permet de fleurir. Des

Fig. 51. — Liseron (*Convolvulus arvensis*).
A. grimpant ; B. rampant.

expériences de Sachs et de Noll ont montré que des jeunes plantes élevées à l'obscurité ont une tendance très nette à s'enrouler autour des supports même quand elle n'existe pas normalement dans l'espèce considérée. Ce remarquable résultat nous montre comment la volubilité a pu prendre naissance chez des plantes étiolées à l'ombre d'une forêt épaisse. D'autre part chez les végétaux en expérience l'enroulement se fait indifféremment à droite ou à gauche, tandis que chez les plantes normalement volubiles le sens de l'enroulement est en général invariable pour chaque espèce. On peut en conclure que chez les végétaux où le sens de la rotation est inconstant, la volubilité n'est apparue que depuis un

temps assez court. Le liseron (fig. 51) est, sur un terrain
nu, une plante rampante : s'il croît au milieu d'autres
plantes, il s'étiole et devient grimpant.

Un certain nombre de végétaux se soutiennent au
moyen d'organes spéciaux ; ce sont des crampons comme
ceux du lierre, ou des vrilles. Les crampons, qu'on peut
étudier sur le *Tecoma*, cette Bigno-
gnacée d'Amérique, à grandes
fleurs rouges, naturalisée dans nos
parcs, sont des racines adventives,
qui, au lieu de nourrir le végétal,
ne servent plus qu'à le fixer à son
support. Les vrilles peuvent être
caulinaires ou foliaires ; chez le
muflier les branches inférieures
peuvent s'enrouler autour des objets qu'elles rencontrent. Chez les
vitacées, les vrilles sont constituées
par des pédoncules floraux ; chez
certaines espèces (vigne vierge) au
lieu d'être volubiles elles portent
des disques qui pénètrent dans les
anfractuosités du substratum. Les

Fig. 52. — Feuille de *Corydalis*,
a, b, folioles atrophiées ; c, folioles normales (d'après Darwin).

vrilles foliaires sont rudimentaires chez les *Fumaria*,
dont certaines espèces (*F. capreolata*) ont des feuilles à
pétioles volubiles, qui ne se distinguent par aucun caractère des feuilles non excitables des espèces voisines. Au
contraire dans un autre genre de la même famille, les
Corydalis (fig. 52), les feuilles volubiles se reconnaissent
aisément parce que le limbe des folioles se réduit de plus en
plus vers l'extrémité de l'organe ; elles ont une tendance à
devenir des vrilles véritables. Chez les papilionacées, c'est
la foliole terminale qui est transformée en vrille, chez les
Smilax ce sont les stipules. Les vrilles des cucurbitacées sont

formées d'un certain nombre de minces lanières correspondant à autant de feuilles. Il est à remarquer que la partie basilaire de l'organe est souvent tordue en spirale sans entourer le support ; elle constitue alors une sorte de ressort à boudin qui permet à la plante de résister aux coups de vents ou de porter un fruit pesant. Les vrilles, de même que les crampons, les crochets et les plantes volubiles sont extrêmement fréquentes dans les régions tropicales. C'est en effet dans l'ombre humide et chaude des forêts que le type grimpant a pris naissance.

L'*épiphytisme* simple, non compliqué de parasitisme n'est guère représenté chez nous que par des mousses, des lichens et des algues, dont certaines espèces se sont adaptées à la vie arboricole. D'autres plantes, comme les orties, les polypodes, peuvent à l'occasion croître sur les arbres-têtards, et l'étude de la flore des vieux troncs est très attachante, surtout au point de vue de la façon dont les graines y sont apportées. Mais aucun de ces végétaux ne s'est adapté définitivement à ce genre de vie. J'ai observé un cas très curieux d'auto-épiphytisme : il s'agit d'un vieux robinier, qui avait été autrefois étêté. Son sommet, creux et en partie pourri, renferme une certaine quantité d'humus ; beaucoup des rameaux insérés sur le bord de cette dépression y envoient des racines adventives.

Dans les régions tropicales, l'obscurité qui règne dans les sous-bois a porté un certain nombre d'espèces à se fixer d'une façon définitive à la cime des arbres. Leurs graines y sont transportées par le vent ou par les oiseaux et elles échappent ainsi aux nombreuses causes de destruction qu'elles rencontreraient sur le sol. Ces plantes *épidendres*, parmi lesquelles il y a de nombreuses orchidées et fougères, sont modifiées de la façon la plus remarquable. Non seulement il y a des organes de fixation, mais encore la

plante sait absorber l'humidité de l'air, se constituer des
réserves aqueuses pour la saison sèche ou même un sol
artificiel. Tantôt en effet comme chez *Aeranthus* (fig. 53),
des racines rubanées flottent dans l'air ; leur surface est
pourvue d'une couche de cellules creuses, d'un blanc
argenté, qui absorbent l'humidité avec la plus grande
facilité. Dans certaines fougères (fig. 54), la tige s'aplatit
et, en s'appliquant contre l'arbre, elle forme au-dessous

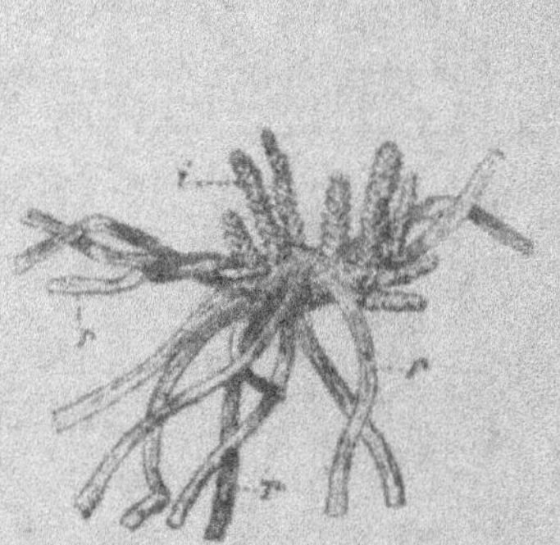

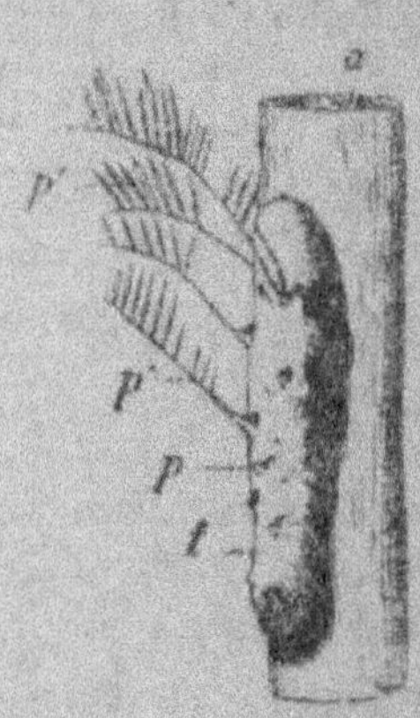

Fig. 53. — *Aeranthus*, orchidée sans
feuilles ; *i*, inflorescence ; *r*, racines
rubanées ressemblant à des feuilles.

Fig. 54. — *Polypodium imbricatum* ; *a*,
branche de l'arbre qui sert de support ;
t, tige aplatie de l'épiphyte ; *p*, base
d'une feuille ; *p'*, feuilles.

d'elle une chambre close où l'humidité est assez abondante
pour que les racines s'y développent. Chez une asclé-
piadée de Java (fig. 55), il y a de place en place des
urnes formées par des feuilles modifiées ; un orifice
permet à l'eau de pluie de s'y introduire et une racine
adventive remplit la cavité de ses ramifications. Voilà
donc une plante qui prend racine sur elle-même à
l'instar du robinier cité plus haut. Il est de nombreuses
fougères dont les feuilles se rassemblent en forme de
nid et constituent ainsi une coupe où les débris végétaux et la poussière vont s'accumuler. Cet humus servira

à la fois à nourrir la plante et à la maintenir humide.

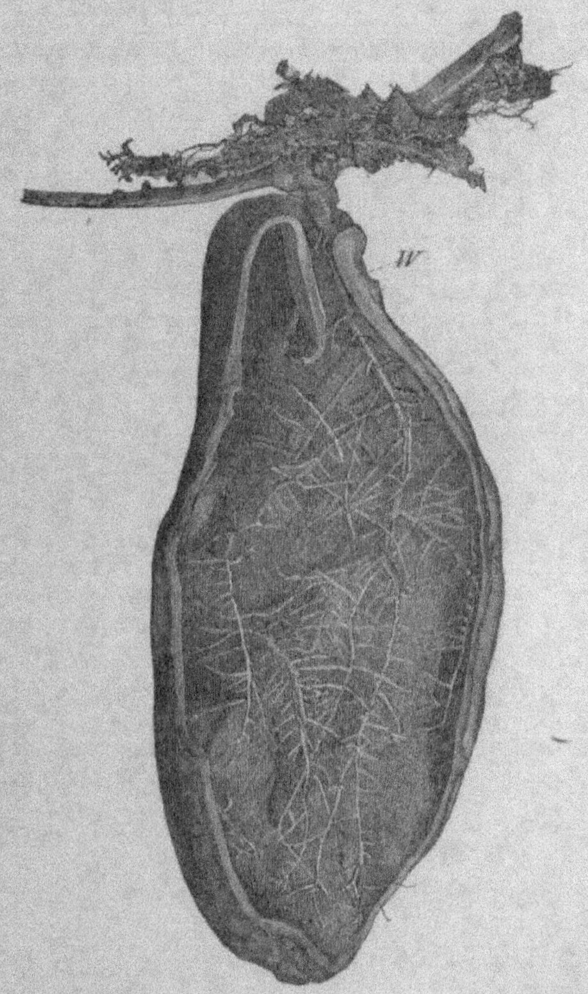

Fig. 55. — *Dischidia rafflesiana*, asclépiacée de Java : on voit, à l'intérieur de l'urne *w*, la racine adventive (d'après Goebel).

Chez le *Platycerium* (fig. 56), la partie supérieure de la fronde sert de réceptacle au terreau et la moitié inférieure, pendante, pourvoit à l'assimilation. Il y a aussi de nombreuses orchidées épiphytes pourvues d'un réceptacle à terreau. Chez les *Philodendron* (fig. 57), il y a deux sortes de racines, les unes fixatrices entourent fortement le

Fig. 56. — *Platycerium grande* (d'après Gœbel).

support ; les autres nourricières pendent vers le sol. Dans les parties basses et humides de la forêt vivent des épiphytes adaptées à ce milieu spécial, qui diffère à peine du milieu aquatique. Les *Teratophyllum* (fig. 58) ont deux sortes de feuilles : les unes délicates, appliquées sur le support, servent à l'absorption du liquide; les autres, à folioles beaucoup plus larges, destinées à flotter en l'air, sont des feuilles assimilatrices et nourricières.

Nous ne saurions insister davantage sur ces faits. Il nous suffit d'avoir montré quelques-unes des adaptations auxquelles a donné lieu la forêt, cette formation

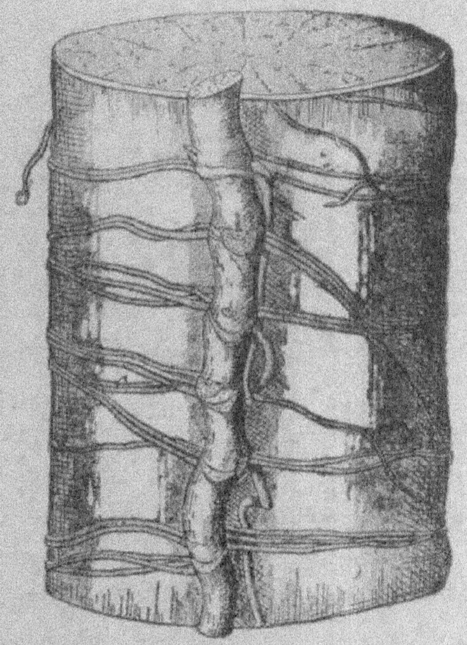

Fig. 57. — *Philodendron fixé sur une branche.*

végétale si remarquable à tous les égards. Les végétaux de petite taille, risquant d'être étouffés sous le couvert des grands arbres se sont tirés de la difficulté par divers procédés. Les uns sont devenus grimpants, les autres épiphytes. Dans les deux cas ils sont arrivés à la lumière en empruntant la force des végétaux mêmes dont l'ombre menaçait de les étouffer. Il était difficile de trouver un exemple plus caractéristique de la lutte entre les êtres vivants et des rapports plus ou moins compliqués qu'elle engendre. Dans le cas actuel il n'y a ni vainqueurs ni vaincus ; par une sorte d'accord tacite, arbres et plantes qu'ils supportent arrivent tous à jouir de la grande fête du soleil qui déroule ses splendeurs au-dessus de la verte coupole.

Il nous faut maintenant étudier une autre face du pro-

Fig. 58. — *Teratophyllum æsculentum* (fougère) ; *t*, tige ; *fa*, feuilles absorbantes de structure aquatique ; *fn*, feuille nourricière ; *a*, arbre-support.

blème, descendre des cimes pour examiner les déchets qui constituent le sol végétal. Là encore nous rencontrerons la vie, et les *symbioses de l'humus*, moins frappantes que les phénomènes que nous envisagions tout à l'heure, jouent un rôle bien plus considérable dans l'économie générale de la nature. Cette terre que nous foulons aux pieds est en effet loin d'être inerte. Partout où il y a de la matière organique en voie de décomposition, on rencontre des champignons vivant sur elle et à ses dépens, appropriant à la nourriture d'une végétation nouvelle les éléments transformés de la végétation antérieure, hâtant la décomposition et l'assimilation avec le sol[1]. On rencontre aussi des vers de terre, dont l'utilité pour la préparation du sol, n'est guère moins considérable. Ce serait sortir de notre sujet que de l'exposer ici ; nous nous contenterons de renvoyer à l'ouvrage si documenté de Darwin[2] sur le rôle joué par ces modestes mais indispensables auxiliaires de la végétation. Pour en revenir aux champignons, leur mycélium envahit tous les débris qui jonchent la terre, et se les assimile ; puis les destructeurs et leurs victimes retournent comme des éléments utiles au sol où ils sont nés et forment des aliments pour une génération nouvelle de feuilles vertes et de fleurs parfumées.

Mais indépendamment de ce rôle de purificateurs, qui rentre en réalité dans le saprophytisme (Voir p. 8), les champignons en remplissent un autre qui n'a été bien mis en lumière que par les travaux de Frank[3]. Cet auteur a décrit sous le nom de *mycorhizes* une symbiose des filaments mycéliens avec les racines de certaines plantes vasculaires et notamment avec celles de beaucoup d'arbres de nos forêts. Ces racines sont recouvertes d'un manteau formé d'hyphes entrelacés, qui grandit à mesure que leur pointe s'allonge. Il y a une véritable fusion organique car les hyphes pénètrent entre les cellules épidermiques des racines. Celles-ci se distinguent à première vue des racines dépourvues de champignons : elles ont perdu leurs poils absorbants, devenus inutiles ; leur croissance en longueur est notablement diminuée, par contre la tendance à la ramification s'accentue et elles prennent un aspect buissonnant, coralloïde, tout à fait caractéristi-

---

1. C. Cooke et J. Berkeley, *Les champignons*. Paris, F. Alcan, 1875
2. Ch. Darwin, *Rôle des vers de terre dans la formation de la terre végétale*, traduit par M. Lévêque. Paris, Reinwald, 1882.
3. *Berichte der deutschen botanischen Gesellschaft*, t. III-V.

que. Cet état de choses est surtout marqué chez *Monotropa hypopytis* et chez les orchidées saprophytes, par
exemple chez *Neottia nidus avis* et chez *Limodorum abor-
tivum* ; en même temps ces plantes subissent dans leurs
parties aériennes des modifications (réduction du système
foliaire, disparition de la chlorophylle) qui rappellent
celles produites par la vie parasitaire. En effet chez ces
plantes les matières organiques du sol absorbées par le
champignon saprophyte passent progressivement dans les
tissus végétaux et rendent la fonction chlorophyllienne
superflue. Chez les arbres de nos forêts le rôle des mycorhizes est moins important et n'a pas conduit ceux-ci à un
saprophytisme complet ; il est vraisemblable que les
champignons se bornent à fournir aux arbres l'azote contenu dans l'humus. On n'a bien compris la nécessité de
laisser sous les arbres les débris végétaux dont l'accumulation constitue l'humus que depuis la découverte de ce
mode de nutrition si particulier. En effet le développement des mycorhizes varie très nettement avec la quantité
d'humus en présence.

La présence des mycorhizes est constante chez les cupulifères (chêne, hêtre, châtaignier, noisetier, etc.), elle est
moins générale chez les salicinées et les conifères, assez
rare chez les aulnes, les bouleaux et les tilleuls. Frank
n'a pas trouvé de mycorhizes chez les ormes, les mûriers,
les platanes, les noyers, les pommiers, les poiriers, les
sorbiers, les acacias, le sureau, l'érable, le cornouiller.
Les espèces de champignons les plus diverses prennent
part à la constitution des mycorhizes. On trouve surtout les genres *Nectria, Geaster, Agaricus, Lactarius, Corti-
narius, Amanita*, et il est à noter que certaines espèces sont
spéciales à des arbres déterminés. C'est ce qui explique
pourquoi on ne rencontre leurs appareils fructifères que
dans le voisinage de ces arbres.

La constitution des mycorhizes n'est pas toujours celle que nous avons décrite au début. Chez les éricacées, et les familles voisines, les hyphes forment à l'intérieur de certaines cellules épidermiques des pelotons reliés au mycélium situé à l'extérieur (fig. 59). Au début ces filaments sont gorgés de protoplasma ; mais la plante qui leur a offert un abri les épuise et fait passer dans ses propres tissus leurs réserves albumineuses. C'est à ce type qu'appartiennent les mycorhizes

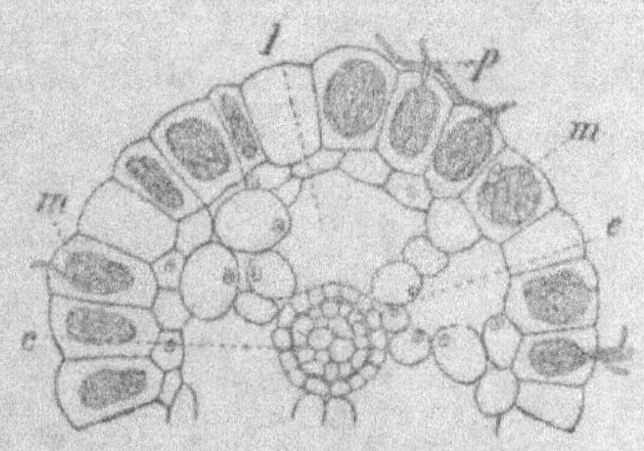

Fig. 59. — Section transversale d'une racine de *Burmannia* ; *m*, mycorhize formé par des pelotons contenus dans les cellules externes de l'écorce, et qui émergent au dehors en *p* ; *l*, lacunes ; *e*, endoderme ; *c*, cylindre central (d'après Johow).

des orchidées et de nombreuses plantes herbacées. Chez les aulnes, les myricacées (fig. 60) et les éléagnées on rencontre des tubercules qui peuvent atteindre la grosseur du poing. Ils sont formés de racines entrelacées et provoqués par des champignons qui forment à l'intérieur des cellules des pelotons riches en protoplasma. Dans les cas que nous venons de décrire en dernier lieu, il y a une véritable exploitation du champignon par la plante supérieure : elle lui offre un abri, une *mycodomatie*, où il va se développer à l'aise ; en revanche les provisions albumineuses qu'il a accumulées seront consommées par son hôte. Il est d'ailleurs probable que dans toutes les mycorhizes le champignon reçoit de la plante avec laquelle il vit en symbiose certaines substances alimentaires.

Fig. 60. — Nodosités de la racine de *Myrica gale*, avec mycorhizes (Brunchhorst).

C'est encore à la catégorie des mycodomaties qu'appartiennent les nodosités des légumineuses, qui jouent un si grand rôle dans l'économie agricole. Les racines de toutes nos papilionacées indigènes portent en effet des tubercules allongés ou arrondis (fig. 61), de 1 à 10 millimètres de diamètre, et de structure parenchymateuse, qui renferment de nombreuses cellules, dites bactéroïdes. La forme de celles-ci varie avec la plante considérée; elles sont en bâtonnet chez *Ornithopus*, ramifiées chez les *Pisum* et les *Vicia*, en sphère ou en poire chez les trèfles. Les bactéroïdes sont en réalité des bactéries provenant du sol et plus ou moins modifiées. Elles ont été capturées par la plante et lui servent de nourriture lorsqu'elles ont accumulé en elles une quantité suffisante de matières albumineuses.

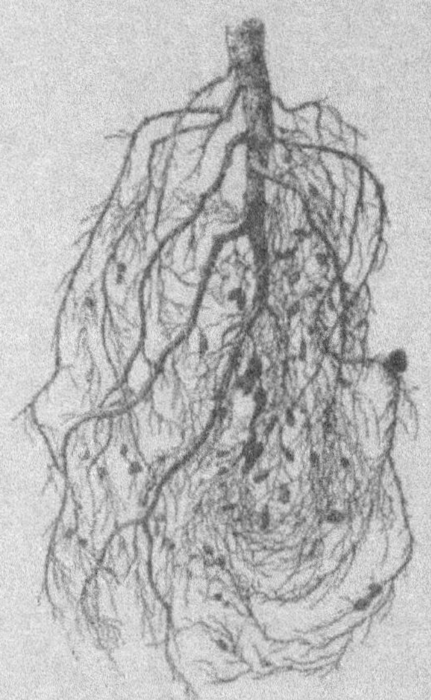

Fig. 61. — Racine de luzerne avec ses nodosités à bactéroïdes.

Ces bactéries — dont on a fait le genre *Rhizobium* — puisent de l'azote dans l'air contenu dans les vacuoles du sol; quant aux autres substances qui leur sont nécessaires, l'eau, les sels, et les hydrates de carbone, elles les extraient en partie de l'humus, en partie de la racine avec laquelle elles sont en contact. Elles paient avec usure les services qu'elles ont ainsi reçus de la plante; car lorsqu'elles sont mortes, celle-ci emploie pour son propre usage les matières azotées qu'elles ont accumulées et rendues assimilables. Comme ces phénomènes ont lieu d'une façon continue, qu'il y a toujours des bactéroïdes en train d'être consommés tandis que d'autres forment des provisions nouvelles on conçoit quel bénéfice les légumineuses perçoivent de cette symbiose. Par ricochet, les sols où on a cultivé et enfoui de ces plantes sont plus riches en azote et par conséquent plus favorables à la culture d'autres végétaux. C'est là une pratique qu'on ne saurait trop recommander puisqu'elle nous fournit un engrais naturel dont l'élément fertilisateur est emprunté à l'atmosphère.

Le *Rhizobium* nommé aussi *Bacillus radicicola* n'a que 3 à 4 millièmes de millimètres de longueur. Sa pénétration dans les racines a lieu de deux façons différentes, d'après Frank. Chez les pois, les poils radiculaires émettent des filaments de protoplasma, destinés à saisir les bactéries et à les conduire dans la nodosité en train de se former. Chez le haricot, les cellules épidermiques croissent d'une façon exagérée à l'endroit où va se produire un tubercule ; chez le lupin ce sont les cellules sous-épidermiques qui s'hypertrophient et constituent des papilles qui refoulent sur le côté les cellules de l'épiderme. Dans les deux cas les tissus hypertrophiés vont à la rencontre des bactéries, les englobent et les conduisent dans la nodosité. La symbiose des légumineuses avec le *Rhizobium* n'est donc pas fortuite, elle est voulue par la plante et nécessaire à son développement. En effet si on calcine une terre végétale de façon à la priver de ses bactéries et qu'on y plante des légumineuses, celles-ci ne forment pas de nodosités sur leurs racines et finissent par périr, même si on leur fournit en abondance des phosphates et des nitrates. Mais qu'on ajoute à la terre, des cultures de *Rhizobium* ou des nodosités en renfermant, aussitôt les plantes prospèrent, et donnent une récolte riche en azote.

Si nous cherchons à résumer en quelques mots ce que

nous avons appris sur les symbioses de l'humus nous
voyons qu'elles rentrent dans trois catégories dictinctes :
les légumineuses assimilent l'azote de l'air renfermé dans
le sol par l'intermédiaire de bactéries, auxquelles elles
fournissent un abri et certaines substances alimentaires.
Les arbres des forêts et de nombreuses autres plantes ont
à l'intérieur ou à l'extérieur de leurs racines des filaments
mycéliens qui leur fournissent des substances qu'ils ont
tirées directement de l'humus ; on n'est pas encore absolument fixé sur les avantages que les champignons tirent
de leur symbiose avec des plantes supérieures ; mais ces
avantages sont certains, puisque beaucoup d'entre eux ne
réussissent qu'à l'abri d'arbres particuliers. Quoi qu'il en
soit, les plantes à mycorhizes vivent partiellement en saprophytes, grâce aux champignons. Il en est même quelques-unes, notamment parmi les orchidées, chez lesquelles la vie est devenue entièrement saprophytique :
tirant tous leurs hydrates de carbone, de l'humus par l'intermédiaire des champignons, elles ne décomposent plus
l'acide carbonique de l'air et ont subi des dégradations
qui les rapprochent des parasites. Comme je le disais au
début de ce paragraphe, la vie est partout et le sol lui-
même, inerte en apparence, recèle les phénomènes biologiques les plus importants pour l'économie de la nature.

Les recherches toutes récentes de M. Noël Bernard [1]
semblent prouver que l'infection de certaines plantes par
des mycéliums a une influence non seulement sur leur
morphologie, mais sur leur mode de reproduction. On
sait depuis longtemps que les graines des orchidées exotiques ne germent dans nos serres que lorsqu'elles sont

---

1. *Revue générale des sciences*, t. XII, 1902, p. 8. — *Comptes rendus de
l'Académie des sciences*, 21 septembre 1903.

infectées par certains champignons importés avec la terre
des plants. Ces graines sont très petites, très nombreuses
et tout à fait rudimentaires comme celles des plantes parasites. Leur développement apparaît comme la réaction
qu'elles présentent à l'infection. En effet, ayant fait des
cultures de *Cattleya* et de *Lælia*, M. Bernard a pu en isoler
un hyphomycète. Des graines de ces orchidées semées
sur un milieu aseptique ne se sont pas développées. Mais
dès qu'on a rajouté de la culture de l'hyphomycète, elles
ont germé et on a vu les hyphes envahir les cellules de
l'embryon. Si les semis sont contaminés par des moisissures différentes ou par des bactéries, les graines sont
détruites rapidement. En somme dans ce cas l'organisme
ne peut normalement dépasser un état embryonnaire sans
la présence d'un parasite, de même qu'un œuf ne peut
poursuivre son évolution sans être fécondé. Ces plantules
sont des complexus formés de cellules dérivant d'un œuf
et de parasites nécessaires ; elles ont en un mot la valeur
de mycocécidies.

D'autre part, d'après M. Bernard la formation des tubercules chez les ophrydées dépendrait de la présence du champignon. Chez une plante appartenant à une famille bien
différente, la ficaire (renonculacée), il y a toujours un mycélium contenu dans certaines cellules de la racine ; comme
chez les ophrydées c'est un *Fusarium* et, par une concordance bien remarquable, la ficaire porte aussi des tubercules,
qui lui servent, plus que ses graines, à se reproduire ; seulement chez elle ces tubercules sont placés à l'aisselle des
feuilles. Il y a aussi des mycéliums sur les racines de la
pomme de terre et il est possible que ce soient eux qui provoquent la formation des tubercules. Ce fait pourrait
expliquer pourquoi souvent des pieds très robustes ne
portent que des tubercules faibles. Peu après son importation en Europe la pomme de terre avait tendance à ne

plus donner de tubercules parce que la terre n'avait pas encore été infectée par le champignon qui lui est nécessaire. De même lorsqu'on traite les tubercules par certains parasiticides, les plantes qui en proviennent sont moins productives parce que le champignon n'a pas pu les infecter.

En somme si ces faits peuvent être généralisés, les tubercules seraient des tumeurs végétales dues à l'action d'un champignon et ils seraient produits plutôt par intoxication générale de la plante que par infection locale de ses bourgeons. Il était intéressant de signaler cette théorie qui nous montre sous un jour tout nouveau la biologie de certains végétaux à symbiose. On pourrait en rapprocher le fait observé par Molliard [1] ; des saponaires infestées de *Fusarium* avaient à la fois des fleurs doubles et des rhizomes à tubercules.

Il y a encore un certain nombre d'autres symbioses que je me contenterai de signaler en passant. On trouve, sur les feuilles mortes, les végétaux humides ou le tan, des masses mucilagineuses ou plasmodies, constituées par du protoplasma à peu près pur. Ce sont des *Myxomycètes*, êtres curieux qui, par l'ambiguïté de leurs caractères, forment un des sujets d'études les plus attachants. Si nous prenons le genre *Æthalium*, que j'ai pu observer en détails, nous le voyons tantôt constituer à la surface du support un réseau d'une délicatesse extrême, puis se rassembler en une masse volumineuse, envoyer de tous côtés des pseudopodes, qui finissent par absorber toute sa substance et en provoquer le déplacement. Il va ainsi à la recherche des particules alimentaires qu'il englobe, il fuit la lumière trop vive ou l'obscurité et ses mouvements sont assez rapides pour qu'en quelques heures toute la plasmodie se

1. *Comptes rendus de l'Académie des sciences*, 7 octobre 1901.

soit déplacée de plusieurs centimètres. On reconnaîtra la similitude de ces phénomènes avec ceux que nous avons étudiés chez les monères (*Évolution de la vie*, p. 36) ; mais ici, ils se produisent à une échelle infiniment plus grande. A un moment donné, la plasmodie se transforme par des procédés variables suivant les espèces, en une infinité de spores. Chacune de celles-ci donne naissance à un véritable amibe, qui se déplace activement et se reproduit par division. Au bout de deux ou trois jours, un certain nombre de ces amibes vont à la rencontre les uns des autres, se fusionnent en perdant leur membrane d'enveloppe et donnent naissance à une nouvelle plasmodie. A ce stade le myxomycète est donc un être vivant formé par l'agrégation de nombreux individus identiques entre eux. Il se rapproche des champignons par son mode de fructification (chez certains, l'appareil de la reproduction simule une petite vesce-de-loup gonflée de spores) ; il se relie intimement aux protozoaires par sa phase amibe, par les mouvements et le mode de nutrition de la plasmodie. Ainsi, à l'un des stades les plus infimes de la nature vivante, le protoplasma, encore indifférencié, semble hésiter entre les deux voies qui s'ouvrent à lui ; aux diverses périodes de sa vie, le même individu est un végétal, un protozoaire ou une colonie animale rudimentaire.

On a décrit des algues du groupe des nostocs, vivant en symbiose avec des hépatiques, des cycadées et avec *Azolla caroliniana*. Cette salviniacée si gracieuse — encore une transfuge d'Amérique, qui a envahi les eaux stagnantes du Sud-Ouest de la France — a des feuilles formées d'un lobe supérieur flottant et d'un lobe inférieur submergé. C'est dans l'intérieur du lobe supérieur que se trouve une cavité habitée par l'algue et communiquant avec le dehors par une ouverture étroite. La paroi de la cavité envoie des poils ramifiés entre les filaments de l'algue.

Il faut nous arrêter davantage sur les *lichens*, constitués par la symbiose de champignons et d'algues. Les premiers sont le plus souvent des ascomycètes, plus rarement des basidiomycètes. Les algues appartiennent aux groupes les plus divers et peuvent même se remplacer ou coexister dans un seul et même lichen (fig. 62). La symbiose est si étroite que l'élément champignon ne peut vivre isolé et que les hyphes issus des spores meurent bientôt s'ils ne rencontrent pas à temps l'algue qui leur est nécessaire. Celle-ci est toujours capable de vivre en dehors de l'association. En somme les lichens sont à un degré encore plus élevé que les myxomycètes, le type de ce qu'on peut appeler « espèces par agrégations » ; mais chez eux, les

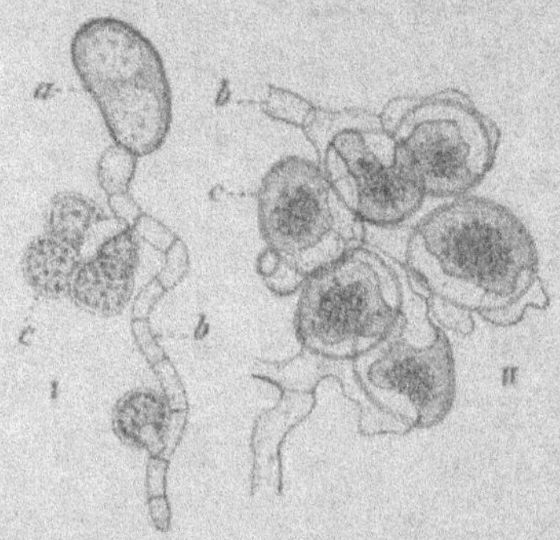

Fig. 62. — I. Début de *Physcia parietina* : *a*, spore du champignon semée sur une couche *c* de *Protococcus viridis* ; *b*, filament mycélien qui commence à enlacer l'algue. — II, portion de thalle d'*Opegrapha varia* ; *c*, algue (*Trentepohlia*) ; *b*, champignon (gross. : 800) (Bornet).

individus agrégés, au lieu d'être semblables, appartiennent à des groupes botaniques très distincts. Cependant leur spore ne conserve rien de l'élément algue et il faut qu'à chaque génération l'association se reforme. Les deux parties tirent avantage de leur symbiose : le champignon absorbe l'humidité de l'air, de sorte que l'algue, protégée par la couche corticale, a toujours à sa disposition la quantité d'eau qui lui est nécessaire ; d'autre part, l'assimilation chlorophyllienne opérée par l'algue est de première utilité pour le champignon. Beyerinck a cultivé isolément le champignon et l'algue de *Physcia parietina* (fig. 62, I) : il conclut de ses recherches que le premier fournit à la seconde des peptones et en reçoit des sucres. Quoi qu'il en soit, les avantages de la symbiose sont si grands que les lichens réussissent à vivre sur des rapports inorganiques et à former de la substance vivante avec les seuls éléments que leur offre l'atmosphère. Ils couvrent les rochers des plus hautes montagnes et sont les derniers représentants de la végétation dans les toundras de l'Extrême Nord.

Leur rôle dans la nature est plus grand qu'on ne pourrait le supposer. Leurs débris constituent en effet une première couche d'humus sur laquelle vont s'établir des plantes plus élevées en organisation. De plus, un grand nombre d'entre eux sécrètent des acides qui leur permettent de désagréger les roches les plus résistantes et même de vivre au-dessous de leur surface ; souvent les fructifications se développent d'abord dans la pierre et ne font issue à l'extérieur qu'au moment de la maturité des spores. On conçoit que cette action de désagrégation poursuivie sans interruption soit un des facteurs les plus puissants qui permettent de ramener la végétation sur les surfaces rocheuses mises à nu par l'érosion, par les éruptions volcaniques, ou par l'exploitation des carrières. Ainsi, grâce à leur symbiose, deux des représentants les plus infimes du règne végétal, une algue et un champignon peuvent vivre sur des supports où aucune autre plante ne réussirait. Mais les débris minéraux et organiques accumulés par leurs générations successives constituent un terreau où vont prospérer d'abord des mousses et des fougères, plus tard des phanérogames. Dans le passé ce sont peut-être eux qui ont formé sur les continents récemment émergés la première couche végétale ; dans le présent ils cicatrisent les plaies que les agents naturels ou la main de l'homme ont faites à l'écorce terrestre.

CHAPITRE X

MUTUALISME ENTRE PLANTES ET ANIMAUX

La fécondation croisée des plantes par l'intermédiaire des insectes et des
oiseaux. — La dissémination des graines par les animaux. — Plantes et
fourmis : les moissonneuses et les fourmis agricoles. — Moyens de défense
des plantes : la myrmécophilie. — La miellée et les nectaires extra-floraux.
— Plantes acarophiles. — Le plankton. — Symbiose de certaines algues
avec des animaux.

Les rapports généraux des deux règnes organiques sont
extrêmement complexes ; nous avons énuméré les principaux au début de cet ouvrage. Aussi n'envisagerons-
nous ici que quelques problèmes particuliers qui vont
nous montrer de nouveaux modes de réaction des êtres
vivants les uns sur les autres. Nous rencontrons d'abord
la grande question du rôle des animaux et plus spécialement des insectes dans la *fécondation croisée des phanérogames* supérieurs. C'est Darwin qui a montré toute l'importance de ce phénomène. Les faits se présentent de la
façon suivante. Il est hors de doute que les croisements
sont utiles à l'espèce, sans que d'ailleurs nous puissions
nous rendre compte au juste pourquoi. Chez les végétaux
inférieurs, à sexes souvent séparés et à fécondation par
l'intermédiaire du vent (anémophilie) ou de l'eau (hydro-
philie) le croisement s'opère par la force même des choses.
Remarquons tout de suite que dans ce cas, s'il s'agit de

phanérogames, leurs fleurs sont petites, peu apparentes et sans odeur. Telles sont les gymnospermes, les glumacées, les cupulifères, les chénopodées, etc. Au contraire, chez les plantes plus élevées en organisation, la fleur est en général hermaphrodite et la fécondation croisée n'est obtenue que par un moyen détourné, par l'intervention des insectes (fig. 63), ou plus rarement, d'autres animaux. La paléontologie vient corroborer ce que nous montre l'observation journalière. Nous savons en effet que les insectes les plus nettement adaptés à la fonction florale — hyménoptères, lépidoptères, et à un moindre degré certains diptères — suivent une évolution parallèle à celle des angiospermes supérieures. C'est à l'époque tertiaire seulement que les deux groupes — végétaux à fleurs apparentes, insectes anthobies — apparaissent et se compliquent parallèlement, tous deux étant fonctionnellement solidaires.

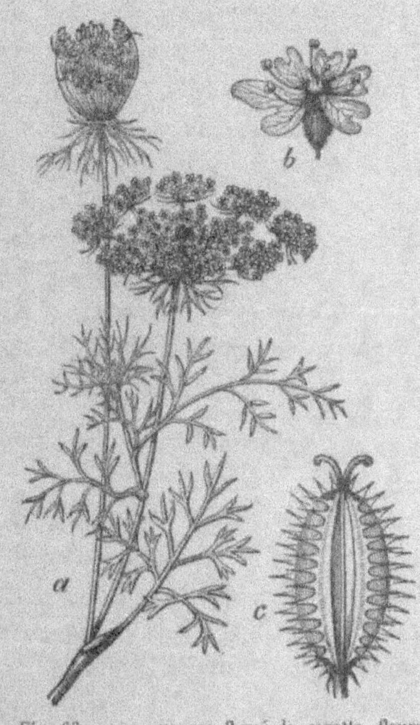

Fig. 63. — a, rameau fleuri de carotte, fleurs rapprochées en ombelles pour faciliter la visite des insectes ; au milieu de chaque ombelle, une fleur stérile, de couleur rouge qui, par sa couleur tranchée, signale au loin l'inflorescence ; b, une fleur fertile, blanche, à pétales externes plus grands, rayonnants ; c, fruit épineux, adapté au transport par les animaux.

Ceci posé il convient de montrer par quelques exemples les adaptations si remarquables provoquées par ce mutualisme. Tout d'abord il faut noter que l'hermaphrodisme des plantes est souvent plus apparent que réel. Il y a chez beaucoup d'entre elles du *dichronisme sexuel* : les étamines et l'ovaire de chaque fleur ne sont pas mûrs en même temps. Comme le dit M. Brazier[1], les époux ont bien un même lit, mais ils n'y viennent pas aux mêmes heures. Pour ces plantes incapables de se féconder elles-mêmes, le croisement est de rigueur. Mais même chez les autres plantes entomophiles, l'autofécondation est tout exceptionnelle, parce que dans leurs visites de fleur en fleur les insectes transportent inconsciemment le pollen de l'une à l'autre.

Il va sans dire que c'est à leur insu que ceux-ci se livrent à cet exercice si profitable à la plante. Ils y sont incités par un intérêt tout personnel et c'est en leur offrant des aliments que les végétaux en question arrivent à se faire féconder. Les moyens d'attraction employés par ceux-ci sont de deux sortes : ils sollicitent soit l'odorat, soit la vue de l'insecte. En ce qui concerne les *odeurs*, tout le monde est d'accord : elles servent bien à provoquer la visite des insectes. Le plus souvent ce sont des parfums suaves, qui plaisent aux hyménoptères et aux lépidoptères ; les odeurs les plus suaves sont dégagées par les plantes, telles que les belles-de-nuit, qui ne s'ouvrent que le soir et qui sont destinées à être fécondées par des insectes crépusculaires. Mais il y a aussi des fleurs à odeurs repoussantes et même cadavéreuses qui attirent les diptères amis des chairs en décomposition ; telles sont les *Arun*, les aristoloches, les *Stapelia* et surtout les *Rafflesia* (fig. 12, p. 40), chez lesquelles la fétidité est combinée avec une colo-

---

1. Brazier, Études de biologie générale. *Les sciences biologiques à la fin du XIXᵉ siècle*, p. 475.

ration vineuse, foncée, pour mieux égarer l'instinct des animaux.

On a discuté pour savoir si la *forme* et la *couleur* des fleurs jouaient un rôle dans l'attraction exercée sur les insectes. Ce rôle a été nié par M. Plateau et par M. G. Bonnier. Mais les recherches les plus récentes, celles notamment de M. Pérez[1] qui a observé comment les insectes se comportent en présence de fleurs artificielles sans parfum, prouvent que le sens de la vue aide les insectes dans leur recherche des fleurs à nectar. D'autre part Mlle Wéry, par des expériences assez enfantines, a prétendu montrer que la couleur et la forme attirent les abeilles quatre fois plus que l'odeur. M. Bonnier fait remarquer à juste titre qu'une grande connaissance des mœurs des abeilles est nécessaire si l'on veut faire des expériences probantes. Lorsqu'on remplace, comme le faisait Mlle Wéry, un bouquet de fleurs naturelles nectarifères, mais privées de corolles, par un bouquet de fleurs artificielles, les abeilles continueront pendant un certain temps à se rendre à l'endroit accoutumé, occupé maintenant par les fleurs artificielles. Ce n'est qu'à la longue qu'elles s'apercevront de la nouvelle place occupée par les fleurs nectarifères. Il pourra donc sembler à un observateur non averti qu'elles sont davantage attirées par la couleur que par le nectar. En réalité la vérité me semble se trouver entre les opinions extrêmes. Les abeilles s'aident de tous leurs sens pour la recherche du nectar. Si les fleurs à grandes corolles colorées ou les inflorescences compactes (ombelles, capitules, grappes, thyrses, etc.) leur servent certainement de signal visuel, il n'est pas moins certain qu'elles savent également trouver — proba-

---

1. *Mémoires de la Société des sciences physiques et naturelles de Bordeaux*, 1903.

blement au moyen de l'odorat — des fleurs peu visibles, comme celles de la bourdaine, ou des nectaires extra-floraux qui se distinguent à peine du feuillage environnant. Le matin, sortent de la ruche des abeilles chercheuses, qui vont à la découverte de tous les dépôts alimentaires du voisinage. Le travail est ensuite réparti entre les diverses ouvrières pour toute la journée : les unes chercheront du nectar sur tel bouquet de fleurs, les autres du pollen ici, les troisièmes visiteront ce champ de sarrasin, d'autres encore s'approvisionneront d'eau. Chacun de ces groupes ne se laissera que très difficilement détourner de ses occupations par les artifices de l'expérimentateur.

M. Andreœ [1] a émis, sur le rôle respectif des couleurs et de l'odeur dans l'attraction des insectes, une opinion intéressante. D'après lui, les insectes inférieurs sont attirés de loin par les odeurs, de près par les couleurs ; les supérieurs le seraient de loin par les couleurs, de près par les odeurs. Ainsi les fleurs très voyantes et les fleurs de faible odeur (composées) sont visitées par les insectes supérieurs (hyménoptères) ; les fleurs à odeur forte, sans couleur tranchée le sont par les insectes inférieurs (sphingides, diptères). D'autre part le même auteur fait remarquer que les insectes marcheurs sont plutôt attirés par l'odeur ; tandis que plus la rapidité du vol est grande, plus la vue doit se développer. Cette observation s'applique d'ailleurs également aux vertébrés. Aux Kerguelen, comme dans toutes les îles de petite dimension, il n'y a guère que des insectes marcheurs, à cause du vent qui rejette à la mer ceux qui sont pourvus d'ailes bien développées. En même temps la grandeur de la corolle des phanérogames a diminué. Ainsi, en même temps que l'organe qui porte

1. *Biologisches Centralblatt*, 1903, p. 236 et *Beihefte zum botanischen Centralblatt*, 1903, p. 463.

l'insecte au loin, l'aile, se réduit, l'appareil qui l'attirait de loin, la corolle, devient rudimentaire.

Cette remarque confirme ce qu'avait déjà montré Lubbock, à savoir que la grandeur des fleurs est en rapport avec l'importance qu'a pour elles la visite des insectes. Dans le genre *Geranium*, par exemple, les espèces à grandes fleurs comme *G. pratense* ne peuvent se féconder elles-mêmes, tandis que chez celles à petites fleurs l'auto-

Fig. 64. — Bourdons récoltant du nectar sur une fleur de papilionacée.

fécondation est fréquente, comme chez *G. molle* ou presque constante, comme chez *G. pusillum*.

Les substances recherchées par les insectes sont en général le pollen ou le nectar, matière sucrée, sécrétée par des organes glanduleux appelés nectaires (fig. 64). Ceux-ci sont toujours disposés de façon que l'insecte, en les cherchant et en y puisant, ne peut manquer de frôler les étamines ou le stigmate de la fleur et par conséquent d'assurer à celle-ci le bénéfice de la fécondation croisée. En ce qui concerne les mécanismes variables à l'infini employés par les plantes pour forcer les insectes à opérer ce transport du pollen d'une fleur sur l'autre nous ne pouvons que renvoyer aux ouvrages de Darwin[1], de Knuth[2], de Lubbock[3] et à la thèse de Barrois[4].

Pour donner une idée de la précision de ces adaptations, je citerai seulement quelques exemples.

Les aristoloches, avons-nous dit, sont fécondées par des diptères. Chez l'*Aristolochia clematitis*, indigène en France, les stigmates arrivent à maturité bien avant les étamines. Il y a à l'intérieur de la fleur des poils tournés vers le bas qui laissent bien pénétrer les petits insectes, mais les empêchent de ressortir. Au bout de quelque temps, la fleur, dont l'ovule a été fécondé par le pollen que ces moucherons lui ont apporté d'un autre pied d'aristoloche, devient mâle à son tour : les anthères mûrissent et couvrent à nouveau de pollen les prisonniers ailés. En même temps les poils qui fermaient l'issue se flétrissent, tombent et permettent aux petits diptères de s'échapper. L'expérience ne leur a d'ailleurs pas profité car ils se précipitent aussitôt dans la corolle d'une autre aristoloche et vont y déposer inconsciemment le pollen dont ils sont chargés. Mais ce n'est pas tout. Aussi longtemps que le stigmate est vierge, le pédicelle floral est dressé, le périanthe béant, et les mouches qui arrivent trouvent largement ouverte une porte hospitalière ; mais, aussitôt la pollinisation opérée, le pédicelle se recourbe en bas, et, quand la mouche s'est envolée avec sa nouvelle charge de pollen, le lobe supérieur de la corolle se rabat et défend l'entrée de la fleur aux insectes qui n'ont plus rien à y faire désormais. Si on féconde

---

1. Ch. Darwin, *De la fécondation des orchidées par les insectes*. Paris, Reinwald — Id., *Des effets de la fécondation croisée et directe dans le règne végétal*. Paris, Reinwald. — Id., *Des différentes formes de fleurs dans les plantes de la même espèce*. Paris, Reinwald.

2. P. Knuth, *Handbuch der Blütenbiologie*. Leipzig, 1898-1905.

3. J. Lubbock, *Les insectes et les fleurs sauvages*. Paris, Reinwald.

4. Th. Barrois, *Rôle des insectes dans la fécondation des végétaux*. Thèse d'agrégation. Paris, Doin, 1886.

avec du pollen provenant du même pied, ou de pieds poussant sur le même rhizome, cette fleur reste stérile.

La plupart des plantes ont un pollen pulvérulent, qui est projeté sur l'insecte par l'anthère ; souvent le déclanchement des étamines n'est pas simultané et ce procédé assure au plus haut degré la fécondation croisée en multipliant le nombre des agents du transport pollinique. Chez les orchidées le pollen forme deux masses compactes nommées pollinies (fig. 65), fixées chacune sur un disque visqueux ou rétinacle qui vient se coller à la tête de l'insecte en quête de nectar. En insinuant sa trompe dans une autre fleur celui-ci appliquera cette pollinie sur les stigmates. Il y a une foule d'adaptations secondaires dans le détail desquelles nous ne pouvons entrer.

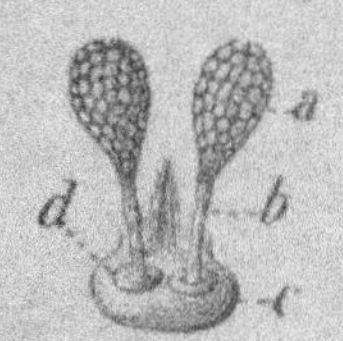

Fig. 65. — a, Pollinie d'orchidée ; b, caudicule ; d, rétinacle ; c, rostellum.

Tel est le mouvement de flexion des pollinies sur leur pédicule : d'abord droites sur la tête, la trompe ou l'œil de l'insecte, elles ne tardent pas à se ployer en avant. De cette façon la pollinie qui, dressée, eut couru la chance de buter trop haut, au-dessus des surfaces stigmatiques, s'applique une fois fléchie, pendant l'introduction de la trompe dans la fleur, juste sur le stigmate visqueux.

La figure 66, que j'emprunte à la thèse de Barrois, avec la bienveillante autorisation de l'auteur, montre un diptère, *Empis livida*, porteur de deux pollinies (*pol*) fixées à sa tête et qui viennent d'accomplir leur mouvement d'abaissement en avant. L'insecte s'est posé sur le labelle d'une *Orchis mascula* et enfonce sa trompe dans le nectaire, pour y puiser le miel. On voit qu'il ne peut atteindre ce but sans porter les deux pollinies contre la surface visqueuse des deux stigmates (*st*) et leur abandonner un nombre de grains de pollen suffisant pour assurer la fécondation croisée.

Chez beaucoup d'orchidées exotiques, la matière visqueuse qui recouvre les stigmates retient les pollinies entières et en débarrasse l'insecte. Il n'en est pas ainsi chez nos orchidées indigènes ; la pollinie ne perd ici qu'une partie de ses grains de pollen et peut ainsi servir à

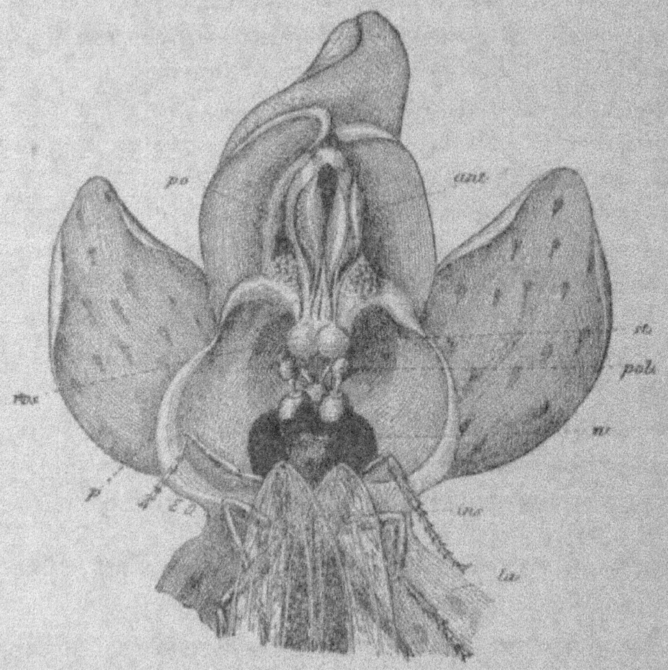

Fig. 66. — Fécondation d'une orchidée par un diptère, *Empis livida* (*ins*) posé sur le labelle (*la*) et portant sur sa tête deux pollinies (*pol*) recueillies sur un autre pied. En cherchant à atteindre le nectar il les mettra forcément au contact du stigmate (*st*). Il pourra recueillir les pollinies (*po*) contenues dans les anthères (*ant*), en frôlant le rostellum (*ros*) qui dégagera les corps visqueux des rétinacles.

féconder successivement plusieurs fleurs, ce qui présente un réel avantage au point de vue de la fécondation.

Il y a chez un grand nombre d'orchidées des crêtes qui conduisent sûrement la trompe vers l'organe renfermant les pollinies. Chez *Orchis pyramidalis*, celles-ci sont attachées à un même disque visqueux en forme de selle,

qui vient étreindre la trompe de l'insecte à la façon d'une
paire de lunettes.

C'est surtout chez les orchidées exotiques qu'on trouve
les plus singulières combinaisons de mécanismes. Chez
les *Catœna* d'Australie, le labelle est irritable ; dès qu'un
insecte s'y pose, il se rabat contre l'entrée de la fleur, en
enfermant pour un temps sa proie. Les *Catasetum* ont deux
longues cornes effilées, extrêmement irritables ; dès qu'un
insecte touche l'une d'elles, la pollinie, enroulée en forme
de ressort, se déroule et est expulsée avec une violence
soudaine, disque visqueux en avant, de façon à venir
coiffer le visiteur. Chez les *Coryanthes*, de la Trinité, belles
orchidées du groupe des cypripédiées, il y a un réceptacle rempli d'un liquide visqueux. Ce liquide mouille les
ailes des abeilles au point que ces dernières, ne pouvant
plus voler pendant quelques instants, sont forcées de se
glisser par de petits passages qui contournent les anthères
et les stigmates ; d'où frottement et fécondation forcée.
Beaucoup d'orchidées exotiques sont construites de façon
à ne pouvoir être fécondées que par un insecte d'espèce
déterminée qui naturellement n'existe pas dans nos serres
d'Europe ; aussi est-on forcé d'y pratiquer la fécondation
artificielle.

Cet exclusivisme qui représente le stade le plus élevé de
l'adaptation des plantes aux insectes n'est pas spécial aux
orchidées. Chez notre chèvrefeuille (*Lonicera caprifolium*),
les grands *Sphinx* peuvent seuls opérer la fécondation,
parce que, de tous nos insectes indigènes, ils ont seuls
une trompe assez longue pour atteindre le nectar renfermé au fond de la fleur. Il y a aussi un exclusivisme relatif
chez les fleurs qui s'ouvrent la nuit et qui attirent par leur
parfum très pénétrant une catégorie de visiteurs déterminée.

Les asclépiacées, représentées dans nos régions par le

Vincetoxicum officinale, peuvent rivaliser avec les orchidées pour la merveilleuse adaptation de leur appareil floral aux visites des insectes. Il y a dans la fleur cinq cornets qui sécrètent une grande quantité de nectar. Chacun d'eux fait face à l'une des anthères placées autour de la colonne stigmatique. Entre chaque anthère et la suivante se trouve un rétinacle visqueux à chacun desquels sont fixées deux masses polliniques appartenant à deux anthères voisines. Les insectes attirés par la couleur et l'odeur suave des fleurs d'*Asclépias* sont contraints, pour pouvoir recueillir le nectar au fond des cornets, de se poser sur le sommet de la fleur, les jambes cramponnées entre les intervalles qui séparent les anthères, puisque celles-ci sont opposées aux cornets nectarifères. Dans cette position les pattes rencontrent un ou plusieurs des rétinacles visqueux et lorsque l'insecte s'envole il entraîne avec lui un certain nombre de pollinies. Celles-ci forment d'abord deux à deux un angle obtus; mais au bout de peu de temps les tiges qui les portent se rapprochent de façon que les deux pollinies fixées à chaque rétinacle arrivent presque au contact l'une de l'autre, ce qui leur permet de pénétrer dans la chambre stigmatique d'une autre fleur d'*Asclepias* visitée par l'insecte. La position écartée du début empêche les pollinies de pénétrer dans les organes femelles de la fleur dont elles proviennent. Ce dispositif rend la fécondation croisée obligatoire.

Le mode de fécondation du figuier est curieux parce qu'il nécessite l'intervention de deux variétés de cet arbre, le *Ficus caprificus*, qui porte des fleurs mâles et des fleurs femelles, et le figuier cultivé, à inflorescences exclusivement femelles. Chez le *caprificus*, les fleurs femelles ont des styles courts, ce qui permet à un hyménoptère de la famille des chalcidiens, *Blastophaga grossorum*, de déposer ses œufs dans l'ovaire. Cet insecte présente un dimorphisme sexuel remarquable. A l'inverse de ce qu'on voit d'ordinaire, les femelles sont ailées, tandis que les mâles sont aptères. Ceux-ci sont pourvus d'un abdomen mou et de deux mandibules puissantes. La grande généralité des fleurs femelles du *caprificus* hébergent chacune l'œuf d'un *Blastophaga*. Arrivés à l'état adulte les mâles rongent avec leurs mandibules la paroi cornée du fruit dans lequel ils sont emprisonnés et arrivent ainsi dans la cavité centrale de l'inflorescence. Par un merveilleux instinct, ils découvrent les ovaires qui recèlent les femelles, en rongent les téguments, introduisent leur abdomen par le trou qu'ils ont creusé et effectuent ainsi la fécondation. Ces mâles meurent bientôt après, leur rôle étant terminé.

Quant aux femelles fécondées, elles sortent par l'orifice creusé par le mâle, et se dirigent vers le sommet de l'inflorescence. Au passage elles rencontrent les fleurs mâles et se barbouillent de pollen. Elles arrivent enfin à l'extérieur et se mettent aussitôt en quête de figues mûres pour y déposer leurs œufs. Si elles tombent sur des fruits de *caprificus*, le cycle recommence. Si, au contraire, elles rencontrent des fruits de figuier cultivé, elles ne parviennent pas à y pondre leurs œufs, parce que cette variété a des styles longs et pressés les uns contre les autres, ce qui empêche la pénétration de la tarière. Le seul résultat de la visite est de féconder les pistils et de provoquer la maturation des figues.

Ainsi deux variétés de figuier persistent côte à côte ; l'une sauvage et à fruits plus ou moins avortés et infestés de larves de *Blastophaga*, ne sert qu'à nourrir cet insecte et à fournir du pollen. La seconde a des fruits comestibles, dont le développement est dû à l'intervention de l'insecte. Celui-ci d'autre part présente un dimorphisme sexuel et des instincts parfaitement adaptés au rôle qu'il est appelé à jouer. Remarquons en outre que, chez le figuier, il y a tendance à la séparation des sexes : la variété cultivée n'a plus de fleurs mâles et, chez le *caprificus* la plupart des fleurs femelles sont dévorées par la larve du *Blastophaga*.

La portée pratique de ces faits était déjà connue des anciens ; depuis l'époque phénicienne, les agriculteurs des bords de la Méditerranée ne manquent pas, pour obtenir de bonnes figues, de suspendre des caprifigues au milieu des plantations. D'autre part les figuiers introduits aux États-Unis n'ont donné de fruits comestibles que lorsqu'on eut planté des caprifiguiers importés d'Algérie en 1899.

Nous savons déjà que des fleurs petites individuellement s'unissent en inflorescences composées pour se rendre visibles de loin ; les fleurs situées à la périphérie deviennent alors fréquemment stériles et ont une corolle fortement asymétrique et dont la couleur tranche souvent sur celle des fleurs du disque, par exemple chez les marguerites. D'autres fois, comme chez la carotte (fig. 63, p. 173), c'est une fleur du milieu qui devient stérile et de couleur différente : elle sert également à signaler de loin les fleurs aux insectes. Chez la *Parnassia palustris* il y a de grands nectaires brillants, très visibles, mais qui ne donnent aucune sécrétion : c'est donc par une véritable tromperie que cette droséracée parvient à attirer les visiteurs.

A l'inverse, certains insectes particulièrement intelligents savent profiter des provisions offertes par les fleurs sans leur rendre aucun service en échange. Chez beaucoup d'entre elles (capucines, violette, balsamine) le nectar est renfermé au fond d'un éperon et par suite assez difficile d'accès. Les xylocopes, sortes de grosses abeilles violacées, savent s'épargner la peine d'aller l'y chercher en passant par l'orifice de la corolle : d'un coup de mandibules ils perforent l'éperon, puis se repaissent du nectar, sans toucher aux anthères ; par suite, ils ne favorisent pas la fécondation croisée de ces plantes. Bien mieux, les abeilles profitent des trous percés par les xylocopes pour pratiquer le même larcin qu'eux, mais comme leur trompe est plus courte que celle des xylocopes, elle ne leur permet pas toujours d'atteindre la provision de nectar ; elles prolongent alors l'entaille du xylocope jusqu'au niveau convenable. Il y a, dans ces cas et dans d'autres analogues, des ruses intelligentes employées par les animaux pour arriver avec un moindre effort aux provisions convoitées.

Je ne ferai que signaler les adaptations spéciales aux insectes qui opèrent la fécondation croisée des plantes. Ces adaptations ont naturellement un rôle utilitaire pour l'insecte en facilitant la recherche du nectar et du pollen. Les diptères à trompe courte n'explorent guère que les ombellifères et les composées, tandis que les lépidoptères ont des trompes très longues qui leur permettent de rechercher le nectar dans les fleurs les plus profondes. Enfin chez les hyménoptères les appareils collecteurs du pollen sont plus ou moins bien constitués suivant le groupe envisagé. Notons à ce propos que les plantes qui sont fécondées par l'intermédiaire des Apides voient une bonne partie de leur pollen emporté par ces insectes, qui en font une pâtée pour leurs larves. D'où la nécesssité pour ces plantes de fabriquer une grande quantité de pollen, dont une bien faible partie est utilisée pour la fécondation. Néanmoins cette quantité est toujours bien inférieure à celle que produisent les plantes anémophiles.

Dans tous les cas que nous avons envisagés jusqu'à présent, c'est tout à fait à son insu que l'insecte opère la fécondation des plantes. Il n'en est pas de même dans le cas suivant qui est certainement le plus difficile à expliquer. La fleur du *Yucca* est fécondée par un petit papillon du genre *Pronuba* qui procède de cette façon. La femelle seule visite les fleurs. Elle commence par rassembler une pelotte de pollen, au moyen d'un organe en forme de faucille qu'elle possède à chaque palpe maxillaire. Elle porte cette pelotte sur la fleur la plus voisine et l'enfonce dans le stigmate creusé en entônnoir. Elle assure ainsi la fécondation de cette fleur. Mais auparavant elle a pondu ses œufs, grâce à sa longue tarière, dans l'ovaire de la fleur, et les jeunes chenilles vont se nourrir de quelques-uns des ovules qui grandissent en même temps qu'elles ; les ovules restants serviront à la reproduction de la plante. Ces faits, dus aux patientes observations de Riley, nous montrent un instinct et des organes spéciaux développés chez un insecte directement en vue de la fécondation d'une plante.

Quelques fleurs tropicales sont fécondées par l'intermédiaire des chauves-souris ; d'autres en plus grand nombre par des colibris (Amérique tropicale) et d'autres petits oiseaux de genres voisins (Ancien Monde et Australie). Le plus souvent ces oiseaux ont un bec délié avec lequel ils vont puiser le nectar ; la fleur est disposée de façon qu'ils se couvrent en même temps de pollen qu'ils vont porter sur une autre fleur. Mais, d'autres fois, le procédé employé par la plante est plus complexe : elle capture des insectes, et l'oiseau s'approche de la fleur pour manger ceux-ci. C'est ainsi que la *Marcgravia* observée par Belt dans l'Amérique centrale a ses fleurs disposées en cercle comme un candélabre renversé. Du milieu de ce cercle floral pendent un certain nombre de récipients en forme de cornet qui se remplissent d'un liquide sucré dont les insectes sont friands. De nombreux oiseaux insectivores s'en approchent, et pour s'emparer des insectes renfermés dans les urnes, ils se frottent forcément aux étamines tournées en bas et se couvrent de pollen. La grande majorité des fleurs dont la fécondation s'opère par l'intermédiaire des oiseaux sont d'un rouge vif qui paraît avoir un attrait spécial pour ces animaux.

Beaucoup de plantes ne présentent aucune disposition spéciale pour la *dissémination des graines*. Celles-ci sont produites en grande abondance et il suffit que quelques-unes arrivent à se développer pour que l'espèce se perpétue. Chez d'autres il y a des organes spéciaux destinés à favoriser la dispersion des graines par le vent ou par l'eau ; nous n'avons pas à nous en occuper ici. Mais de nombreux végétaux se servent des animaux comme de véhicules destinés à transporter leurs graines au loin, et alors deux cas peuvent se présenter suivant que la plante offre ou non à l'animal une compensation en échange du service rendu.

Il arrive très fréquemment que des fruits se collent ou s'accrochent aux téguments d'un animal et sont transportés par lui à son insu. Kerner a vu naître de nombreuses plantes de la boue qu'il avait récoltée sur les pattes des oiseaux aquatiques. Les graines des plantes d'eau sont ainsi transportées de lac en lac, de rivière en rivière, sans avoir besoin de moyens spéciaux de fixation. Certains végétaux terrestres ont des graines visqueuses soit naturellement (cucurbitacées, gui), soit lorsqu'elles sont mouillées (lin) ; chez d'autres c'est le périgone, persistant, qui devient visqueux et qui permet à la graine ou au fruit de s'attacher au corps d'un animal. Bien plus nombreuses sont les plantes dont les graines ou les fruits sont pourvus de crochets, de soies ou d'aiguillons recourbés qui les fixent avec la plus grande facilité dans la fourrure des mammifères ou le plumage des oiseaux (fig. 63, p. 173), dans les vêtements de l'homme ou les marchandises qu'il transporte. C'est là un des moyens de dispersion les plus

puissants des espèces végétales et l'on voit très nettement
certaines d'entre elles progresser en suivant les voies fréquentées par les oiseaux migrateurs ou celles que l'homme
a créés pour ses besoins. Kerner estime que 1/10 de tous
les phanérogames emploie ce procédé. Il va de soi que
l'animal transportant leurs graines à son insu et en étant
même souvent embarrassé, ces plantes ne cherchent pas à
l'attirer : aussi leurs fruits sont-ils peu apparents et sans
couleurs tranchées.

Il n'en est pas de même des plantes qui offrent aux
animaux un aliment. Leur fruit est en général bien visible, fortement coloré, et sert à attirer de loin l'animal
qui va transporter les graines. Le plus souvent ces fruits
sont charnus et les graines avalées en même temps qu'eux
ont une enveloppe épaisse qui leur permet de traverser le
tube digestif sans être endommagées. Il est à remarquer
qu'avant la maturité ces fruits ne doivent pas être mangés
et qu'ils sont alors protégés par leur acidité et par leurs
couleurs peu voyantes contre une consommation trop
hâtive qui détruirait inutilement les graines. Il en est ainsi
des prunes, des cerises, etc.

Il y a un parallélisme des plus nets entre les fleurs entomophiles et les fruits qui offrent ce mode de dispersion.
Ce n'est pas seulement par leurs caractères de visibilité
(forme et couleur) que ces organes se ressemblent mais
aussi par leurs odeurs et par la réunion des types de petite
taille en associations qui les rendent plus apparents. C'est
surtout vers l'automne que mûrissent les fruits charnus,
au moment où tombe le feuillage qui pourrait les cacher ;
au contraire les fruits qu'entraînent les seuls agents physiques mûrissent en toutes saisons. La coloration des
fruits charnus est en général complémentaire de la couleur
générale que possède la plante au moment de leur maturité. Elle est rouge chez les plantes toujours vertes (if,

arbousier), et chez celles qui n'ont pas encore revêtu une teinte automnale à l'époque de la maturité (fraisier, framboisier, cerisier) ; cependant elle peut aussi être blanche (mûrier blanc, gui). Chez les plantes dont les feuilles tournent au rouge ou au jaune à l'automne, le fruit est bleu, noir, rouge foncé ou violet (myrtille, cornouiller, prunier, sureau). Il y a aussi des oppositions de couleurs qui peuvent rendre le fruit plus visible, par exemple sur les pêches, les poires et les pommes. Les fruits changent de couleur suivant leur âge et lorsqu'il s'agit de fruits rapprochés en associations, leurs teintes diverses les rendent plus apparents et font reconnaître aux oiseaux ceux qui sont assez mûrs pour être consommés ; il en est ainsi chez le viorne. Le fusain a des graines orangées qui tranchent très vivement sur la capsule rouge d'où elles sont issue.

C'est principalement par les oiseaux que les fruits charnus sont consommés, et de même que dans la fécondation croisée nous avions rencontré une spécialisation plus ou moins marquée, il y a des plantes dont les graines sont disséminées par quelques espèces seulement ou même par une seule. Kerner von Marilaun a fait des expériences pour voir les modifications que subissent les graines en passant dans le tube digestif. Il a constaté que la plupart sont détruites par les mammifères (marmotte, cheval, bœuf et cochon) et par les oiseaux à estomac très musculeux, tels que la poule, le pigeon, le bec-croisé, le bouvreuil, le canard. Chez les corbeaux les graines à enveloppe dure passent sans encombre, tandis que celles à enveloppe molle sont détruites. Un troisième groupe comprend le merle, la grive, le rouge-gorge et d'autres oiseaux ; chez ceux-ci le temps écoulé entre l'absorption des aliments et l'apparition des graines dans les excréments est très court et presque toutes sont capables de germer.

Chez beaucoup d'oiseaux ce n'est pas avec des excréments, mais par la bouche, que les graines sont rejetées. C'est ainsi que la *Columba oceanica* dissémine la noix muscade. Chez nous le rouge-gorge vomit les graines du fusain, dont il est presque l'unique agent de propagation de sorte que la distribution de la plante coïncide avec celle de l'oiseau. La répartition du gui est en grande partie sous la dépendance des grives qui l'apportent de préférence sur tel ou tel arbre, suivant les régions ; ses fruits peuvent se coller à elles ou être avalées et rejetées soit par vomissement soit avec les excréments. La *Phytolacca decandra*, plante américaine importée involontairement par l'homme aux environs de Bordeaux, a maintenant été transportée par les merles dans tout le Sud-Ouest de la France et tend à remonter vers le Nord puisque je l'ai rencontrée dans les forêts de Seine-et-Marne.

Dans les régions tropicales les chauves-souris frugivores et les singes jouent aussi un certain rôle dans la dissémination des graines. Un carnassier du groupe des viverrides, le *Parodoxurus*, mange les baies du caféier et expulse ses graines intactes ; il paraît même que les Javanais les recherchent au milieu de ses excréments. Dans nos pays, les renards, les blaireaux, et divers autres petits carnassiers ne dédaignent pas un certain nombre de fruits charnus et peuvent contribuer à leur dissémination : leurs excréments sont souvent farcis de graines en bon état de conservation. Dans le désert du Kalahari, les Bochimans[1] consomment pendant la saison sèche les fruits de deux Cucurbitacées, *Citrullus caffer* et *C. naudinianus*. Ces fruits très juteux leur permettent de se passer d'eau. Pendant cette saison leurs excréments sont farcis de pépins, que des coléoptères du groupe des Bousiers se

---

1. S. Passarge, *Die Buschmänner der Kalahari*. Berlin, 1905.

chargent d'enfouir, ce qui assure leur germination. Les grands mammifères sauvages consomment également ces fruits. Or on a remarqué que depuis que le gros gibier a été a peu près détruit en Afrique australe, ces *Citrullus* se disséminent moins, ils deviennent moins abondants, et, par suite, le désert finira par devenir inhabitable pour les Bochimans.

Les fruits du genre des noix, des glands, ainsi que les graines des conifères ont pour agents principaux de dissémination les animaux qui accumulent des provisions. D'une part ceux-ci perdent en chemin un certain nombre des graines transportées ; d'autre part ils établissent souvent des dépôts qu'ils n'utilisent pas. Dans ce groupe rentrent les geais, les écureuils, le hamster et certaines fourmis que nous étudierons plus loin. Les geais sont remarquables parce qu'il y a des variétés locales dont la forme du bec est en rapport avec les fruits qui forment le fond de leur nourriture. Blasius a distingué une forme européenne à bec épais et robuste propre à ouvrir les noisettes et à briser les cônes solides de nos conifères. Dans les forêts de Sibérie et du Japon vit au contraire un geai à bec grêle et relativement faible parfaitement apte à ouvrir les cônes peu résistants du *Pinus cembra sibirica*. Cet arbre ne porte des fruits en abondance que tous les 4 ou 5 ans. Dans les années intermédiaires de grandes troupes de ce geai sibérien émigrent en automne en Europe, jusqu'en France et en Angleterre. Elles ne s'y nourrissent presque que d'insectes, alors que notre geai indigène est presque exclusivement frugivore. Ainsi une disette de graines de pin en Sibérie provoque l'émigration des geais de ce pays et leur changement de régime, parce que leur bec est trop faible pour briser les cônes de pins de nos régions. C'est un des exemples les plus caractéristiques de l'influence réciproque des deux règnes organiques.

Nous savons que la dissémination des Cryptogames a
lieu le plus souvent à l'aide du vent qui emporte leurs
spores très nombreuses et très ténues. Cela n'empêche
pas quelques-uns d'entre eux de profiter de l'aide des animaux. Nous en avons vu quelques exemples en étudiant
les champignons parasites. Parmi les champignons supérieurs on peut citer le *Phallus impudicus*, dont l'odeur
fétide attire les mouches sur l'organe sporifère ; les spores
forment une masse semi-fluide et peuvent être facilement
entraînées et disséminées par l'insecte. Le cas suivant est
bien plus typique. On sait que les truffes ne poussent que
dans le voisinage de certains arbres, notamment des chênes. D'après les recherches de M. de Grammont de Lesparre[1], cette relation s'expliquerait de la façon suivante.
Après décomposition du cryptogame, il est dévoré par
des insectes, notamment *Anisotoma cinnamomea* et *Helo-
miza tuberivora* ; des spores s'attachent à eux, et, lorsqu'ils sortent de terre, ils les transportent sur les feuilles
de certains arbres. C'est là seulement que les spores des
truffes sont capables de germer ; elles émettent un filament qui pénètre par un stomate dans le limbe de la
feuille. A l'extrémité de chacun de ces filaments qui,
d'après M. de Grammont, sont sexués, il se produit une
pseudo-spore, et de la rencontre de celles-ci naît une
sporule noire, dure, luisante, qui est un œuf. A la chute
des feuilles, l'œuf tombe sur le sol et donne naissance à
un mycélium qui produit des truffes. C'est ce qui explique
pourquoi tous les essais de reproduction des truffes dans
d'autres conditions ont été vains. Si des doutes peuvent
être émis sur la sexualité des spores de ces champignons,
il n'en est pas moins certain que l'intervention des in-

---

1. A. de Grammont, duc de Lesparre, *Étude sur les spores de la truffe
(germination, fécondation)*. Paris, librairie agricole.

sectes tubérivores est absolument indispensable à leur reproduction. La truffe fournit à ces insectes des aliments ; en revanche ceux-ci transportent ses spores dans le milieu qui, seul, leur permettra de germer.

Les *rapports des plantes et des fourmis* sont si importants qu'afin de ne pas en présenter une étude fragmentaire, j'ai réservé jusqu'à maintenant tout ce qui concerne ce sujet. Les fourmis moissonneuses nous fourniront une transition toute naturelle puisque, comme les animaux que nous venons d'étudier, elles contribuent à la dissémination de certaines espèces végétales. Deux espèces *Atta stractor* et *A. barbara* sont fréquentes dans l'Europe centrale et sur les rives de la Méditerranée. Elles recherchent les graines de plantes herbacées, graminées, véroniques, fumeterre, avoine, ortie, mouron, souci, gueule-de-loup, linaire, cardamine, chénopodes, et les portent dans leur nid où elles sont emmagasinées. Comme elles en perdent en chemin, ces plantes sont plus abondantes dans les lieux fréquentés par les fourmis. Trompées par l'apparence, les fourmis ramassent de petits objets ressemblant à des graines mais elles reconnaissent bientôt leur erreur et les jettent hors du nid. Quant aux graines emmagasinées, il est hors de doute que les fourmis savent en arrêter la germination en rongeant la jeune plantule en train de sortir. Cette opération faite, les graines sont séchées au soleil puis emmagasinées à nouveau. Quand le grain tout entier devient mou et gonflé, les fourmis en dévorent les parties molles gorgées de substances sucrées ; les enveloppes sont rejetées au dehors sous forme de son. Ces fourmis que les patientes observations de Moggridge nous ont fait connaître savent donc malter les graines des plantes et obtenir de véritables drèches tout comme nos brasseurs. Plusieurs autres espèces de fourmis indigènes, le *Tetramo-*

rium cœspitum, le *Lasius niger*, la *Formica rufibarbis* emmagasinent de même les graines de nombreuses plantes herbacées et contribuent ainsi à leur dissémination.

Le monde des fourmis nous offre les spectacles les plus inattendus, les phénomènes psychiques les plus inexplicables en l'état actuel de la science. Après les moissonneuses, voici des fourmis agricoles. Ce sont des espèces américaines du genre *Pogonomyrmex* étudiées pendant près de dix ans par le Dr Lincecum et sa fille. Ces grosses fourmis brunes sarclent tout le terrain qui entoure leur nid, en égalisent la surface, et n'y tolèrent qu'une seule plante, une graminée nommée *Aristida stricta*. Celle-ci prospère tout autour du nid, tandis que toutes les autres plantes sont impitoyablement rongées. Ces graminées donnent une abondante récolte de petites graines dures et blanches qui sont emmagasinées dans le nid, un peu avant la maturité ; la balle est rejetée au dehors. Si les graines sont mouillées, les fourmis les font sécher au soleil avant de les emmagasiner.

C'est avec les *Atta* de l'Amérique tropicale que nous allons assister aux actes les plus surprenants. Ces fourmis connaissent en effet une science que l'homme ne possède encore qu'à un degré tout rudimentaire, celle de la culture des champignons. Elles vont découper sur les arbres, les caféiers et les orangers par exemple, des rondelles de feuilles qu'elles transportent dans leurs galeries souterraines par des chemins bien entretenus et dont tous les obstacles ont été enlevés. Ce sont de véritables armées qui se lancent à l'assaut de certains végétaux et qui en reviennent chargées de rondelles vertes qui se balancent au vent (d'où le nom de fourmis à parasol). Elles ramassent aussi des fruits, des graines, des étamines, de la farine, du fumier. Une fois introduites dans le nid, toutes ces provisions sont d'abord découpées en fragments de plus en plus petits puis mâchonnées de façon à faire des boulettes molles qui sont entassées les unes sur les autres.

C'est sur ce milieu que va pousser un champignon, d'espèce absolument déterminée, le *Rozites gongylophora*, du groupe des agaricinées. Les fourmis savent empêcher la croissance de tout mycélium étranger, arrêter la formation des conidies du *Rozites* et enfin produire sur lui des anomalies que Möller[1], le patient observateur de ces jardins souterrains, a appelées les formes en chou-rave. Le mycélium envahit en effet la masse du terreau accumulé, et, à sa surface, naissent d'innombrables corpuscules arrondis, de $1/2$ à $1/4$ de millimètre de diamètre ; ils constituent l'unique nourriture des fourmis, qui ne touchent jamais aux débris de feuilles accumulés par elles. Les quatre espèces d'*Atta* de l'Amérique tropicale cultivent le même champignon ; d'autres genres de fourmis américaines se livrent aussi à cette culture mais sur d'autres champignons, auxquelles certaines d'entre elles font également produire des corps en choux-raves. La formation de ces corps est donc voulue par les fourmis et obtenue par elles grâce à la sélection artificielle, absolument comme dans nos cultures potagères. Si on éloigne les *Atta* de leur nid, celui-ci est immédiatement envahi par des mycéliums étrangers ; en même temps le *Rozites* donne de nombreux filaments qui finissent par étouffer les choux-raves, et des appareils fructificateurs, conidies et chapeau. Ce champignon n'a jamais été observé en dehors des nids d'*Atta*, de sorte qu'il est possible que l'espèce sauvage se soit perdue et qu'elle ne persiste que grâce aux soins dont l'entourent les fourmis. Quant aux choux-raves, ce ne sont pas des galles produites par les fourmis, comme on

1. A. Möller, Die Pilzgärten einiger südbrasilianischer Ameisen. *Bot. Mittheil. aus den Tropen*, Heft 6. Iena, Fischer, 1893.

aurait pu le penser. Möller a pu en effet en provoquer la
formation sur le *Rozites* cultivé dans des milieux nourriciers appropriés. Ce sont des produits de la culture tout
à fait semblables aux déformations que l'homme sait provoquer sur les légumes qui lui servent d'aliments. Nous
n'avons pas à rechercher ici par quel processus psychique
les fourmis en sont arrivées à découvrir un système agricole aussi perfectionné. Il nous suffit d'avoir montré comment elles ont su approprier un champignon à leurs besoins
et en faire leur nourriture exclusive. Von Ihering[1] a
montré que lorsque les femelles fécondées quittent le nid
pour aller fonder de nouvelles colonies, elles emportent
dans la bouche un fragment de *Rozites* afin de le semer
à l'endroit où elles vont s'établir. Les *Atta* se rendent
donc compte qu'il ne suffit pas de découper des feuilles,
mais que si on veut y voir pousser un champignon déterminé, il faut y apporter de son mycélium.

Après le vol nuptial, la femelle fécondée s'enterre à 20
ou 40 centimètres de profondeur et construit une chambre
avec couloir d'entrée. Après quelques jours elle pond 20
à 30 œufs. A côté d'elle une masse blanche constitue la
première ébauche du jardin de champignons. Gœldi a observé[2] que les premiers œufs pondus sont broyés par la
mère et servent à alimenter le champignon. Le reste est
divisé en deux parts, l'une qui se développe et passe à
l'état de larves, l'autre qui sert à nourrir les larves développées et la mère elle-même. Les premières ouvrières
arrivées à l'état adulte vont couper des feuilles qu'elles
rapportent et qui servent à la propagation du champignon.
Dès lors les stades du début, si pénibles, sont franchis,
et la colonie agricole prend un développement régulier.

1. *Zoologischer Anzeiger*, 1898.
2. *Biologisches Centralblatt*, t. XXV, 1905, p. 170.

M. Janet a montré que dans ce stade initial la femelle se nourrit en réalité au dépens de ses énormes muscles des ailes, devenus inutiles, et dont la résorption fournit des matériaux pour la ponte des œufs.

J'ai dit que d'autres fourmis que les *Atta* ont également des jardins. Elles appartiennent aux genres *Apterostigma* et *Cyphomyrmex* et habitent aussi le Brésil. Les champignons qu'elles cultivent sont deux formes spécifiquement distinctes de *Rozites*; leur substratum n'est pas constitué par des feuilles broyées, mais par des fibres ligneuses et de la sciure de bois. Möller leur a offert de la farine: elles ont immédiatement reconnu que cette substance, nouvelle pour elles, constituait un milieu de culture favorable pour leur champignon et l'ont emportée dans leur nid. Si toutes les *Apterostigma* cultivent le même champignon, l'une des espèces, *A. Wasmanni*, est cependant plus habile dans cette culture que les espèces voisines. Car c'est seulement dans ses nids qu'on rencontre des formes en ,choux-raves analogues à celles des *Atta*. Chez les autres espèces on ne trouve que des proliférations du mycélium et des filaments isolés terminés par un renflement. Chez les *Cyphomyrmex* les amas en choux-raves sont au contraire abondants. Les deux espèces étudiées par Möller élèvent le même champignon, mais chez *Cyphomyrmex auritus* les renflements sont irréguliers, mêlés d'autres filaments et les choux-raves sont de taille inégale, sans forme distincte. Chez C. *strigatus* au contraire les choux-raves sont réguliers, et concentrés en certains points des parois du jardin.

En résumé trois Champignons différents sont cultivés par des Fourmis appartenant à trois genres distincts. Sous l'influence des soins qu'ils reçoivent d'elles, tous trois peuvent donner naissance à des amas en choux-raves qui leur servent de nourriture. D'autre part sous l'influence d'espèces distinctes de Fourmis, le même Champignon produit des corpuscules alimentaires de forme différente. On suit d'une espèce à l'autre le progrès effectué dans cette culture. Le but est d'empêcher le Champignon de produire des filaments enchevêtrés qui paralyseraient les mouvements des Fourmis, et de le contraindre à accumuler ses réserves nutritives dans des renflements facilement accessibles. Ce but a été atteint parfaitement par les *Atta* ; les diverses espèces d'*Apterostigma* et de *Cyphomyrmex* s'en sont plus ou moins approchées.

Beaucoup de fourmis sont nuisibles aux plantes. Aussi ne faut-il pas s'étonner de voir celles-ci se défendre contre leurs attaques. Certaines fourmis moissonneuses s'emparent des fruits des composées. Un grand nombre de types de cette famille entourent leur inflorescence de véritables chevaux de frise formés de bractées spinescentes. Cette disposition sert à protéger les fleurs non seulement contre les fourmis mais contre tous les insectes aptères nuisibles[1]. Il en est de même des poils dirigés vers le sol que portent les pédoncules floraux de certaines scabieuses, et des sécrétions visqueuses ou glissantes dont maintes plantes se recouvrent.

Chez certaines plantes, *Dipsacus sylvestris* par exemple, les feuilles forment, à chaque entrenœud, une sorte de coupe où s'accumule l'eau de pluie ou la rosée, et que les fourmis ne peuvent traverser.

Si les fleurs à larges corolles étaient fréquentées par les fourmis, elles ne pourraient pas en général être visitées par les insectes ailés seuls aptes à effectuer la polli-

---

1. Kerner von Marilaun, *Die Schutzmittel der Blüthen gegen unberufene Gäste*. Wien, 1876.

nisation. Les abeilles, par exemple, qui s'y poseraient, courraient grand risque de voir leur trompe, organe des plus sensibles, saisie par les fourmis. D'où l'utilité pour beaucoup de fleurs entomophiles de se protéger contre la visite de celles-ci. Outre les moyens de défense énumérés plus haut, citons encore la position de la fleur, à pédoncule incliné vers la terre (perce-neige, cyclamen, fritillaire), les poils glanduleux des pédoncules de nombreuses plantes, la glaucescence de la tige, qui la rend glissante et empêche les petits insectes d'en faire l'ascension. Les plantes aquatiques, sont protégées par leur station même ; les espèces aquatiques d'un genre généralement velu, sont glabres *(Viola palustris, Veronica anagallis, Ranunculus aquatilis)* parce que les poils protecteurs deviennent inutiles. Le *Polygonum amphibium* reste glabre tant qu'il vit dans l'eau ; sitôt qu'il vient sur la terre il se recouvre de poils glanduleux.

Chez d'autres fleurs le tube de la corolle est si étroit (narcisse) ou bien les étamines sont rapprochées de telle façon (campanule) qu'une fourmi ne pourrait y pénétrer ; seule, la trompe d'une insecte ailé peut s'y introduire. Enfin comme les fourmis sont bien moins matinales que les abeilles, les fleurs dépourvues d'autres moyens de protection ont avantage à s'ouvrir de très bonne heure et à se fermer aux heures chaudes de la journée.

Mais c'est surtout dans les régions tropicales que les rapports entre plantes et fourmis sont intéressants à étudier. Nous avons vu quels dégats les coupeuses de feuilles de l'Amérique centrale et du Brésil occasionnent ; elles peuvent rendre la culture de certaines plantes importées tout à fait impossible. Beaucoup de végétaux indigènes ont au contraire des moyens de protection contre les *Atta* ; ils se défendent soit par leur structure fibreuse (graminées, palmiers, broméliacées) soit par des substances toxiques, odorantes ou visqueuses (caoutchouc) soit enfin en s'alliant à d'autres fourmis, ennemies des *Atta*. C'est là le remarquable phénomène de la myrmécophilie[1] qu'il nous faut étudier avec quelque détail. Chez certains acacias par exemple *Acacia sphærocephala* (fig. 67 et 68, 2 et 4) les épines stipulaires sont creuses et donnent asile à des

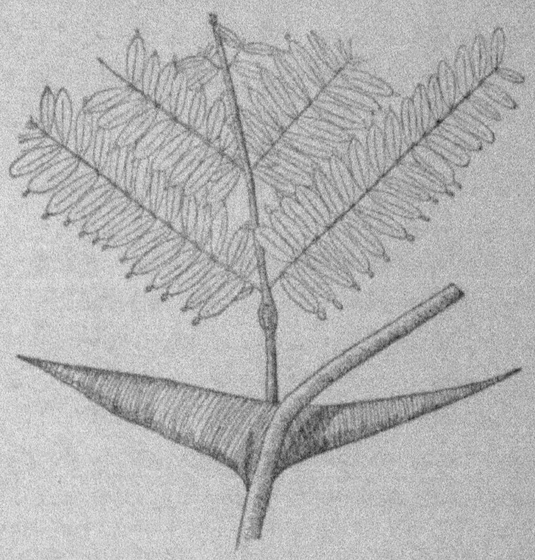

Fig. 67. — Feuille d'*Acacia sphærocephala*, avec ses épines stipulaires creuses et ses corpuscules de Belt.

fourmis belliqueuses qui y pénètrent par un orifice qu'elles creusent près de la pointe. Ces épines dilatées et fistuleuses peuvent être comparées à des galles devenues héréditaires. De plus, à l'extrémité des folioles se trouvent des corpuscules décrits par Belt, que les fourmis recueillent pour les dévorer. Ces plantes offrent donc aux fourmis chargées de les protéger un logement (myrmécodomatie) et des aliments.

1. Delpino, *La Funzione mirmecofila nel regno vegetale*. Bologna, 1886-89

Les *Cecropia*[1] (fig. 68), ces beaux arbres qui don-

Fig. 68. — 1. Port d'un *Cecropia*. — 2. *Acacia sphærocephala*. — 3. Organes de Müller, au milieu de poils. — 4. Corpuscules de Belt de l'aracia. — 5. Tige de *Cecropia* avec l'orifice d'entrée des fourmis. — 6 et 7. Sections de la tige creuse des *Cecropia* montrant les loges des fourmis (d'après Schimper).

nent un cachet si spécial aux forêts de l'Amérique tropicale, ne résisteraient pas sans leurs protecteurs, aux

1. A. F. W. Schimper, Die Wechselbeziehungen zwischen Pflanzen und Ameisen. *Botanische Mittheil. aus den Tropen.* Iena, 1888

Atta et autres fourmis, qui paraissent avoir une prédilection pour leur feuillage. Mais il suffit de heurter l'un de ces arbres pour voir sortir par de faibles ouvertures du tronc une véritable armée de fourmis, du genre *Azteca*, qui attaquent avec fureur l'agresseur ; leur piqûre est très venimeuse et elles constituent une protection très efficace contre les coupeuses de feuilles. Ce n'est que lorsque la température s'abaisse que les *Azteca*, très sensibles au froid, laissent le champ libre aux *Atta*. Le logement offert par les *Cecropia* à leurs défenseurs est beaucoup plus parfait que celui des *Acacia* décrits plus hauts. Le tronc de l'arbre est creux et divisé par des cloisons transversales ; mais cette cavité n'a rien à voir avec la myrmécophilie, elle existe en effet chez beaucoup d'autres plantes et sert seulement à économiser les matériaux sans diminuer la résistance du tronc.

Il n'en va pas de même de la porte de ce logement. Chez les arbres jeunes, non encore habités par les fourmis, il y a au-dessus de chaque insertion foliaire (fig. 68, 5) un sillon terminé par une dépression arrondie qui correspond à une concavité situé du côté interne. La paroi est donc très amincie en ce point et c'est par là que les fourmis pénétreront dans le tronc après avoir rongé ce diaphragme mince. Il est hors de doute que celui-ci représente une adaptation myrmécophile des plus nettes : tous les *Cecropia* qui présentent cet amincissement de la paroi sont mieux protégés que les autres et transmettent ce caractère à leur descendance.

Dans la cavité du tronc les *Azteca* s'occupent d'élevage de pucerons et elles en sortiraient rarement pour visiter le feuillage, si celui-ci ne leur offrait un appât. A la face dorsale de la base de chaque pétiole foliaire, il y a un revêtement pileux au milieu duquel sont dressés des corpuscules ovoïdes, de 2 millimètres de longueur, découverts par Fritz Müller (fig. 68, 3). Comme les corpuscules de Belt, ceux de Müller sont très riches en albumine et en corps gras. Ils sont recueillis par les *Azteca*, qui s'en nourrissent ; ils se reforment incessamment, de sorte que la plante fait à ses défenseurs des sacrifices relativement considérables en substances alimentaires. On a découvert récemment au Brésil un *Cecropia* qui se défend contre les coupeuses de feuilles par un revêtement cireux qui empêche celles-ci de monter au tronc. Il n'a donc pas recours aux *Azteca*; aussi n'a-t-il ni dépressions sur son écorce, ni corpuscules de Müller. Ces deux formations sont donc bien destinées à favoriser les fourmis qui servent de gardes-du-corps aux arbres qui en sont pourvus.

Ce mode de protection est très répandu parmi les végétaux de l'Amérique équatoriale ; certains d'entre eux sont même plus évolués que les *Cecropia* en ce sens qu'il se forme des orifices complets sur leur paroi, qui permettent de pénétrer dans la cavité intérieure.

Dans l'archipel malais on trouve des myrmécodomaties construites sur un tout autre type. Chez deux rubiacées épiphytes, *Myrmecodia* et *Hydnophytum*, il y a un gros tubercule de structure spongieuse. Les parois de ces cavités servent de réservoirs d'eau, tandis que les cavités elles-mêmes, qui communiquent entre elles et avec l'extérieur, sont habitées par des fourmis. Celles-ci se précipitent au dehors avec fureur dès qu'on touche à la plante. Chez d'autres plantes les formations que j'ai décrites (p. 156) à propos de l'épiphytisme pour accumuler de l'eau ou du terreau, peuvent aussi subsidiairement servir à la myrmécophilie. Je n'insisterai pas davantage.

Ce n'est pas seulement dans les pays tropicaux que les fourmis rendent des services à la végétation. Si dans nos régions les relations des plantes et de ces insectes ne donnent pas lieu à des adaptations aussi frappantes que celles que nous venons de passer en revue, le rôle des fourmis n'en est pas moins important dans l'économie générale de la nature. Les dégâts que certaines espèces peuvent occasionner aux plantes en dévorant quelques-unes de leurs parties, ou en élevant des pucerons, sont amplement compensés par l'énorme destruction que d'autres espèces font de leurs parasites les plus nuisibles. Dans les forêts attaquées par les chenilles on voit souvent des îlots restés verts, parce qu'ils ont été protégés par une fourmilière voisine. Dans quelques régions, on arrache dans les forêts les vieilles souches renfermant un nid de grosses fourmis des bois et on va les porter au pied des jeunes arbres fruitiers qui se trouvent de ce fait protégés pour longtemps contre l'invasion des chenilles.

En dehors de ce rôle général de policiers, chargés de l'assainissement des champs et des bois, les fourmis sont encore portées à protéger plus spécialement certaines plantes qui, comme les végétaux tropicaux étudiés plus haut, sont myrmécophiles. Beaucoup de plantes de nos pays présentent à certaines époques de l'année une excrétion de liquide sucré à la surface de leurs feuilles. Primitivement cette excrétion ou *miellée*, liée à un ralentissement de la transpiration, était une perte sèche pour la plante. Peu à peu, celle-ci s'est adaptée à en tirer parti. Divers hyménoptères visitent les feuilles pour y recueillir la miellée ; tels sont les bourdons (fig. 69), les abeilles et les fourmis. Il est incontestable, d'après M. Heim[1], que les animaux phytophages ne peuvent s'approcher d'une plante ainsi recouverte d'insectes venimeux sans

---

1. Heim, Plantes et fourmis, relations biologiques. *Association française pour l'avancement des sciences, Conférences de Paris*, 1895.

s'exposer à en recevoir de nombreuses piqûres ; d'où une
protection très réelle offerte à la
plante par l'insecte en échange de
l'aliment qu'il reçoit d'elle.

Dès lors, nous voyons le caractère
devenir de plus en plus parfait. Chez
le chêne, la production de la miellée
s'étend à toute la feuille. Chez d'autres plantes, elle se localise à certains points spéciaux qui deviennent
des véritables glandes à nectar, des
nectaires extra-floraux (fig. 70). La
production de la miellée en ces
points limités est plus constante que
lorsqu'elle s'étend à toute la surface
de la feuille. D'où présence assidue
des insectes nectarivores et protection plus efficace de la plante contre
les phytophages. Les nectaires extra-
floraux sont extrêmement répandus

Fig. 69. — I. Bourdon re-
cueillant le nectar sur les stipules (*a*) d'une feuille de
vesce (*Vicia sativa*). — II.
Stipule isolée avec, en noir,
la région nectarifère.

dans le règne végétal, ils sont localisés en des points très
variables suivant la plante con-
sidérée. Chez le cerisier, ils forment de petites sphérules rouges
sur les bords de la partie supérieure du pétiole ; chez certains
rosiers, ils se trouvent sur le
bord de la feuille ; chez une fougère, *Pteris aquilina*, ils occupent la base des pinnules stériles. Les peupliers ont à la base
des feuilles des nectaires qui attirent les fourmis et constituent

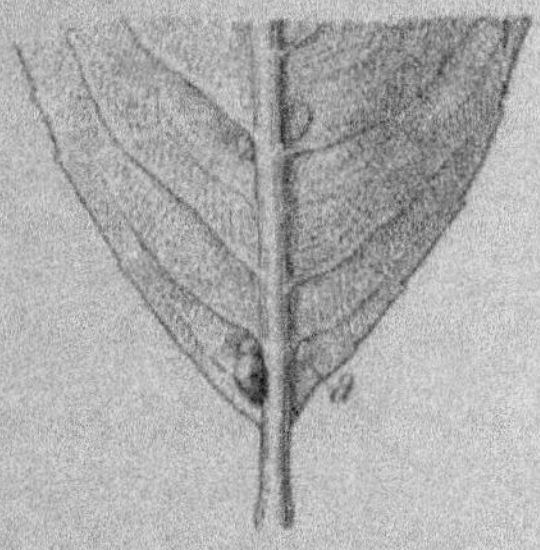

Fig. 70. — Base du limbe d'une
feuille de prunier-laurier-cerise. —
a, nectaires au nombre de quatre ;
celui de gauche en bas porte la
gouttelette sucrée transsudée.

par suite une protection très efficace contre les chenilles

et les chrysomélides. Il est à noter que chez le tremble les
nectaires ne se trouvent que sur quelques feuilles, à pétiole arrondi ; les autres feuilles à pétiole long et aplati
sont protégées contre les chenilles par leur extrême mobilité. Il y a donc chez cet arbre la même opposition entre
l'anémophilie et l'entomophilie que nous avons rencontrée
si souvent.

Ce ne sont pas seulement les organes normaux des
plantes qui sont susceptibles de donner une sécrétion
sucrée, dont les fourmis sont avides. Certaines galles présentent de véritables nectaires d'origine parasitaire. Sur
nos chênes on trouve des galles provoquées par *Aphilotrix
sieboldi* et qui sont exposées aux attaques de divers parasites. Il est intéressant d'observer comment une des propriétés de cette galle devient un moyen indirect de protection. Son enveloppe rouge et juteuse exsude une sécrétion
gommeuse très recherchée par les fourmis. Celles-ci,
pour pouvoir jouir en paix de cet aliment, construisent
autour des galles un revêtement complet en terre, et fournissent ainsi à leurs habitants la meilleure protection
contre leurs ennemis. On rencontre des exemples moins
caractérisés de myrmécophilie chez beaucoup d'autres
galles indigènes. D'autre part il y a au Mexique une
curieuse fourmi, *Myrmecocystus melliger*, dont certains
individus sont transformés en véritables réservoirs à miel
et ne quittent jamais la fourmilière. Ce miel est récolté
par d'autres ouvrières à la surface d'une galle du *Quercus
undulata*. Leur présence garantit à la fois les galles et les
feuilles contre les phytophages. Dans le cas des galles
myrmécophiles, la complication des relations biologiques
est extrême : un parasite attaque une plante qui réagit en
produisant une galle ; mais celle-ci à son tour risque
d'être attaquée par d'autres insectes ; elle se défend en
attirant par une exsudation sucrée des fourmis qui vont

ainsi empêcher le gallicole d'être attaqué et qui par surcroît protégeront la plante contre les phytophages qui pourraient la dévorer.

Ce n'est pas qu'avec les fourmis mais aussi avec des arachnides du groupe des acariens que les plantes peuvent contracter une alliance. L'*acarophilie* est extrêmement répandue dans la nature. Elle consiste de la part de la plante à fournir un domicile, *acarodomatie*, à ces petits animaux ; en étudiant le genre de vie de ces acariens, leur appareil buccal et leurs excréments, Lundström[1] est arrivé à conclure qu'ils rendent service à la plante en débarrassant ses feuilles des germes de champignons et d'autres impuretés plus ou moins dangereuses ; il est possible aussi qu'ils protégent la plante contre d'autres animaux, des *Phytoptus* par exemple.

Les acarodomaties se rapportent à 3 types principaux : 1° Faisceaux de poils situés à l'aisselle des nervures sur la face inférieure de la feuille. Ces poils limitent un espace triangulaire pourvu d'un orifice dirigé vers la pointe de la feuille. Chez notre tilleul (*Tilia europæa*) ces domaties sont habitées par *Tydeus foliorum* et par *Gamasus repallidus*, qui en sortent la nuit pour courir sur la feuille et y chercher leurs aliments. Au moment de la chute des feuilles ils abandonnent définitivement les domaties et passent l'hiver dans les fissures de l'écorce, des bourgeons et des fruits. On observe des acarodomaties de ce type chez *Alnus glutinosa*, *Ulmus montana*, *Corylus avellana*, etc.

2° Repli du limbe, du bord ou des dents de la feuille ; c'est ainsi que chez notre chêne ordinaire il n'y a que deux domaties formées par un repli de la base de la feuille de chaque côté du pétiole.

1. A. N. Lundström, *Die Anpassungen der Pflanzen an die Thiere*. Upsala, 1887.

3° Fossettes de formes diverses : sur le caféier, elles sont situées à l'aisselle des nervures. Chez le *Rhamnus alaternus* il y a sur la face inférieure des feuilles des dépressions bordées de poils. Chez certains chèvrefeuilles (*Lonicera xylosteum*) l'épiderme se détache le long de certaines ner-

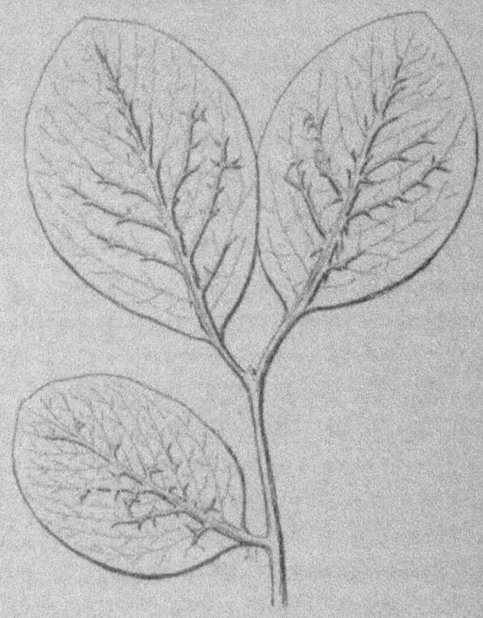

Fig. 71. — Acarodomaties du chèvrefeuille. *Lonicera xylosteum* (d'après nature).

vures et limite ainsi des fossettes où viennent se loger des acariens (fig. 71).

On trouve sur certaines plantes exotiques des acarodomaties de constitution plus compliquée. Je n'insisterai pas ; il me suffit d'avoir montré que cette formation se rencontre dans les familles végétales les plus diverses et notamment chez beaucoup de nos plantes indigènes. Lundström y a toujours trouvé des acariens. Il est possible qu'à l'origine les acarodomaties aient été produites par

ceux-ci à la façon des galles et plus spécialement des aca-
rocécidies telles que l'érinose de la vigne. Mais il est à
noter que les acarodomaties sont devenues héréditaires et
que, d'après des expériences très précises de Lundström
elles se forment même en l'absence des acariens. Ceux-
ci ne contribuent donc pas à leur production, mais ils
viennent toujours les habiter.

Il n'y a pas d'acarodomaties chez les gymnospermes,
les monocotylédones, les plantes herbacées, les salicacées.
Elles sont fréquentes surtout chez les rubiacées et les
tiliacées. Enfin, il est à remarquer que l'acarophilie est
surtout répandue dans les familles qui comptent de nombreuses espèces myrmécophiles et que dans quelque cas
les acarodomaties paraissent provenir de la tranformation
de myrmécodomaties devenues inutiles.

Si maintenant nous quittons le domaine terrestre pour
jeter un coup d'œil sur les lacs et les océans, nous y trouvons de vastes associations d'animaux et de végétaux très
petits, souvent microscopiques, auxquelles on a donné
le nom de *plankton*. On trouve, flottant à divers niveaux,
des algues, des diatomées, des infusoires, des radiolaires, des foraminifères, de petits crustacés. Tous
ces êtres s'entre-dévorent et une fois morts, leurs
cadavres servent de proie aux habitants des grandes profondeurs. Leur abondance est telle qu'ils y tombent sous
forme d'une pluie continuelle. Mais comme leur chute
se fait très lentement, les carapaces calcaires des foraminifères et des crustacés ont souvent le temps d'être entièrement dissoutes et les grands fonds océaniques sont alors
exclusivement constitués par la silice provenant des tests
de diatomées et des squelettes de radiolaires. L'état de
conservation de ces coquilles et le mélange plus ou moins
grand de carapaces calcaires peut donner une idée de la

profondeur des mers anciennes qui ont formé les dépots géologiques. Il nous suffit d'avoir signalé l'importance du plankton pour l'économie générale du globe.

Dans toutes les associations de plantes et d'animaux que nous avons passées en revue dans ce chapitre les participants gardaient une indépendance absolue. Le pacte d'alliance une fois conclu, tout au moins l'animal était libre de le rompre; pour la plante, cette liberté est moins évidente, mais dans la majorité des cas elle est capable de vivre sans son associé. Nous avons à examiner maintenant des cas intéressants à un autre point de vue. En effet, de même que nous avons vu dans le règne végétal la fusion organique d'êtres différents provoquer la formation d'espèces par agrégation, nous allons voir maintenant la *symbiose* s'exercer entre des plantes et des animaux.

Il s'agit en particulier d'algues vertes unicellulaires et de protozoaires ou d'hydraires. Certaines hydres *Hydra viridis* communes dans nos eaux douces ont une belle couleur verte et l'on a cru longtemps que ces animaux pouvaient, à l'instar des plantes, fabriquer de la chlorophylle. Mais G. Entz et M. Braun ont montré qu'il s'agit en réalité d'une couche d'algues vertes, des zoochlorelles, qui sont extrêmement abondantes dans les cellules de l'endoderme du polype. Cette algue ne se rencontre jamais en dehors de l'hydre: elle se transmet de génération en génération par l'intermédiaire des œufs. Il est hors de doute que l'hydre tire les plus grands profits de cette symbiose. En effet la zoochlorelle décompose l'acide carbonique, cède à l'animal des aliments carbonés et contribue à aérer l'eau en y dégageant de l'oxygène. Aussi peut-on conserver pendant fort longtemps cette hydre dans de l'eau filtrée, où *Hydra fusca* mourrait rapidement.

D'autre part l'algue a, dans l'intérieur de l'hydre, un

domicile où elle est à l'abri de bien des dangers; de plus
elle reçoit d'elle de l'acide carbonique et des matières
azotées et minérales. Une espèce voisine, *Chlorella vulgaris*, habite encore aujourd'hui nos fossés. C'est vraisemblablement d'elle que descendent les zoochlorelles
vivant en symbiose avec l'hydre. Il est probable qu'au
début elles ont été avalées par celles-ci et que quelques-
unes d'entre elles, échappées à la digestion, se sont adaptées à ce nouveau milieu au point de former avec l'hydre
une véritable espèce par agrégation.

Certains infusoires vivent de même en symbiose avec
des zoochlorelles. Chez le *Stentor* l'association est hérédi-
taire et, comme dans le cas précédent, il y a échange de
substances alimentaires entre les associés. Chez un spon-
giaire, *Spongilla fluviatilis*, la symbiose ne se transmet
pas par les œufs, et les jeunes éponges doivent être réin-
fectées à chaque génération par les chlorelles. Il en est de
même chez les planaires marines du genre *Convoluta*. Il
y a tous les degrés intermédiaires entre la symbiose véritable et le parasitisme. Les espèces par agrégation de
plantes et d'animaux ne jouent cependant qu'un rôle
subordonné dans la nature. Ce n'est qu'un cas particulier de l'adaptation dans des eaux peu riches en substances
nutritives; des animaux et des végétaux inférieurs ont,
dans certaines circonstances, trouvé avantage à se fusion-
ner et à mettre en commun ce que chacun pouvait tirer
de ce milieu peu favorable. Aussi malgré leur peu d'importance numérique ces espèces nous montrent un aspect
nouveau des rapports infiniment complexes qui unissent
les êtres vivants.

CHAPITRE XI

LA VIE SOCIALE DANS LE RÈGNE ANIMAL

Les faunes, leur origine et leurs modifications. — Les sociétés animales :
les insectes sociaux. — Développement de la vie sociale chez les vertébrés ;
les cités des oiseaux. — Famille, troupeau et clan chez les mammifères.
— Associations d'animaux d'espèces différentes. — L'élevage chez les
fourmis. — Les hôtes des fourmilières et des termitières : la symphilie.
— La guerre et l'esclavage chez les fourmis.

Aux associations végétales ou flores étudiées précédemment correspondent des *faunes* ou associations animales, variables suivant la région considérée. Les faunes dépendent de facteurs physiques et météorologiques que nous n'avons pas à envisager ici : climat, latitude, altitude, constitution minéralogique du sol, etc. ; et de facteurs biologiques qui nous intéressent plus directement. En effet, les herbivores sont sous la dépendance directe de la flore ; il y a des animaux voués exclusivement à une plante déterminée, et qui s'éteindraient si celle-ci venait à disparaître brusquement. Sans être en général aussi exclusifs, tous les herbivores ont au banquet de la vie une place nettement déterminée ; pour ne parler que des animaux terrestres, les uns trouvent leurs aliments dans les prairies herbeuses ou les marécages, d'autres dans les forêts, d'autres encore dans les toundras arctiques ou les savanes de la zone torride. A leur tour ces herbivores

servant de proie à des carnivores déterminent la présence
de ceux-ci dans une région, un milieu ou une zone donnée ; parmi ces derniers, quelques-uns sont plus ou moins
exclusifs et s'adonnent à la consommation d'une ou de
plusieurs espèces limitées. Ils portent alors des armes
spéciales qui leur permettent de lutter avec avantage
contre les cuirasses ou autres moyens de défense de leurs
proies habituelles ; tandis que les carnivores à alimentation moins exclusive sont plutôt doués du côté de l'intelligence dont la souplesse les rend capables de vaincre des
animaux souvent bien supérieurs en force ou en volume.

Ces faits ont une portée absolument générale ; ils s'appliquent aussi bien aux invertébrés qu'aux vertébrés, aux
animaux aquatiques qu'aux animaux terrestres. Partout
nous voyons les êtres vivants dépendre à des titres divers
les uns des autres. Les facteurs biologiques ont certainement contribué pour une large part à l'extinction des
espèces anciennes. Les éléphants sont des animaux essentiellement forestiers et il est vraisemblable que le plus
puissant d'entre eux, le mammouth, a succombé à la
ruine des forêts qui a suivi la grande extension des
glaces. On doit admettre de même que les grands reptiles
secondaires étaient adaptés à la végétation si particulière
de cette époque et que la disparition de celle-ci a provoqué directement l'extinction des reptiles herbivores et
indirectement celle des carnivores.

Les espèces animales, de même que les végétales,
n'occupent pas tous les pays où elles seraient susceptibles
de vivre. C'est ce qui explique la possibilité de l'*accli-
matation*, par exemple celle si parfaite des chevaux et des
bovidés en Amérique, celle du lapin en Australie. En
effet, outre les causes physiques et biologiques de la répartition des espèces, il y a aussi des causes historiques ; ce
sont les variations de la surface des terres émergées qui,

au cours des périodes géologiques, ont permis aux êtres
vivants d'émigrer dans telle ou telle direction ou bien leur
ont opposé des barrières infranchissables. Cet ordre de
causes étudié par la géologie et la paléontologie a donné
naissance dans chaque territoire à des faunes et des flores
de caractères assez tranchés. Il permet aussi de comprendre
comment il se fait que certains pays se sont arrêtés à une
époque plus ou moins avancée de l'histoire paléontologique. C'est ainsi que la faune de l'Europe est quaternaire ;
mais celle de l'Afrique, avec ses grands pachydermes,
nous reporte à l'époque miocène, tandis que les lémuriens de Madagascar sont nettement éocènes et que les
marsupiaux de l'Australie nous font reculer jusqu'au
crétacé.

En ne tenant compte que des mammifères et de quelques
autres vertébrés, on distingue les six provinces zoologiques suivantes :

1° Région paléarctique, comprenant l'Europe, le Nord
de l'Asie jusqu'à l'Himalaya, le Nord de l'Afrique jusqu'au Sahara. Animaux caractéristiques : cheval, droma-
daire, chameau, ovidés et bovidés ;

2° Région néarctique, comprenant l'Amérique du Nord
jusqu'aux déserts du Mexique. La faune ressemble bien
plus à la faune paléarctique qu'à la néotropicale. Mammifère caractéristique : le bison ;

3° Région indienne : l'Asie au Sud de l'Himalaya et
les îles de la Sonde à l'exception de Célèbes. On y trouve
l'orang-outan, le tigre, l'éléphant indien, le rhinocéros à
une corne, le zèbre, des chauves-souris frugivores ; le
paon, des faisans, et un crocodile spécial, le gavial ;

4° Région éthiopienne, comprenant l'Afrique au Sud
du Sahara, l'Arabie méridionale et Madagascar. Formes
caractéristiques : gorille, chimpanzé, cynocéphale, lion,
panthère, léopard, hyène, éléphant d'Afrique, rhinocéros

à deux cornes, hippopotame, zèbre, giraffe, buffles et antilopes. Par sa richesse en lémuriens, et par l'absence des
grands mammifères, Madagascar forme une sous-province
distincte ;

5e Région néotropicale : Amérique centrale et méridionale. Patrie des singes platyrhiniens, du jaguar, du
puma, des lamas, des édentés, et, parmi les oiseaux, des
colibris ;

6e Région australienne : Australie, Célèbes et les îles
voisines. Caractérisée par ses marsupiaux, et ses monotrèmes et par l'absence d'autres mammifères. Parmi les
oiseaux il faut signaler l'émou australien, le paradisier de
la Nouvelle-Guinée, et le kiwi, ce curieux oiseau à ailes
rudimentaires, spécial à la Nouvelle-Zélande.

Enfin les faunes arctique et antarctique présentent des
caractères si particuliers qu'on peut, avec Trouessart[1] en
faire deux provinces spéciales, ce qui porte à huit le
nombre des grandes provinces zoologiques.

Si l'on étudie d'autres groupes, on constate qu'ils rentrent assez bien dans ce classement général. Les régions
que je viens de décrire ont en effet une origine paléontologique, et, à moins de causes perturbatrices, cette distribution s'est imposée au moins aux animaux terrestres.
Les localisations produites par les facteurs physiques et
biologiques viennent s'y superposer, et, comme dans le
règne végétal, nous trouvons des *habitats* variés, qui
cadrent à peu près avec les régions botaniques décrites
précédemment. La mobilité des animaux et leur spontanéité intellectuelle viennent seules troubler ce tableau.
On conçoit en effet que, libres de changer de station
lorsque les vivres sont épuisés ou que pour toute autre
raison les conditions sont devenues défavorables, les ani-

---

1. Trouessart, *La géographie zoologique*. Paris, J.-B. Baillière, 1890.

maux sont moins que les végétaux soumis à l'influence directe du milieu. D'autre part leur mobilité même peut dans certains cas leur devenir nuisible. C'est ainsi que, dans les îles de peu d'étendue, il n'y a presque que des insectes aptères ; ceux qui sont pourvus d'ailes sont en effet entraînés par le vent et destinés à se noyer.

L'état d'équilibre dans lequel nous voyons les faunes est purement apparent et leurs modifications actuelles ne sont que la suite de leurs transformations au cours des périodes géologiques anciennes. Incessamment des espèces s'éteignent tandis que d'autres s'adaptent à des conditions biologiques nouvelles. L'homme est le facteur le plus puissant de la destruction des espèces vivantes. Mais même indépendamment de lui certains animaux cèdent le pas à d'autres. C'est ainsi que vers le milieu du xviii° siècle des bandes de surmulots ou rats gris, *Mus decumanus*, venues d'Asie ont envahi l'Europe. Elles ont partout refoulé notre rat noir indigène, *Mus rattus* et, grâce au commerce et aux moyens de locomotion que l'homme lui fournit involontairement, cette espèce s'est maintenant répandue dans l'univers entier. Parmi les espèces dont l'aire de répartition a été fortuitement modifiée par l'homme citons le termite lucifuge venu sans doute des Antilles avec des marchandises et qui s'est parfaitement acclimaté dans le Sud-Ouest de la France.

Si nous passons à l'étude des *sociétés animales*, nous rencontrons d'abord les rassemblements indifférents, formés par la simple juxtaposition de nombreux individus que des conditions de vie favorables ont fait naître et retiennent au même endroit. On trouve sur nos côtes des colonies de mollusques tels que les littorines [1], les moules

---

1. A. Espinas, *Les sociétés animales*, Paris, F. Alcan, 1878.

et les patelles ; ailleurs des cirripèdes, les balanes couvrent entièrement les pierres arrachées à la falaise ; des annélides forment, par l'agglomération de leurs tubes, de véritables rochers ; les colonies de bryozoaires comprennent des milliers d'individus ; elles sont tantôt libres, tantôt insérées sur des algues ou des pierres. Dans les régions chaudes les coraux sont si nombreux que par l'accumulation de leur squelette ils édifient des continents nouveaux. Dans tous ces cas, l'animal, plus ou moins fixé, tire un profit direct du voisinage de ses semblables ; en effet grâce à ce voisinage la fécondation réciproque directe devient possible ou, dans d'autres cas, les produits sexuels entraînés par les courants ont plus de chance de rencontrer ceux de sexe opposé nécessaires à la perpétuation de l'espèce. Chez ces êtres, l'autofécondation est donc évitée par un procédé semblable à celui que nous avons rencontré dans les sociétés végétales. Mais chez ces animaux inférieurs l'association n'est que fortuite, et due simplement au grand nombre de germes produits et aux conditions ambiantes favorables.

Un autre genre de société est celui du type des chenilles processionnaires, si bien décrites par Fabre[1]. Pâturant isolément sur les aiguilles de pin, ces chenilles se réunissent le soir à leurs compagnes pour passer la nuit dans de vastes bourses de soie à la confection desquelles toutes collaborent. Elles cheminent toujours en déposant sur leur route un fil de soie qui leur sert de guide au retour. Mais si ce fil croise la piste d'une autre chenille elles suivent indifféremment cette piste qui peut les ramener soit dans leur nid originel, soit dans un nid voisin. Une fois arrivée, la chenille ajoute encore quelques fils à la construction puis se repose au milieu de ses compagnes. De temps en temps on fait des excursions plus lointaines ;

---

1. *Souvenirs entomologiques*, 6ᵉ série.

l'une des chenilles, n'importe laquelle, prend la tête et décrit un trajet plus ou moins sinueux en y déposant un fil. Toutes les autres la suivent, en file, la tête de l'une touchant la croupe de la précédente, et chacune ajoute son fil à la piste. Dans ses zigzags capricieux le ruban finit forcément par rencontrer la piste déjà suivie ou toute autre qui ramène la procession au nid. Dans ces sociétés d'un type si spécial tout repose sur un instinct très simple : ne cheminer qu'en filant, et suivre toujours les pistes qu'on rencontre en chemin ; l'une de celles-ci ne peut manquer de conduire à un nid, les chenilles qui sans cet instinct resteraient isolées et ne pourraient supporter le froid de la nuit. Les belles expériences de Fabre ont montré que cet instinct est immuable et que les processionnaires ne savent rien modifier à leur manière de faire alors que les circonstances l'exigeraient.

A un degré plus élevé nous voyons intervenir la spontanéité, grâce à laquelle les sociétés animales nous conduisent directement aux sociétés humaines et sont même par certains points, plus perfectionnées que celles-ci. De même que chez les animaux inférieurs les nécessités de reproduction déterminent le rapprochement des individus, chez les êtres plus évolués intellectuellement c'est l'amour maternel que nous trouvons à la base de la société.

Ces sociétés atteignent un haut degré de complexité chez certains arthropodes, notamment chez les termites, les fourmis, les guêpes et les abeilles[1]. Mais quelle que soit cette complexité nous trouvons dans les groupes zoologiques correspondants des genres ou des espèces restés en chemin et qui, par leur vie sociale moins développée, peuvent nous faire comprendre par quelles étapes les insectes sociaux ont pu arriver à constituer leurs États si bien ordonnés.

1. J. Lubbock. *Fourmis, abeilles et guêpes.* Paris, F. Alcan, 1883, 2 vol. in-8.

C'est surtout pour les abeilles que cette sériation est instructive. Voici d'après Buttel-Reepen[1] l'évolution parcourue. On trouve des hyménoptères tels que les xylocopes, les prosopis, l'osmie du pavot, dont la femelle construit isolément son nid. Chez d'autres (andrènes, anthophores, chalicodomes), les femelles construisent leurs nids les uns à côté des autres ; mais tout en formant une colonie, ces nids restent cependant isolés. Chez les halictes, les eucères et certaines osmies, deux ou plusieurs femelles utilisent en commun un seul trou de sortie pour leurs nids rapprochés. Dans tous ces cas la mère meurt avant l'éclosion de sa progéniture ; ou tout au moins elle ne voit jamais celle-ci. Il n'en va pas de même chez les espèces suivantes. *Halictus sexcinctus* et *H. quadricinctus* voient naître leurs larves, surveillent le nid où elles se développent, et en éloignent les ennemis. Comme le dit Verhoeff, c'est là un carrefour des plus importants de la vie psychique de l'hyménoptère. Chez tous les insectes que j'énumérais tout à l'heure, l'activité maternelle s'appliquait seulement à la construction des cellules et à la recherche des provisions. Ici la femelle survit à ces actes et s'emploie, avec une sollicitude toute humaine, à écarter les ennemis qui pourraient attaquer sa progéniture.

Il faut noter que chez *H. quadricinctus* le nid a déjà la forme d'un rayon à cellules nombreuses. Chez les bourdons nous voyons une femelle passer l'hiver et construire au printemps un nid dans lequel sa progéniture va se développer sous sa surveillance immédiate. Ce cas ne diffère du précédent que parce qu'ici l'association ne se dissout pas à la naissance ; les générations successives vont collaborer à la nourriture des larves et à la construc-

<hr>

1. H. von Buttel-Reepen, Die phylogenetische Entstehung des Bienenstaates. *Biologisches Centralblatt*, t. XXIII, 1903.

tion des cellules ; tandis que la mère va se borner à pondre les œufs sans prendre part aux travaux de la colonie. Mais à part quelques grosses femelles hibernantes, toute la colonie meurt à l'automne. Chez les abeilles enfin la société devient pérenne et, par la spécialisation de chacun de ses membres dans une tâche déterminée, nous donne l'exemple le plus caractéristique d'un État socialiste. Les guêpes, les fourmis et les termites nous offrent des phénomènes analogues. Chez ces derniers, outre les individus sexués et les ouvriers, il y a des soldats destinés uniquement à la défense de la colonie. Ces faits sont trop connus pour que nous nous y arrêtions. Mais rappelons encore une fois que dans ces quatre groupes c'est l'élevage des jeunes qui est à la base de l'organisation sociale.

Si c'est lui qui l'a créée il n'en est pas moins certain que les animaux vivant dans le même nid et descendant de la même mère paraissent avoir une sorte de sympathie les uns pour les autres. En tout cas on sait que les abeilles se précipitent avec fureur contre celles qui proviennent d'une ruche étrangère ; les fourmis se font des guerres meurtrières et ne toléreraient chez elles aucune intruse ; au contraire elles apportent de la nourriture à leurs compagnes restées dans la fourmilière, soignent celles d'entre elles qui ont été éclopées et s'entr'aident dans leur travaux. Abeilles, guêpes, fourmis et termites sont d'ailleurs absolument incapables de vivre en dehors des grandes sociétés dont ces insectes font partie normalement. Ainsi leurs sociétés ont pour origine phylogénique les soins à donner aux jeunes ; mais la vie sociale a développé chez eux la sympathie et l'altruisme pour leurs concitoyens et, par ricochet, la haine de tout ce qui ne fait pas partie de leur groupe ; c'est là l'essence même de ce que dans les sociétés humaines on appelle patriotisme.

Si nous comparons les sociétés des abeilles à celles des

fourmis, nous constatons que, dans les premières, la division du travail est beaucoup plus avancée. La femelle a perdu presque tous ses instincts primitifs : elle ne sait plus ni bâtir, ni soigner sa couvée, ni même suffire à sa propre subsistance ; elle est transformée en une machine à pondre. Les ouvrières, qui sont chargées de tous les soins de la colonie, ne peuvent pas non plus vivre en dehors d'elle. Chez les fourmis au contraire, l'organisation sociale est restée plus souple. M. von Buttel-Reepen[1] a pu assister à la fondation d'une fourmilière. Il a constaté que c'est la femelle fécondée, qui en jette, seule, les premières assises, et qui soigne les larves à mesure de leur éclosion. Elle n'abandonne ces travaux pour se livrer exclusivement à la ponte que lorsque les premières larves se sont transformées en ouvrières et viennent la suppléer. Cependant, d'après Janet, les reines de diverses espèces aident les ouvrières à mettre à l'abri les œufs et les nymphes, en cas de danger ; des reines qui ont déjà fondé une colonie récupèrent, si on les isole, les instincts nécessaires à la fondation d'une nouvelle communauté. Chez certaines fourmis la spécialisation est encore plus grande que chez les Apides, puisque, outre des ouvrières de diverses sortes, il y a, comme chez les termites, des soldats chargés de la garde de la fourmilière. Cependant il y a toujours chez elles une plus grande indépendance des membres de la colonie, une faculté de s'adapter à des conditions variables d'habitat et d'alimentation, qu'on ne retrouve pas chez les Apides. Chez ceux-ci, la division du travail a, en quelque sorte, dépassé son but, en créant un organisme rigide, dont les membres isolés sont, en toutes circonstances,

---

1. H. von Buttel-Reepen. Soziologisches und Biologisches vom Ameisen- und Bienenstaat. *Archiv für Rassen- und Gesellschafts-Biologie*, t. II, 1905, p. 20.

incapables de se suffire à eux-mêmes. C'est également par leur mode de construction si variable suivant les circonstances, par leurs jardins, leurs esclaves, leurs animaux domestiques, que les fourmis témoignent d'une intelligence bien supérieure à celle des abeilles.

Chez les vertébrés nous retrouvons les mêmes facteurs sociaux. Il y a chez les poissons, comme chez les éponges, les coraux, les mollusques, des rassemblements indifférents, qui tiennent aux conditions de subsistance, d'abri, de fond sableux ou rocheux, de milieu calme ou agité, répondant aux besoins de nombreux individus d'une espèce ou de plusieurs espèces différentes. Plus intéressantes sont les associations conclues pour voyager de compagnie. Tantôt il s'agit comme pour le hareng, la morue ou la sardine, de changer de climat ou de partir à la recherche de la nourriture, tantôt le but est d'aller frayer dans un endroit favorable. Telles sont les migrations du saumon qui, né dans le haut des rivières, descend à la mer, y séjourne 7 à 8 mois et remonte par bandes de 30 à 40 individus à l'endroit d'où il est parti, afin de s'y livrer à la reproduction.

Chez les batraciens et les reptiles les rassemblements temporaires à l'époque du frai sont très fréquents. Une autre cause de rassemblement est l'hibernation ; les serpents et les orvets se réunissent ainsi par bandes dans quelque trou où ils ont l'avantage de se tenir chaud mutuellement. Chez les oiseaux nous retrouvons les migrations, mais avec une organisation intelligente qu'elles n'avaient pas chez les poissons. C'est chez les hirondelles et les cigognes surtout qu'elle est marquée ; après quelques journées consacrées à des réunions préparatoires tous les oiseaux d'une même région partent à la fois. Sauf chez le dindon, il n'y a pas de chef véritable, mais souvent des conducteurs qui prennent la tête et se remplacent tour à tour.

En dehors de ces migrations, les oiseaux nous présentent tous les passages de l'égoïsme à la vie sociale la plus développée. Voici la sériation établie par M. Topinard[1] :

1° Type : oiseaux parfaitement égoïstes, vivant en solitaires ou indifféremment avec d'autres sans leur jeter un regard (bécasse, faisan, grive, martin-pêcheur, coucou, albatros).

2° Type : oiseaux égoïstes dans leur vie générale, mais ayant quelque sentiment familial et s'associant occasionnellement à un petit nombre de leurs semblables pour chasser : l'aigle, le vautour et le faucon sont dans ce cas.

3° Type : oiseaux se rassemblant en grand nombre sans se manifester d'intérêt, mais sachant à l'occasion combiner leurs mouvements pour se défendre en commun : plusieurs oiseaux de mer, comme le sterne et divers échassiers.

4° Type : oiseaux égoïstes, mais formant des sociétés très unies et fermées dans lesquelles n'est admis aucun étranger : le cygne.

5° Type : oiseaux formant des sociétés ouvertes dans lesquelles règnent l'harmonie et le bonheur. Tels sont les passereaux, les hirondelles, les corvidés, bon nombre d'échassiers, de palmipèdes et de grimpeurs. C'est à ce type qu'appartiennent ces curieux manchots antarctiques si bien décrits par Racovitza[2] ; leurs nids sont réunis en véritables cités, et chacun a autour de lui une zone où il est interdit aux habitants des nids voisins de pénétrer. Chez le manchot papou, habitant des mêmes régions, les jeunes sont réunis au milieu de la ville et gardés par quel-

1. P. Topinard. *L'anthropologie et la science sociale*. Paris, Masson, 1900.
2. E. G. Racovitza. La faune du pôle Sud. *Revue scientifique*, t. XVI, 1901, 2e sem., p. 1.

ques adultes, pendant que les parents sont à la pêche.
Ces sentinelles se relaient de temps en temps ; elles empêchent les jeunes de s'approcher du bord de la falaise,
d'où ils pourraient choir sur les rochers. Mais elles ne leur
donnent aucune nourriture, celle-ci est apportée aux deux
enfants de chaque couple par le mâle et la femelle qui
leur ont donné naissance. Dans d'autres cités, placées au
niveau de la mer, les jeunes étaient aussi groupés, mais
la surveillance n'était plus aussi stricte, n'étant plus
nécessaire ; cela prouve que l'intelligence de ces animaux
sait adapter les lois sociales aux circonstances topogra-
phiques et qu'ils ne sont pas poussés seulement par un
instinct mécanique. Ainsi dans ces solitudes glacées où
l'homme n'a jamais fait sentir son influence néfaste, les
animaux ont pu développer une vie so-

Fig. 72. — Nids de Républicains sous un
abri commun.

ciale digne souvent d'être imitée par maints gouverne-
ments, par mainte cité humaine.

Les pétrels ont également des villes situées au bord de
la mer ; les nids sont des terriers creusés dans le sol et
très rapprochés ; chacun des deux parents couve alternativement pendant une semaine. Chez les Républicains de
l'Afrique australe il y a des centaines de nids placés sur
un même arbre et recouverts d'un toit circulaire construit
en commun (fig. 72). Chez tous les oiseaux sociaux, la
sociabilité a non seulement des motifs intéressés comme la
sauvegarde de la progéniture, l'attaque ou la défense en

commun ; mais il y a de véritables sentiments affectifs entre les membres d'une même colonie. Les conversations et les chants qui ont lieu au moment du coucher ne témoignent-ils pas de la joie qu'on a à se retrouver ensemble ?

Je serai plus bref en ce qui concerne les mammifères ; je me bornerai à montrer par quelques exemples la gradation suivie. Chez les mammifères inférieurs, monotrèmes, marsupiaux, édentés, insectivores il n'y a tout au plus que des rassemblements indifférents. Chez quelques-uns l'esprit familial lui-même paraît faire défaut. Les kangourous paissent bien en troupes, mais à la première occasion, chacun fuit de son côté et le lendemain ils se retrouvent ensemble ou avec d'autres comme le hasard en décide.

Chez les rongeurs il y a de nombreuses espèces sociales ; nous citerons les marmottes qui ont des demeures d'été dans les hauteurs et des demeures d'hiver, situées plus bas, où elles hivernent en commun. Les chiens de prairie ont des villages avec des sentiers bien entretenus et des vigies qui préviennent du danger. Les castors sont trop connus pour que nous insistions. Chose assez remarquable c'est dans ce groupe des rongeurs situé relativement bas dans l'échelle que la vie sociale est la plus développée. Chez les herbivores on observe des troupeaux, formés souvent de plusieurs espèces réunies ; il y a des sentinelles, des migrations en commun, sous la conduite de chefs ; des dispositions sont prises pour déjouer les attaques des carnivores. Ceux-ci à leur tour s'unissent en bandes pour chasser de concert, mais en général il n'y a que des troupes familiales et encore se dissolvent-elles très rapidement. Nulle part nous ne trouvons de villes ni d'industries exercées en commun, comme chez les castors, les chiens de prairies ou certains oiseaux. Les singes nous présentent l'état social le plus élevé auquel soient parvenus les mammifères ; ils vivent en troupes formées de familles associées, et dirigées par un mâle ; c'est lui qui pose les sentinelles, marche le premier, monte sur les arbres pour inspecter les environs, fait avancer les retardataires, réprime les trop pressés, et par des grognements divers donne ses ordres qui sont compris et obéis. Dans beaucoup de clans humains l'organisation sociale n'a pas encore dépassé ce stade tout primitif.

En résumé les mammifères, sous le rapport social, ne se présentent pas à nous comme supérieurs aux oiseaux. Le sentiment, qui chez ceux-ci engendre le plus souvent la famille pater-maternelle et monogame, est faible et dévié chez les mammifères où il engendre le plus souvent la famille paternelle et polygame. L'oiseau en général est plus altruiste, le mammifère plus égoïste en ce qui regarde le mâle. Mais l'évolution a été la même dans les deux groupes : rassemblement indifférent d'abord, puis habituel ; associations à la fois utilitaires et dominées par la sympathie, le besoin de jouer, d'être écouté, d'aimer et d'être aimé. Si on laisse de côté les espèces que la satisfaction quotidienne de leurs besoins alimentaires condamne à être toujours en éveil, défiantes et prêtes au combat, on voit les autres se laissant aller à la jouissance de vivre et naturellement disposées à une existence de calme et de joie. C'est chez celles-ci que les habitudes sociales se développent et que les sentiments affectifs prennent le dessus sur l'intérêt personnel. Les singes, les perroquets, les éléphants exposent leur vie pour défendre leurs compagnons en danger. Beaucoup d'animaux sociaux sont supérieurs à l'homme en altruisme. Les sociétés animales sont moins policées que quelques-unes des nôtres, mais peut-être, comme le dit Topinard, plus profondément humaines.

J'ai déjà indiqué que des animaux *d'espèces différentes* peuvent se réunir pour pâturer en commun. D'autres fois on voit des femelles privées de leurs petits adopter ceux d'une espèce toute différente. M. Coupin en cite des cas bien remarquables[1] : chatte adoptant des poussins, poule élevant des furets ou des chats, chien se prenant d'affection pour des poussins, perroquet apportant de la nourriture à une nichée de pinsons. Ces faits sont dus à l'excès de sentiments affectifs que les mères ont à dépenser au moment de leur maternité ; ne pouvant s'exercer sur leur progéniture absente, ils se reportent sur d'autres jeunes animaux. C'est une nouvelle preuve de la plasticité des instincts.

Mais en dehors de ces cas exceptionnels, il est d'autres associations entre animaux d'espèces différentes, qui sont bien plus intéressantes, parce qu'elles ont lieu d'une façon régulière et constante. On en trouvera de nombreux exemples dans l'ouvrage de van Beneden[2]. Ce phénomène est en effet extrêmement répandu dans la nature. Il y a des oiseaux qui rendent aux bovidés de véritables services de nettoyage en les débarassant des parasites fixés sur leur peau. Un autre, le pluvian, entre dans la gueule du crocodile et fait sa pâture des vers et sangsues qui l'incommodent. L'oiseau indicateur arrête l'ours ou l'homme par ses cris, les conduit vers un nid d'abeilles, et tandis que son compagnon récolte le miel, l'oiseau fait sa proie de larves et de chrysalides. Dans ces cas il y a association et échange de bons procédés entre des êtres assez intelligents pour en comprendre l'avantage. Il en est de même chez les insectes que nous étudierons tout à l'heure.

1. *La Nature*, n° 1569, 20 juin 1903, p. 42 et *la Revue*, 1er janvier 1906, p. 106.

2. Van Beneden, *Les commensaux et les parasites dans le règne animal*. Paris, F. Alcan. 4e éd., 1900.

Mais il y a aussi des associations entre des êtres peu évolués. Tantôt il y a échange de services (mutualisme proprement dit) ; tel le bernard l'ermite ou pagure, ce curieux crustacé qui vit dans une coquille de mollusque. Sur cette coquille s'installe fréquemment une actinie qui profite des déplacements du pagure pour faire une pêche plus abondante ; en même temps le pagure tire avantage de la protection que lui offrent les organes urticants de l'actinie. D'autres cas rentrent dans le commensalisme. On rencontre fréquemment dans les moules vivantes un petit crabe du genre *Pinnotheres* qui profite de l'abri fourni par la coquille. Les holothuries sont des échinodermes de forme allongée et pourvus de tentacules pêcheurs. Il est vraisemblable que de nombreuses proies passent par leur tube digestif ; car on voit se loger dans ce lieu de délices non seulement des pinnothères, mais des palémons (crevettes) et même un petit poisson le *Fierasfer*. Ces animaux, bien supérieurs en organisation à leur hôte, profitent des déchets de sa table, sans lui nuire réellement ni lui rendre de services en échange ; c'est du commensalisme dans toute l'acception du terme.

Les relations peut-être les plus bizarres entre êtres vivants sont celles que rappelait récemment M. Giard[1]. Certains crabes ont l'habitude de tenir une actinie dans chacune de leurs pinces et de circuler ainsi armés. Il est probable que ces *outils vivants* leur servent pour opérer la capture des proies venant au contact de leurs tentacules et paralysées par leurs cellules urticantes. En tous cas les pinces grêles et peu robustes de ces crabes ne pourraient leur servir de moyens d'attaque ni de défense. Quand on les provoque, ils cherchent à se défendre en tendant les actinies dans la direction de l'adversaire.

---

1. *Revue scientifique*, 1903, 1er semestre, p. 667.

Un autre cas singulier est celui d'une fourmi des Indes *OEcophylla smaragdina* Fab. (fig. 73) sur laquelle Doflein vient de faire de nouvelles observations très concluantes[1]. Cet insecte construit son nid à l'aide de feuilles dont les bords repliés sont réunis entre eux par un fil de soie. Or ces fourmis ne possèdent à l'état adulte pas trace de glandes filières. Pour tisser leur trame elles emploient les larves de leur propre espèce qu'elles tiennent entre leurs mâ-

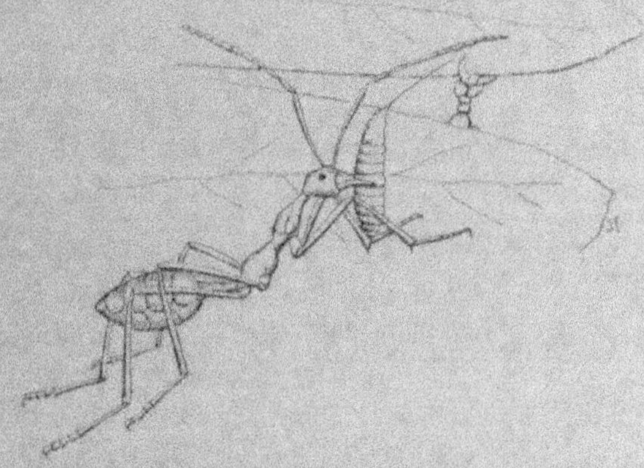

Fig. 73. — *OEcophylla smaragdina* : l'un des individus coud ensemble deux fragments de feuilles au moyen du fil sécrété par sa larve ; l'autre, en partie caché, cherche à rapprocher ces deux fragments.

choires, les dirigeant habilement dans tous les sens puis les reportant au nid quand la besogne est terminée. L'adhérence des fragments de feuilles est produite par la viscosité du fil de soie sécrété par la larve et non en faisant passer la larve et son fil à travers des trous percés sur les bords des morceaux à rapprocher.

Il ne faut pas croire que cette espèce soit la seule à utiliser ses larves comme outils pour tisser ses nids. Le même phénomène a été constaté chez d'autres fourmis.

1. F. Doflein, Die Weberameisen. *Biologisches Centralblatt*, t. XXV p. 497, 1er août 1905.

notamment chez *Camponotus senex* du Brésil. Comme ces espèces sont très éloignées l'une de l'autre dans la classification, on ne saurait penser qu'elles descendent d'un ancêtre commun qui leur aurait transmis par hérédité cette remarquable faculté. Celle-ci a dû se développer isolément chez les diverses espèces. On trouve à sa base l'intelligence, la mémoire, l'esprit d'observation, dont ces animaux sont doués à un degré si remarquable. On a dit qu'une des principales différences qui séparent l'homme des autres animaux, c'est que, seul, il emploie des outils. Il semble que des cas de ce genre sont propres à combler ce fossé que son orgueil a tracé entre lui et le reste de l'univers vivant.

C'est chez les insectes sociaux que nous rencontrons les relations les plus complexes. Nous avons vu des fourmis agricoles ; d'autres pratiquent l'élevage. Leurs mœurs sont trop connues pour que nous nous y arrêtions. Rappelons seulement qu'il y a deux degrés de complexité dans l'histoire des fourmis pastorales. Certaines se contentent d'élever des pucerons à l'air libre, d'autres leur construisent de véritables étables en terre, qui entourent les rameaux où ils sont installés et qui les protègent contre les intempéries et contre les attaques de leurs ennemis. Il y a aussi des étables souterraines, lorsque le puceron pâture sur les racines des végétaux. La *Schizoneura venusta* est un puceron ailé qui vit sur la racine de graminées du genre *Setaria*. Les fourmis lacèrent les ailes de cette forme ailée qu'elles trouvent à terre, puis creusent une galerie pour lui permettre d'atteindre une radicelle et une cavité, véritable étable souterraine, qui recueillera sa progéniture. Des conduits sont pratiqués dans la terre par les fourmis pour livrer passage aux individus ailés chargés de la dissémination de l'espèce. Dans ce cas le puceron semble ne pas pouvoir trouver, en l'absence de la fourmi, le moyen de pénétrer jusqu'au collet de la plante qui doit le nourrir. Bon nombre d'organes végétaux aériens sont ainsi peuplés de pucerons par action directe des fourmis qui les transportent sur les végétaux indemnes. On sait qu'en échange des soins et de la protection que leur donnent les fourmis, les pucerons leur fournissent un liquide sucré qui leur sert d'aliment. Ce liquide est constitué par leurs excréments; ce n'est en somme que de la sève que les fourmis empruntent ainsi indirectement aux végétaux. Il est intéressant de savoir que les pucerons ne rendent ce liquide que sous l'influence des attouchements des fourmis; quand celles-ci sont absentes les évacuations sont beaucoup plus rares.

Certaines cochenilles fournissent de même aux fourmis une miellée animale. Dans l'Amérique du Sud, où les pucerons sont très rares, leur rôle est rempli par les larves de certains hémiptères du groupe des cercopides et des membracides. Outre la protection exercée par les fourmis sur ces insectes, peut-être sont-ils aidés par elles dans leurs mues; les fourmis les débarrasseraient de leur ancienne peau. Delpino a décrit les rapports qu'affectent en Italie certaines fourmis avec les larves de deux cicadelles, *Tettigometra virescens* et *Centrotus genistæ*. On connaissait déjà depuis longtemps des cas de mutualisme entre fourmis et chenilles aux États-Unis et en Amérique. Tout récemment M. Thomann[1] a signalé en Suisse un cas analogue. Des chenilles de *Lycæna argus* étaient visitées par de nombreuses *Formica cinerea* qui se promenaient sur leur dos en les palpant sans cesse avec leurs mandibules. Sur le troisième anneau de la chenille se trouve une

---

1. *Revue scientifique*, 1901, 1ᵉʳ semestre, p. 153.

fente qui donne issue à un liquide sucré dont les fourmis se nourrissent. En revanche celles-ci protègent d'une façon très efficace les chenilles contre les attaques de différents ennemis, les tachinaires et les ichneumons en particulier. Les fourmis respectent si bien les lépidoptères qu'on peut voir des chrysalides dans les couloirs de la fourmilière, et les jeunes papillons ne sont jamais molestés.

Les habitations des insectes sociaux donnent asile à un certain nombre d'êtres dont l'étude est des plus intéressantes. Ce sont des coléoptères du groupe des staphylinides, comme le *Corotoca* des termitières, les *Lomechusa* et *Claviger* des fourmilières, des orthoptères comme *Myrmecophila acervorum*, qui ressemble à un minuscule grillon, des diptères comme *Termitoxenia* et *Termitomastus* ou cette curieuse mouche privée d'ailes et d'yeux, *Braula cæca* qui habite les ruchers ; des acariens comme le *Trichodactylus*. En laissant de côté ces deux dernières espèces qui sont plutôt parasites des abeilles et tolérées par elles parce qu'elles ne leur occasionnent que des dommages insignifiants, les autres animaux que nous venons d'énumérer rentrent dans la catégorie de la *symphilie* bien étudiée par Wasmann[1] ; ce sont des rapports tout amicaux qui unissent les fourmis ou les termites et leurs hôtes. Les relations entre fourmis et pucerons sont tout à fait passives ; elles correspondent à peu près à ce qui existe entre certains bergers et leurs troupeaux à demi sauvages. Au contraire leurs relations avec leurs symphiles ne peuvent guère être comparées qu'à celles qui nous unissent à nos animaux domestiques favoris. Les fourmis caressent

---

1. E. Wasmann. Das echte Gastverhältniss (Symphilie) bei den Ameisen- und Termitengästen. *Biologisches Centralblatt*, t. XXIII, 1903.

et lèchent leurs *Claviger*, elles les nourissent en leur donnant la becquée ; en cas de danger elles les sauvent avant même leurs propres nymphes et œufs. En somme la symphilie peut-être envisagée comme une extension à des êtres étrangers, mais de société agréable, de l'instinct de sociabilité et de l'instinct maternel des fourmis et des termites.

Les symphiles ne se montrent d'ailleurs pas ingrats : on en a vu rendre à leurs hôtes caresse pour caresse. De plus ils ont des organes sécrétoires spéciaux, poils ou fossettes qui, d'après les recherches de Wasmann, fournissent un liquide volatil, probablement de la catégorie des éthers. C'est lui que les fourmis et les termites recueillent en léchant leurs symphiles. Mais eu égard au faible nombre de ceux-ci dans les fourmilières et les termitières, on peut affirmer que le liquide fourni ne contribue pas à l'alimentation de leurs habitants ; c'est simplement un excitant agréable, que ceux-ci recherchent comme certains d'entre nous recherchent l'alcool, les parfums ou le tabac.

La symphilie doit remonter à une haute antiquité paléontologique ; car les animaux en question sont entièrement modifiés par la vie souterraine ; ils sont décolorés, souvent privés d'ailes et aveugles ; en un mot tout à fait incapables de vivre sans le secours de leurs hôtes. Outre les symphiles véritables, les fourmilières et termitières renferment encore toute une population qui n'y est que tolérée. On y rencontre en effet, pour l'Europe seulement, près de 600 espèces d'insectes de tous les ordres, surtout des coléoptères, trois arachnides et un crustacé ressemblant à un petit cloporte, le *Platyarthrus hofmannseggi* (fig. 74). Il y a des animaux qui n'habitent les fourmilières que dans les premiers stades de leur existence ; c'est ainsi que la larve de la cétoine dorée vit dans le terreau et le bois vermoulu des couches profondes des nids des fourmis forestières. Nous aurons à étudier plus loin les phénomènes de mimétisme présentés par certains des hôtes des fourmilières et des termitières. Mais dès à présent nous pouvons indiquer que le rôle protecteur du mimétisme n'est souvent qu'apparent.

Une mouche, la volucelle zonée, présente par les bandes jaunes et noires de son abdomen une vague ressemblance avec les guêpes, dont elle diffère d'ailleurs par sa forme lourde et trapue. Elle pond ses œufs dans les guêpiers et sa larve y est fort bien tolérée parce que loin d'être nuisible, elle ne se nourrit que de détritus et absorbe même les excréments des larves de guêpes, ainsi que Fabre l'a constaté[1]. En somme les grandes cités des insectes sociaux n'ont pas seulement leurs habitants réguliers, et parfois leurs animaux domestiques. Elles hébergent encore toute une population des plus mêlées qui profite de l'abri créé par l'industrie des constructeurs. Certains de ces étrangers rendent même à leurs hôtes quelques services, les autres ne sont que tolérés parce que peu ou pas nuisibles.

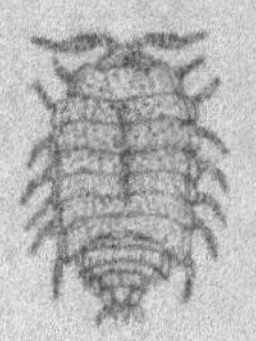

Fig. 74. — *Platyarthrus hofmannseggi*, crustacé des fourmilières, très grossi.

Les relations de fourmis d'espèces différentes sont loin d'être pacifiques. Nous y rencontrons, comme dans les sociétés humaines, la guerre, le brigandage et des parasitismes de toutes natures. Parmi les fourmis voleuses citons le *Solenopsis fugax*; ces animaux, de très petite taille établissent leur demeure dans les parois des nids des grandes fourmis; ils font des incursions dans les nourriceries de celles-ci pour leur ravir leurs larves dont elles font leur pâture. A cause de leur taille les grandes four-

<hr>

1. *Souvenirs entomologiques*, t. VIII.

mis ne peuvent poursuivre les *Solenopsis* dans leurs galeries étroites.

D'autres fourmis se livrent à de véritables expéditions guerrières, qui ont pour but la capture de nymphes. Celles-ci sont élevées par leurs ravisseurs et, une fois adultes, elles les assistent dans les travaux de l'intérieur ; n'ayant pas de petits, ces « remplaçantes » soignent et élèvent ceux des fourmis qui les ont capturées. C'est ce qui se passe chez *Formica sanguinea* ; mais quoique celle-ci se fasse ainsi aider par *F. fusca*, elle n'a pas perdu ses instincts laborieux : il doit y avoir une certaine division du travail entre les deux espèces. Il n'en est plus de même chez les fourmis amazones (*Polyergus rufescens*) de l'Europe méridionale. Elles dérobent les larves de *Formica fusca* et de *F. cunicularia*. Elles se dirigent, par colonnes serrées, vers leurs nids, qui peuvent être situés à grande distance. Elles en forcent l'entrée et reparaissent bientôt, en même temps que les assiégées surgissent en masse. Ce sont, nous dit Lespès, les larves et les nymphes qui sont l'objet du conflit. Les amazones cherchent à les enlever, et les autres essaient de les dérober à leurs poursuites, ou du moins d'en sauver le plus grand nombre possible. Pour cela, sachant que les amazones ne grimpent pas, elles gagnent avant tout avec leur précieuse charge les plantes et les buissons du voisinage, où elles sont à l'abri de leurs atteintes. Puis elles se mettent à poursuivre les ravisseurs, s'efforçant à leur tour de leur enlever le plus de butin possible. Ces derniers, ne se souciant guère de rendre gorge, détalent au plus vite.

De retour au nid, les amazones abandonnent leurs prisonnières aux soins de leurs esclaves et ne s'en occupent plus. Ces ouvrières proviennent elles-mêmes des captures faites dans les expéditions précédentes. Elles soignent à la fois les jeunes et les amazones adultes. Car celles-ci ont une telle répugnance pour le travail qu'elles mourraient de faim si elles n'étaient pas nourries par leurs esclaves.

La structure de leur corps elle-même s'est modifiée : leurs mandibules ne sont plus que des armes très utiles pour lutter avec avantage contre les fourmis auxquelles elles font la guerre ; mais elles sont incapables de pétrir la terre, de construire des loges ou de nourrir leurs propres larves. Ce sont les esclaves qui s'occupent de tous les soins domestiques, qui nourrissent leurs maîtres et qui les portent lorsque la colonie change la place de son nid. Le but des fourmis amazones n'est pas de détruire des fourmis, mais de s'emparer des nymphes et des larves d'ouvrières, pour en faire des serviteurs. Jamais elles ne prennent d'ouvrières adultes qui ne sauraient se soumettre à l'esclavage, ni de larves ou de nymphes d'individus sexués qui ne pourraient leur rendre aucun service. Ces amazones, incapables de se nourrir elles-mêmes, de soigner leur progéniture, de construire leur nid, sont, dans toute l'acception du terme, les parasites de leurs esclaves.

Le développement de l'instinct esclavagiste chez les fourmis a donné lieu à diverses hypothèses. D'après Darwin, ce développement aurait été fortuit. Les fourmis guerrières emportent dans leur nid des nymphes d'autres espèces pour les dévorer ; que certaines d'entre elles échappent au massacre, elles pourront se développer dans le nid étranger, y être adoptées et y rendre des services comme esclaves. L'instinct des pillardes se transformera, et au lieu de chercher des nymphes pour les dévorer, elles ne feront plus que des prisonnières, auxquelles elles demanderont des services.

M. Wasmann[1] vient de montrer que cette théorie ne

---

1. E. Wasmann, *Ursprung und Entwicklung der Sklaverei bei den Ameisen.* Biologisches Centralblatt, t. XXV, 1905, fasc. 4 à 9.

correspond pas à la réalité des faits. Les colonies de fourmis esclavagistes sont toujours mixtes dès leur origine. Car les reines de ces espèces fondent les nouvelles colonies à l'aide d'ouvrières d'espèces déterminées, qui les adoptent. Dès lors on comprend pourquoi les ouvrières de l'espèce esclavagiste ont une tendance instinctive à capturer, pour en faire leurs esclaves, des nymphes appartenant à la même espèce que les fourmis qui ont aidé à fonder la colonie et qui ont élevé les premières-nées des ouvrières de l'espèce esclavagiste. On comprend aussi comment les femelles, ressentant les bienfaits de la mutualité, transmettent à leur descendance l'instinct qui porte à la fondation et à l'entretien de colonies mixtes. En résumé les recherches de Wasmann ont montré qu'on trouve à la base de la vie sociale chez les fourmis esclavagistes deux faits bien curieux : de la part de certaines fourmis, l'instinct d'adopter une femelle étrangère fécondée, qui a été entraînée par le vent loin de sa fourmilière, et de la soigner, elle et sa progéniture ; et ensuite, chez les ouvrières nées dans ces colonies mixtes, l'instinct de capturer des nymphes de même espèce que les fourmis qui les ont élevées, et d'en faire leurs esclaves. On observe toute une sériation depuis les colonies mixtes seulement au moment de leur fondation, jusqu'à celles où il y a association durable de deux espèces, dont l'une ne se renouvelle que par la capture de nymphes et de larves ; celles enfin où l'espèce dominante, incapable de se suffire à elle-même, s'en remet à ses esclaves pour tous les travaux de la fourmilière.

Ainsi par un long détour, nous sommes revenus à notre point de départ, le parasitisme. Ce n'est plus du parasitisme organique mais du parasitisme social. L'état des fourmis amazones avec sa caste militaire incapable de tout travail, et ses esclaves qui seules se livrent à tous les travaux utiles, trouverait sans peine son analogue dans maintes sociétés humaines. Il va sans dire que celles-ci ne procèdent pas des sociétés des fourmis. Mais il est intéressant de constater un développement parallèle de la vie sociale chez les vertébrés et les invertébrés. A partir des rassemblements indifférents et des sociétés rudimentaires des invertébrés inférieurs, on monte par des gradations insensibles aux sociétés les plus policées des insectes sociaux. De même chez les vertébrés et plus spécialement chez les mammifères, la vie sociale débute par des troupeaux sans cohésion ni hiérarchie, pour aboutir à des sociétés réellement organisées. Personne ne pourrait nier que la vie sociale a pour racine la vie psychique, le sentiment familial, la sympathie, la notion de l'utile et de l'agréable. Le psychisme des deux groupes supérieurs de l'animalité est sans doute bien différent : chez les insectes, il doit être tout instinctif puisqu'avec un cerveau extrêmement petit ces animaux savent faire des actes très compliqués. Il est bien plus intellectuel chez les vertébrés et surtout chez les mammifères, où nous voyons l'intelligence proportionnée au volume relatif du cerveau. Malgré ces différences profondes l'aboutissant est le même au sommet des deux groupes : la fourmi et l'homme ont fondé des sociétés semblables non seulement par leur complexité, par leur division du travail, mais aussi par leurs vices, leur esprit de caste, leurs parasitismes.

CHAPITRE XII

LE MIMÉTISME

J'ai réservé pour la traiter à part la grande question du *mimétisme*, c'est-à-dire de la faculté qu'ont certains êtres vivants de revêtir un masque lorsqu'ils y trouvent un avantage. Ils peuvent alors imiter soit le milieu dans lequel ils vivent, soit d'autres êtres vivants. Comme toutes les relations biologiques, le mimétisme est conscient ou inconscient. Dans ce dernier cas il ne peut s'expliquer que par la sélection naturelle ; un caractère apparu dans une espèce déterminée s'est trouvé favorable et, par suite, il s'est fixé et développé par l'hérédité. Il faut d'ailleurs se garder d'exagérer et de voir du mimétisme où il n'y en a pas. Soient deux espèces voisines, l'une pourra devenir parasite de l'autre et comme elle gardera avec celle-ci quelques caractères communs, on croira qu'elle les a acquis pour s'introduire plus facilement dans le nid de l'espèce parasitée ; alors que les ressemblances proviennent tout simplement de l'origine commune des deux espèces. Tel paraît être le cas de certains hyménoptères parasites.

les psithyres par exemple qui infestent les nids de bourdons.

D'autre part, les volucelles, diptères dont la larve vit en parasite chez certains hyménoptères, n'ont évidemment pas d'origine commune avec ceux-ci. Mais est-il bien certain que leur ressemblance avec des hyménoptères leur soit réellement utile pour pénétrer dans les nids et y déposer leur ponte ? Cette ressemblance générale nous frappe parce que nous voyons les choses de haut ; mais que de différences de détail qui doivent immédiatement faire reconnaître l'intrus par l'insecte dont le domicile est violé ! De même que le parasitisme, le mimétisme laisse subsister les caractères spécifiques, mais leur superpose des caractères secondaires. La *Volucella bombylans* (fig. 75) a bien l'aspect général, les bandes noires et brunes et le vêtement de velours du *Bombus lapidarius*: mais elle n'a que deux ailes, ses antennes sont courtes et plumeuses, ses pattes sont grêles et dépourvues d'appareil de récolte du pollen ; autant de caractères essentiels qui la différencient du bourdon.

Fig. 75. — A gauche *Volucella bombylans*, à droite *Bombus lapidarius* (d'après nature) [1].

Fabre fait remarquer que d'une part de nombreux parasites ne ressemblent en rien aux hôtes chez lesquels ils vont déposer leurs œufs ; et que d'autre part c'est une erreur profonde de faire dépendre le succès des parasites d'une ressemblance plus ou moins fidèle avec l'insecte qui

[1]. Les figures 75, 77 à 82 ont été dessinées d'après nature au laboratoire d'évolution des êtres organisés, avec la bienveillante autorisation de M. le professeur Girard et sous la direction de M. Ph. François.

doit être détroussé. En effet, en dehors des hyménoptères
sociaux travaillant à une œuvre commune, les insectes
ne peuvent en général pas souffrir le voisinage d'individus
de leur espèce. Si une osmie, une anthophore, une abeille
maçonne met indiscrètement la tête à la porte de sa voisine,
elle est sûre d'être très promptement chassée. Mais qu'un
parasite se présente, fût-il affublé des couleurs les plus criar-
des, comme le coléoptère nommé clairon des abeilles, et sans
aucune ressemblance avec son hôte, on le laisse pénétrer,
ou, s'il devient trop pressant on l'écarte d'un coup d'aile.
Avec lui jamais de démêlé sérieux. Ainsi le mimétisme serait parfaitement inutile et même dangereux pour pénétrer
chez les hyménoptères. A quoi tiennent donc les ressemblances bien constatées de certains de leurs parasites avec
eux? Nous savons que chez les psythires, c'est à une communauté d'origine qu'il faut les attribuer ; quant aux diptères
je crois qu'ils tirent avantage de leur ressemblance générale avec des hyménoptères mieux armés qu'eux pour se
faire respecter par un certain nombre d'ennemis, mais
qu'en aucun cas cette ressemblance n'est assez grande
pour que l'espèce parasitée s'y laisse prendre.

Cependant, d'après Wasmann[1], les hôtes des fourmilières ont lorsqu'ils ne sont pas protégés par la symphilie
elle-même, c'est-à-dire par l'utilité que les fourmis retirent
de leur présence, un type défensif des plus remarquables.
Tantôt leur corps a la forme d'un toit sous lequel peuvent
se cacher la tête et les pattes ; tantôt ils se défendent par
un mimétisme véritable. Les hôtes des fourmis aveugles
peuvent avoir une forme générale et une coloration très
différentes de celles des fourmis, mais le détail de leurs
sculptures et la forme de leurs antennes sont tout à fait
identiques ; de façon qu'en rencontrant ces hôtes et en

1. *Zoologischer Anzeiger*, 1903, p. 581.

les palpant, les fourmis aveugles soient trompées et croient avoir affaire à quelqu'un des leurs. Au contraire chez les fourmis dont les yeux sont bien développés, la forme générale et la couleur des hôtes ressemblent à celles des fourmis, les détails des sculptures pouvant être très différents. Ces observations sont intéressantes au point de vue du psychisme des insectes et de la façon dont ils se reconnaissent entre eux. D'autres fois le mimétisme des hôtes paraît dirigé non contre les fourmis, mais contre leurs ennemis ; perdus dans la masse des fourmis auxquelles ils ressemblent, les hôtes risquent moins d'être capturés par des prédateurs. Quoi qu'il en soit, il est hors de doute que, dans un bon nombre de cas, les hôtes indifférents ou parasites des fourmilières présentent du mimétisme. Le fait est d'autant plus remarquable que les symphiles proprement dits n'emploient jamais ce mode de protection, dont ils n'ont nul besoin.

L'imitation du milieu extérieur prête à une discussion analogue et chaque cas spécial mérite d'être étudié à part. C'est ainsi que le blanchissement, manifesté par le pelage de beaucoup d'animaux arctiques au début de l'hiver, est simplement un cas extrême d'un changement qui est très général et presque universel parmi les oiseaux et mammifères. Entre ce qui se passe aux régions arctiques et sous nos climats tempérés il n'y a, nous dit M. Beddard[1], qu'une différence de degré. Beaucoup de nos animaux présentent vers le début de l'hiver un changement de couleur de leur vêtement. Mais la couleur nouvelle n'est pas nécessairement le blanc. Il peut même arriver que le vêtement d'hiver soit plus foncé que le vêtement d'été ; c'est ce qui arrive pour le bruant des neiges. D'autre part il faut observer que beaucoup d'animaux de la région polaire, le

____

1. *Revue scientifique*, 1903, 2e semestre, p. 26.

glouton et le bœuf musqué par exemple, conservent en
hiver la même coloration qu'en été. L'hermine revêt un
pelage blanc à la mauvaise saison, la belette n'en fait rien.
Telle espèce de lemming blanchit en hiver, telle autre
non.

En réalité il ne faut pas trop demander à la sélection
naturelle. Il est utile aux animaux polaires de devenir
blancs parce que, dans les vastes espaces neigeux ils ces-
sent d'être visibles à leurs ennemis ou à leurs proies. Il
est probable que c'est le froid qui est le principal facteur
de ce changement de coloration, puisqu'en l'absence du
froid il ne se produit pas. Mais le froid n'agit pas de
même sur tous les animaux : certains auxquels une teinte
se confondant avec celle de la neige serait des plus utiles
restent néanmoins foncés. On rencontre de ces exceptions
dans tous les cas de mimétisme ; nous ne connaissons pas
encore assez la biologie des espèces pour nous rendre
compte de leurs causes. Il est cependant hors de doute
qu'en général le pelage s'harmonise avec le milieu habituel : la majorité des animaux polaires sont blancs, ceux
des déserts jaunes comme le sable, ceux des forêts tropicales ont des zébrures ou des bigarrures qui les rendent
invisibles dans l'enchevêtrement de la végétation.

Très répandu dans le règne animal, le mimétisme
existe cependant aussi chez les végétaux. J'ai déjà parlé
de celui des galles produites par des insectes. Les faux
nectaires de la *Parnassia* (p. 184), les fleurs stériles destinées à attirer les insectes sur les inflorescences, rentrent
également dans le mimétisme. Le *Melampyrum pratense*
(fig. 9, p. 36) croît souvent au milieu des fourmilières,
son fruit met à nu une graine unique, blanche, lisse, ressemblant par la taille et l'aspect aux cocons renfermant les
nymphes des fourmis. Celles-ci se laissent tromper à cette

apparence, et vont enfouir ces graines avec le même soin
qu'elles mettent à garder leurs cocons : ce subterfuge de la
plante, contribue donc à la dissémination de l'espèce. Grâce
à la longue tigelle qui porte ses cotylédons, le mélampyre
est particulièrement apte à germer sous les pierres. L'assis-
tance des fourmis le
rend maître de cette
station où les autres
plantes ne pourraient
lui disputer la place.
D'après Heim le mi-
métisme n'existerait
pas seulement chez le
mélampyre entre la
graine et le cocon au
point de vue de la
forme et de la cou-
leur, mais du parfum :
la graine dégagerait
une odeur de fourmi.
Un cas plus simple est
celui des plantes qui
imitent une espèce
mieux défendue qu'el-
les-mêmes. Il est évi-
dent que le *Lamium*

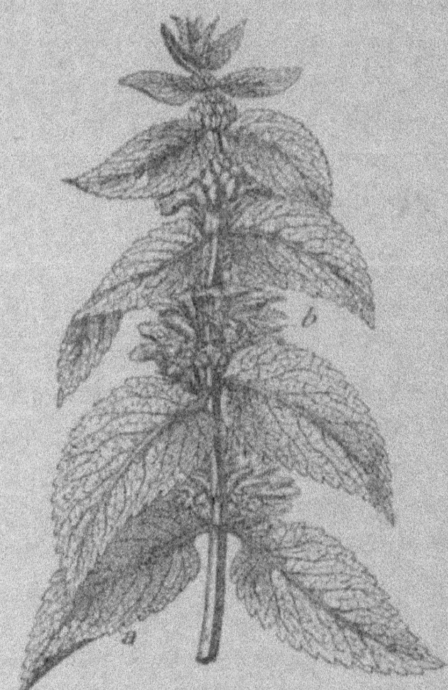

Fig. 76. — *Lamium album*, labiée simulant
une ortie.

album (fig. 76) ou la *Campanula urticœfolia*, dont les
feuilles ressemblent tellement à celles de l'ortie, ont été
bien des fois protégées par cette ressemblance soit contre
les herbivores, soit contre les faiseurs de bouquets.

Un certain nombre d'orchidées du genre *Ophrys* portent des noms (*Ophrys muscifera*, *apifera*, *aranifera*, etc.),
qui pourraient faire croire qu'elles imitent la forme d'insectes ou d'araignées. Il n'en est rien en réalité : leur labelle

est diversement coloré dans le seul but d'attirer les insectes en vue de la fécondation croisée et la ressemblance de la fleur avec une mouche, une abeille ou une araignée est bien lointaine. Le cas est comparable à celui de la carotte (fig. 63, p. 173) chez laquelle la fleur stérile du milieu de l'ombelle sert simplement de signal, grâce au contraste de sa couleur rouge avec les fleurs blanches du reste de l'inflorescence. Elle ne simule pas un insecte en train de butiner.

L'étude du mimétisme chez les animaux nous retiendra davantage. Nous rencontrons d'abord l'imitation générale du milieu où vit l'animal. Cette imitation à laquelle convient le nom d'*homochromie* peut être passive ou active. Nous ne reviendrons pas sur les animaux polaires. Mais un grand nombre d'autres animaux ont normalement une couleur qui les rend invisibles : tels sont les animaux pélagiques transparents, les oiseaux des forêts tropicales de couleur verte ou variée, qui se distingue difficilement auprès des fleurs qu'ils recherchent de préférence ; les mammifères et oiseaux sauvages de nos pays ont une coloration terne qui se confond facilement avec celle de la terre ou des feuilles mortes. Dans d'autres cas il y a des variations de couleurs ; les poissons, les batraciens prennent la couleur du fond sur lequel ils vivent. Le phénomène est surtout marqué chez les céphalopodes où les changements de couleur sont très brusques et où on peut facilement voir le jeu des chromatophores, ces cellules étoilées qui par leurs contractions ou leurs dilatations provoquent les modifications de la coloration. Le cas du caméléon est bien connu. La chenille du *Smerinthus tiliæ*, verte sur les feuilles, descend ensuite sur l'écorce et y devient brune. Le hérisson ne change naturellement pas de couleur, mais il est doué d'un mimétisme actif réellement efficace : les expériences de M. Mansion[1] sur des hérissons élevés en captivité ont en effet prouvé qu'ils adoptent toujours un nid dont la couleur s'harmonise avec la leur.

Il n'est pas nécessaire d'aller explorer les régions tropicales pour trouver des cas intéressants d'homochromie. Si l'on circule dans une de nos forêts, on peut croire la vie animale réduite à un minimum : la solitude y semble souvent complète. Pourtant il suffit de battre les buissons pour faire lever une foule d'insectes dont les dessins et la couleur se confondaient avec les feuilles ou les écorces ; chacun avait su choisir le support dont la teinte s'harmonisait le mieux à la sienne, de façon à se rendre parfaitement invisible. Les dunes de nos rivages maritimes peuvent nous donner une idée de ce qu'est le désert avec ses animaux de la couleur du sable ou des pierres ; c'est ainsi que dans les dunes de Soulac j'ai observé la curieuse association suivante : un carabique, *Nebria complanata*, un ténébrionide *Phalaria cadaverina*, un orthoptère *Labidura riparia* et un crustacé du groupe des cloportes, variété de *Porcellio scaber*. Ces quatre animaux sont entièrement décolorés et se confondent facilement avec le sable environnant. On les rencontre surtout sous les pièces de bois rejetées sur la plage.

Chez nos papillons diurnes la coloration protectrice est en général limitée à la face inférieure de l'aile postérieure. En effet, dans la position de repos les ailes sont redressées et l'antérieure est en majeure partie cachée derrière la postérieure. Tantôt c'est la couleur du sol qui est mimée, tantôt, comme chez les satyriens, celle des écorces où ces papillons se posent de préférence. Tout le monde a pu remarquer avec quelle peine on retrouve un papillon qu'on

---

1. *Revue scientifique*, 1901, 1er semestre, p. 684.

a observé au vol et qui vient de se poser. M. Oudemans[1]
a fait remarquer que la partie de l'aile antérieure qui reste
visible au repos présente la même coloration protectrice
que la postérieure. Ce fait est bien visible chez les *Pieris* et
chez *Anthocharis cardaminis*. Chez les papillons de nuit
au repos les ailes sont repliées en toit et l'antérieure vient
recouvrir la postérieure. Aussi c'est la face supérieure de
la première seule qui présente une coloration protectrice.
S'il y a de vives couleurs, comme chez les *Catocala*, elles
sont limitées à l'aile postérieure, cachée au repos. Mais si
l'aile postérieure déborde en avant ou en arrière l'antérieure, ces parties découvertes au repos présentent la
même coloration protectrice que cette aile.

Quant à la couleur vive des ailes postérieures de beaucoup de papillons nocturnes, elle peut s'expliquer par un
effet de contraste[2]. On a fait remarquer que le passage
brusque d'une teinte neutre, se substituant à une surface
vivement colorée lorsque l'animal se pose, a pour effet de
dérouter l'ennemi et de lui faire perdre la trace de sa
proie bien plus efficacement que s'il avait pu suivre du
regard un animal conservant la même couleur dans toutes
ses attitudes. Tous ceux qui se sont livrés à la chasse
aux papillons ont été victimes de ces effets de contraste.

Une expérience de di Cesnola montre bien l'utilité de
l'homochromie protectrice. Si l'on place des mantes reli-
gieuses vertes sur des herbes desséchées et brunes ou si
l'on place des mantes brunes sur des herbes vertes, ces
insectes sont en fort peu de temps dévorés par les oiseaux.
Au contraire, si on place des mantes sur des herbes de

---

1. *Verhandelingen der Akademie van Wetenschappen te Amsterdam 2ᵉ Sectie,
Deel X nᵒ 1.* J'ai résumé ce travail dans la *Nature*, nᵒ 1672, 10 juin 1905.
2. Laloy, *La couleur des ailes des Catocala et autres papillons nocturnes.*
Naturaliste, 15 novembre 1904.

même couleur qu'elles-mêmes, leurs ennemis ne les voient pas et elles survivent.

Dans les cas étudiés jusqu'ici il s'agissait presque exclusivement d'homochromie défensive. Cependant le mimétisme des mantes leur sert tout autant à échapper à la vue des insectes qu'elles veulent capturer qu'à celle de leurs ennemis. Voici un cas d'imitation du milieu dans un but nettement agressif. Le *Toxotes jaculator* est un poisson du Siam et de la Malaisie qui lance des gouttes d'eau sur les insectes pour les faire tomber à l'eau et s'en repaître. Aux heures de chasse, le soir, ce poisson, de tigré jaune et noir, devient verdâtre comme l'eau et se rend parfaitement invisible. M. Zolotnitsky[1] a fait l'expérience suivante : il a recouvert d'un carton le bocal où étaient ses *Toxotes* ; ne voyant plus les insectes convoités, le poisson redevient tigré ; il repasse au vert si on ôte le carton. Le mimétisme volontaire dépend donc de la vue ; en effet, des crustacés ou des poissons aveuglés expérimentalement ne changent plus de couleur avec le fond. Il dépend aussi du système nerveux ; car une patte de reinette serrée par une ligature reste verte, alors que le reste du corps devient brun quand on transporte l'animal sur un fond de cette couleur. On peut poser en règle générale que si l'animal ne rencontre pas un milieu qu'il ait intérêt à imiter toujours, il conservera un jeu variable de chromoblastes, qui lui permettra de changer de couleur à volonté. Dans le cas contraire, une fois la ressemblance obtenue, le mécanisme disparaît et fait place à un caractère morphologique définitif. De la sorte peuvent se créer des variétés et même des espèces nouvelles.

Les œufs eux-mêmes présentent parfois des colorations protectrices. Ce n'est pas le cas de ceux qui sont couvés

---

1. *Archives de zoologie expérimentale*, notes et revue, 3e série, t. X, 1902.

et par suite cachés, comme ceux de la plupart des oiseaux,
ou enfouis dans la terre ou le sable comme ceux des reptiles. Mais les œufs d'insectes qui sont fixés sur des écorces
d'arbres se confondent souvent avec leur support par leur
couleur ; ceux qui sont pondus sur des feuilles sont fréquemment verts comme celles-ci. Parmi les oiseaux, la
grande bécasse, *Numenius arcuatus*, qui pond dans l'herbe,
a des œufs verts ; le tétras, *Lagopus scoticus*, a des œufs
d'un brun noirâtre comme la terre des tourbières où vit cet
oiseau ; or il ne commence à couver qu'au bout d'une
douzaine de jours et jusque-là ses œufs ne sont protégés
que par leur coloration. D'autres fois le milieu environnant
est imité par une combinaison de couleurs. Ainsi, chez le
pluvier, le vanneau, la mouette, qui pondent dans le sable,
les taches jaunes, blanches, grises et brunes des œufs les
rendent parfaitement invisibles.

Nous rencontrons en second lieu l'imitation de certains objets particuliers. Ce mode est extrêmement fréquent, même dans nos régions. En voici quelques exemples. Dans nos forêts les sauterelles du genre *OEdipoda*,
aux ailes rouges ou bleues sont très communes. Au vol
elles sont très visibles, mais disparaissent instantanément
dès qu'elles se posent, les ailes repliées ; elles ressemblent
alors à des bouts de bois. Un autre orthoptère, le *Bacillus
gallicus* (fig. 77) peut facilement être confondu avec une
petite branche d'arbre ; son corps est mince et long et il sait
étendre ses pattes grêles, de façon à compléter l'illusion.
Chez d'autres orthoptères exotiques du même groupe, il y
a en outre des excroissances vertes simulant des hépatiques
comme il en pousse sur les arbres. Dans le Sud de la
France vit un hémiptère, *Phyllomorpha laciniata*, qui, par
les prolongements déchiquetés des côtés de son corps, ressemble à s'y méprendre à un lichen. Cette ressemblance est

encore bien plus marquée chez certains hémiptères du Brésil et des îles de la sonde (fig. 78). Certaines chenilles arpenteuses ont des couleurs et des ornements rappelant l'écorce du bois ; elles savent se tenir fixées sur leurs deux paires de pattes postérieures de façon que leur corps étendu et rigide fasse un angle aigu avec l'arbre. Elles restent parfaitement immobiles pendant un temps très long et simulent à la perfection un petit rameau. Chez beaucoup d'espèces l'illusion est complétée par la position particulière de la tête et des pattes antérieures qui fait ressembler l'extrémité antérieure de l'animal à deux bourgeons terminaux, tandis que des tubercules disséminés sur le reste du corps simulent les bourgeons latéraux du ramuscule.

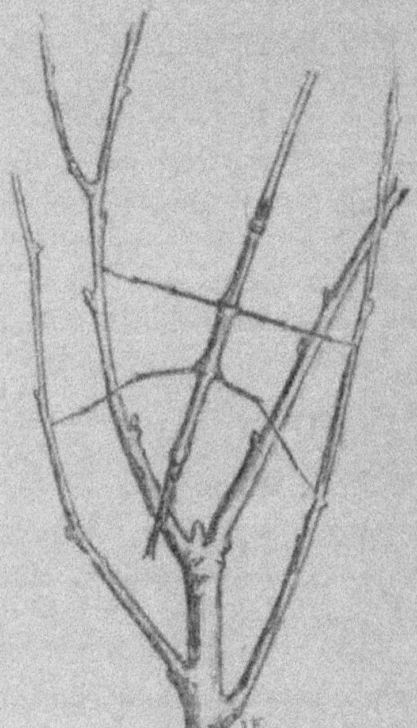

C'est dans les régions tropicales que les cas de ce genre sont les plus fréquents. Celui du *Kallima* est bien connu. Ce papillon des îles de la Sonde fréquente les forêts sèches ; il a pour habitude de se poser partout où se trouve du feuillage en décomposition ; la forme et la couleur du dessous de ses ailes produisent une imitation absolument parfaite d'une feuille morte. En effet, le papillon se pose sur une tige avec la queue de ses ailes postérieures appuyée dessus et simulant le pédoncule de la

Fig. 77. — *Bacillus gallicus*, orthoptère du sud de la France, posé sur un rameau (d'après nature).

feuille. De là une ligne courbe court à travers les deux
ailes, imitant la nervure médiane, d'où partent des deux
côtés des lignes obliques donnant l'apparence des nerva-
tions secondaires. De plus, les ailes très variables suivant les individus portent souvent deux petits points transparents, sans écailles, qui rappellent d'une façon étonnante
les perforations produites
sur les feuilles sèches par
des insectes. Enfin on y
remarque de petits points
noirs qui ressemblent à
des taches de moisissure.
Il est à noter que les lignes
qui simulent la nervation
de la feuille ne corres-
pondent en rien à la ner-
vation normale de l'aile
en papillon, qui persiste
au-dessous d'elles. Ainsi
déguisé, ce papillon, si
voyant qu'il puisse être
au vol, disparaît comme

Fig. 78. — *Flatoides sp.*, hémiptère de Bornéo,
qui par son corps aplati pourvu de prolongements latéraux et sa couleur vert-cendrée,
se confond avec les lichens des arbres sur
lesquels il vit (d'après nature).

par magie lorsqu'il se pose sur un buisson en repliant les
ailes.

Les phyllies, orthoptères herbivores des régions tropicales de l'Ancien Monde, sont la copie non moins étonnante d'une feuille verte : les deux élytres en se rejoignant
dessinent très exactement le contour et la nervation d'une
grande feuille elliptique. De plus les œufs de ces curieux
animaux ressemblent à des graines à cinq côtes. Il y a des
insectes qui simulent les aiguillons de certaines plantes ;
un autre imite une fourmi à parasol chargée d'une rondelle
de feuille. Un autre encore représente une feuille, verte
dans sa moitié antérieure, desséchée et racornie dans sa

moitié postérieure. Une araignée des îles de la Sonde ressemble à un excrément d'oiseau et attire ainsi de nombreux insectes qu'elle capture facilement. Certains coléoptères des régions désertiques simulent de même des excréments de gazelle.

Dans tous ces cas il y a non seulement une ressemblance qui permet à l'animal d'échapper à ses ennemis ou de guetter sa proie. Mais en outre l'animal est conscient des avantages qu'il retire de cette ressemblance : il sait prendre la pose la plus avantageuse, l'attitude qui s'accorde le mieux avec l'objet.

Il en est de même chez de nombreux animaux marins. Il y a, surtout dans la mer des Sargasses, des poissons pourvus d'excroissances qui ressemblent aux algues au milieu desquelles ils se cachent. Certains ont, sur ces filaments cutanés, des petites taches blanches qui simulent les *Spirorbis* dont les algues sont souvent couvertes. Protégés par le mimétisme, ces poissons n'ont pas besoin d'être bons nageurs. Aussi guettent-ils leur proie, attachés aux algues au moyen de leurs nageoires préhensiles. Ailleurs on trouve des poissons pourvus de filaments pêcheurs qui portent à l'extrémité une petite masse charnue. D'autres poissons prennent celle-ci pour une proie, s'y précipitent et sont engloutis par le pêcheur. Des mollusques gastéropodes ont des appendices flottants simulant des algues. De nombreux crustacés ont leur carapace couverte d'algues véritables et certains savent même couper des fragments de ces plantes et les accrocher à des épines de leur carapace où elles continuent à végéter. Ils s'avancent ainsi protégés par un véritable déguisement formé d'algues vivantes. D'autres sont chargés d'excroissances qui les font ressembler à des débris de rochers (fig. 79).

Le nom de mimétisme au sens étroit est réservé aux

cas où une espèce, tout en gardant les caractéristiques anatomiques du groupe auquel elle appartient, est la copie
extérieure plus ou moins exacte d'une autre espèce. Le
cas des volucelles que nous exposions plus haut rentre
dans ce groupe. Une de nos couleuvres inoffensives ressemble absolument à une vipère et échappe, grâce à ce
déguisement, à de nombreux ennemis. Dans l'Amérique

Fig. 79. — Crabe de l'océan Indien vivant au milieu des coraux, avec lesquels il se
confond d'une façon encore plus marquée que sur la figure (d'après nature).

tropicale on cite trois genres de serpents inoffensifs qui
copient de très près les *Elaps*, très venimeux. Aux Nou-
velles-Hébrides, M. Ph. François à trouvé un poisson,
Ophichtys colubrinus qui imite à s'y méprendre un serpent
marin, *Platurus fasciatus* (fig. 80). *Œcophylla smaragdina*, cette fourmi de l'Inde que nous avons étudiée précédemment, n'est pas seulement remarquable par le mode
de construction de ses nids. Elle écarte par ses morsures,

tous les autres insectes des arbres qu'elle habite et sur lesquels elle élève des pucerons. Elle constitue donc pour eux une protection efficace. Comme elle est très redoutée des autres insectes, une araignée, *Salticus platatoides*, trouve avantage à être confondue avec elle et présente des phénomènes de mimétisme des plus nets.

De nombreux animaux en imitent d'autres dont la saveur est désagréable et qui pour cette raison sont épargnés par les carnivores. C'est là un des cas de mimétisme les

Fig. 80. — A gauche serpent marin, *Plataras fasciatus*, avec ses écailles et sa queue aplatie ; à droite, le poisson qui le mime, mais qui s'en distingue par sa peau lisse et sa queue arrondie (d'après nature).

plus répandus. Il n'y a pas moins de 15 piérides qui imitent ainsi les héliconides que les oiseaux ne mangent jamais. Des papillons de divers genres imitent les Danaïdes en général, qui jouissent des mêmes immunités que les héliconides.

Il est à noter que les espèces non comestibles sont toujours de couleurs voyantes. Cette *coloration prémonitrice*, imitée ensuite par les espèces mimantes, sert à prévenir les ennemis qu'il y a danger ou inconvénient à s'attaquer à l'espèce ainsi colorée. Beaucoup d'insectes sont dans ce cas. Non comestibles en raison de sucs particuliers qui donnent à leur chair une saveur répugnante, ils sont souvent mal doués du côté du vol, toujours faciles à reconnaître. Un insecte répugnant par son odeur et sa saveur, s'il est suffisamment protégé par là et suffisamment voyant pour qu'on le reconnaisse de loin, n'a en effet pas besoin d'être doué d'autres armes offensives ou défensives. La plupart des chenilles très voyantes, velues et brillamment colorées sont immangeables, comme on a pu s'en assurer expérimentalement.

Il en est ainsi de la chenille du *Papilio machaon*, qui est bariolée de rouge, de vert et de noir et par suite très visible à distance. J'ai trouvé récemment[1] un grand nombre de ces chenilles présentant en un point quelconque du corps une plaie ou tout au moins un pincement. Elles avaient été visiblement saisies puis rejetées par des oiseaux. Elles n'en étaient pas moins vivantes et j'ai vu plusieurs d'entre elles se nymphoser. Cette observation prouve que chaque année de jeunes oiseaux essaient de consommer cette chenille et que rebutés par sa saveur ils la rejettent aussitôt. Il est certain qu'après une première expérience ils ne s'attaquent plus à elles; d'où l'utilité de la coloration prémonitrice qui permet à ces chenilles d'être reconnues de loin.

Les batraciens également, ces êtres inoffensifs et mal armés pour la lutte, ne peuvent se perpétuer au milieu d'animaux mieux doués qu'eux-mêmes que grâce aux poisons que renferme leur organisme[2]. Aussi voyons-nous certains d'entre eux, comme la salamandre terrestre, pourvus de couleurs tranchées qui les signalent de loin.

1. *Bulletin de la Société d'études et de vulgarisation de la zoologie agricole*. Bordeaux 1904 n° 4.

2. L. Laloy. Les venins chez les batraciens. *La Nature*, n° 1486, 16 novembre 1901.

D'autres, comme la reinette, se protègent au contraire par homochromie.

D'autres fois la coloration a pour but d'effrayer l'ennemi. C'est à quoi répondent les cornes et les dessins bizarres dont sont ornées certaines chenilles, les yeux qu'on remarque sur les ailes de certains papillons. Le cas le plus remarquable est celui des *Caligo*, de l'Amérique du Sud (fig. 81). Ces grands papillons portent sur la face in-

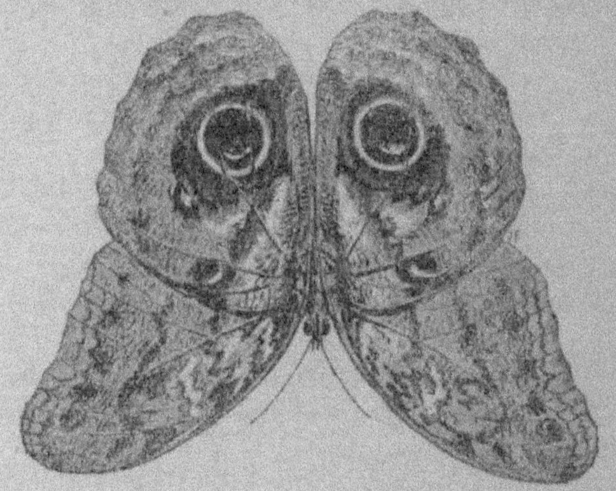

Fig. 81. — *Caligo*, face inférieure, dans sa position de repos (d'après nature).

férieure de chacune de leurs ailes antérieures une grande tache en forme d'œil; l'imitation est si parfaite qu'on croit même voir le reflet de la lumière sur la cornée. Ces papillons volent au crépuscule et se posent sur des rameaux grêles, la tête en bas et les ailes bien étalées, de façon que leur face inférieure soit très visible et que leurs taches se trouvent en haut. Comme le contour général de leurs ailes rappelle une tête de chouette, on conçoit que cette apparition fantastique soit de nature à effrayer des oiseaux, fort bien disposés sans cela à faire leur pâture du *Caligo*.

Il faut encore noter en ce qui concerne le mimétisme
proprement dit que, dans bien des cas, la femelle seule,
plus utile à la conservation de l'espèce, emploie ce mode
de protection, et qu'une même espèce répandue sur un vaste
territoire imite, suivant les localités, des espèces différentes.
Un bon exemple est le *Papilio merope* (fig. 82), qui habite
la plus grande partie de l'Afrique. Le mâle est d'un jaune
blanchâtre avec quelques taches noires ; ses ailes posté-

Fig. 82. — A gauche, *Papilio merope*, mâle, avec le prolongement caractéristique
des ailes postérieures. A droite, sa femelle. En bas, *Hypolimnas antedon* mimé par
celle-ci.

rieures ont un prolongement comme chez nos *Papilio* indigènes. A Madagascar sa femelle s'en distingue à peine par la
forme et la coloration. Mais sur le continent africain il y
a de nombreuses formes femelles entièrement différentes
les unes des autres ainsi que du sexe mâle. Aucune n'a
de prolongement aux ailes postérieures. Dans l'Afrique
australe, la femelle est noire avec taches jaunes et imite
Danais echeria. Au Cap il y a encore deux autres femelles
de *merope*, l'une à couleur fondamentale rouge-jaunâtre,
ressemblant à *Danais chrysippus*, qui est très commun dans

la région ; l'autre blanche à bordure noire imite à la perfection *Amauris niavius* : la répartition des taches est la même jusque dans les détails. Dans la colonie du Cap une seule ponte peut donner la forme mâle et les trois formes de femelles, si différentes les unes des autres qu'on n'hésiterait pas à en faire des espèces ou même des genres distincts si on ignorait leur origine. En Abyssinie, à côté des femelles à mimétisme, s'est conservée la forme originelle de la femelle, ressemblant au mâle, et pourvue, comme lui, du prolongement caractéristique des *Papilio*. Enfin, à Sierra Leone, la femelle du *Papilio merope* mime le mâle d'*Hypolimnas Antedon* dont elle ne diffère que par sa taille un peu plus grande.

On trouve des cas aussi où le mimétisme, parfait dans le sexe féminin, est ébauché chez le mâle : d'autres encore où les deux sexes présentent le phénomène au même degré. Ce que j'ai dit suffit pour montrer l'importance du rôle joué par le mimétisme, surtout parmi les lépidoptères. Weismann[1] en rapporte de nombreux exemples. Des expériences ont été faites avec divers oiseaux : elles ont prouvé qu'ils refusent de manger à la fois les espèces mimées, dont l'odeur et la saveur sont repoussantes et les espèces mimantes, comestibles mais protégées par leur ressemblance. Quant à l'immunité des premières elle paraît tenir à ce que leurs chenilles vivent sur des plantes vénéneuses qui communiquent à leur chair des propriétés qui les rendent immangeables. L'avantage de ces propriétés dans la lutte pour la vie est si grande que certaines de ces espèces sont imitées par plusieurs autres appartenant à des genres différents ou même à des familles éloignées.

Souvent plusieurs espèces immunes se ressemblent les

---

1. A. Weismann, *Vorträge über Descendenztheorie*, Iena, Fischer, 1902.

unes aux autres. Elles forment ainsi une sorte de compagnie d'*assurance mutuelle* par mimétisme. En effet si l'on suppose dans un territoire donné une seule espèce non comestible et caractérisée par une coloration spéciale, chaque jeune oiseau attaquera au moins un de ses individus avant de se rendre compte qu'ils ne sont pas comestibles. C'est ce que nous avons constaté tout à l'heure avec la chenille du *Papilio machaon*. S'il y a trois ou quatre espèces colorées à peu près de même elles seront beaucoup moins décimées, puisqu'une seule expérience faite sur l'une d'entre elles aura suffi pour montrer au jeune oiseau que les papillons présentant cette coloration ne peuvent être mangés. Ces associations mimétiques peuvent du reste être constituées par des genres éloignés les uns des autres dans la classification.

Beaucoup d'insectes imitent des espèces mieux protégées qu'eux-mêmes par leurs armes naturelles. C'est ainsi qu'un papillon indigène tout à fait inoffensif, la sésie, ressemble à un frelon ; les diptères du groupe des syrphides sont certainement protégés par leur ressemblance générale avec des guêpes ; rappelons l'*Eristalis tenax* si facile à confondre avec une abeille, la *Volucella bombylans* qui ressemble à un bourdon. C'est comme je le disais plus haut (p. 241) plutôt par la crainte que ces ressemblances inspirent que par le parasitisme de certains de ces animaux que le mimétisme leur est utile.

Il ne faut pas s'étonner de voir le mimétisme si répandu dans le monde des insectes. Cela tient au grand nombre des espèces, à leur fécondité qui fait vivre dans un territoire donné une foule d'individus parmi lesquels les variations les plus étendues peuvent se produire. Si l'on réfléchit combien les vertébrés sont peu nombreux par comparaison et combien leur genre de vie diffère d'une espèce à l'autre, on ne s'étonnera pas de voir que le mimétisme proprement dit c'est-à-dire, la contrefaçon d'une espèce par une autre, soit extrêmement rare parmi eux.

L'origine du mimétisme est difficile à expliquer. D'après Wasmann[1], la sélection seule ne suffit pas ; elle peut bien amplifier une ressemblance donnée, mais non la créer. Il fait observer que dans quelques cas le mimétisme des hôtes des fourmilières dépasse le but. Chez certains hôtes des *Eciton*, la tête est allongée outre mesure, bien davantage que chez la fourmi mimée. Chez d'autres insectes, qui habitent les nids des Dorylines, le milieu du prothorax est bien plus rétréci que ne l'exigerait l'imitation scrupuleuse de l'hôte. Il semble que la voie une fois choisie a été poursuivie dans la même direction au delà même de ce qui était utile : l'évolution a continué dans le même sens jusqu'au point à partir duquel elle serait devenue franchement nuisible. On est donc conduit à admettre des facteurs internes de développement sur lesquels peuvent agir directement les conditions extérieures du milieu. Au fond, cela paraît revenir à la théorie de la mutation ou variation brusque exposée par de Vries.

Quant aux conditions du mimétisme, elles sont fort bien développées par M. Cuénot[2]. Il faut que les animaux copiés soient pourvus de puissants moyens de défense, tandis que l'espèce mimante n'en a pas ; qu'ils habitent les mêmes localités, avec prédominance très notable comme nombre d'individus de l'espèce copiée. Si ces conditions se trouvent réunies, la ressemblance sera protectrice, et les carnassiers ne pourront pas distinguer l'original, bien défendu, de la copie inoffensive ; s'ils connaissent par une expérience acquise dans le jeune âge qu'il est bon d'évi-

---

1. *Zoologischer Anzeiger*, 1903, p. 588.
2. L. Cuénot, Les moyens de défense chez les animaux. *Bulletin de la Société zoologique de France*, t. XXIII, 1898.

ter le premier, ils doivent dédaigner l'un et l'autre ; l'espèce mimante sera donc très efficacement protégée par sa ressemblance et celle-ci, fortuite au début, ne pourra que se perfectionner par la sélection naturelle. Il va d'ailleurs de soi que le mimétisme ne pourra avoir d'effet que sur des animaux doués de mémoire et de réflexion, notamment sur des oiseaux et des mammifères. Il faudrait savoir si ces animaux confondent la sésie et la guêpe, si les carnassiers serpentivores ne mangent pas indifféremment les espèces venimeuses et non venimeuses, etc. Toutes questions à résoudre pour chaque cas en particulier.

Quant à l'imitation du milieu et des objets indifférents, on peut, avec M. Cuénot, admettre que les conditions multiples qui constituent cette imitation se retrouvent dissociées chez des espèces voisines où elles ne peuvent avoir aucune utilité, étant séparées. Par exemple, dans le groupe des chenilles arpenteuses, il en est qui ont la forme de brindilles de bois sans en avoir la couleur ; d'autres qui en ont la couleur sans en avoir la forme ; d'autres enfin qui, tout en n'ayant ni couleurs ni formes spéciales, prennent volontiers l'aspect rigide d'une branche et restent longtemps immobiles : qu'une chenille, comme celle de l'*Urapterix sambucaria* et quelques autres, cumule par hasard ces trois particularités, et voilà créée une ressemblance qui nous étonne par son exacte appropriation et qui peut avoir un effet protecteur. Il n'y a plus lieu de s'étonner qu'il y ait en somme peu d'espèces chez lesquelles les coïncidences aient été assez favorables pour produire des types extraordinaires comme la phyllie ou le kallima.

D'autre part, bien des espèces présentent un faux mimétisme qui n'aurait que bien peu de chemin à faire pour devenir aussi remarquable que dans les cas précédents. Un petit papillon de nos bois, *Venilia macularia* L..

jaune tacheté de noir, est tout à fait invisible lorsqu'on le pose sur une feuille morte jaunie et tachée ; mais dans la nature on ne rencontre la *Venilia* qu'en mai et juin, à une époque où il n'y a guère de feuilles mortes, et elle se pose indifféremment sur le sol et les plantes vertes, où elle est fort visible. Qu'une variété de *Venilia* devienne automnale et prenne l'habitude de se poser exclusivement sur les feuilles mortes, son mimétisme jusqu'ici latent et inutile deviendra absolument précis et favorable à l'animal en lui permettant d'échapper à ses ennemis.

En somme, si l'on élimine un certain nombre de cas douteux que j'ai signalés au début de ce chapitre, le mimétisme nous fait connaître un nouvel aspect des relations des êtres vivants entre eux et avec le milieu extérieur. Sans rien perdre des caractères internes et du type d'organisation qui établit leur rang dans la série zoologique ou botanique, certains d'entre eux adoptent des caractères extérieurs et superficiels qui les rapprochent soit d'une autre espèce, soit d'un organe vivant, soit même d'un objet inanimé. Cette ressemblance, au point de vue de son utilité, est offensive ou protectrice. Dans le second cas, elle est souvent limitée au sexe féminin, dont la vie est plus nécessaire à la conservation de l'espèce. C'est ce qui arrive chez certains insectes ; de même chez les oiseaux, les femelles ont souvent des couleurs plus ternes que le mâle, ce qui leur permet de se cacher plus facilement.

Au point de vue de la modalité, M. Giard[1] distingue les cas suivants dont nous avons rencontré des exemples au cours de cette étude. Mimétisme volontaire (caméléon, poulpe qui changent de couleur suivant leurs besoins),

---

1. A. Giard, *Archives de zoologie expérimentale et générale*, t. I, 1872, et *Bulletin scientifique de la France et de la Belgique*, t. XIX, 1888.

évolutif (se produit à un moment de la vie et ne persiste
que pendant le temps où il est utile ; c'est celui de la chenille du smérinthe), périodique (animaux polaires qui
changent de couleur à certaines saisons). Il convient aussi
de distinguer nettement le mimétisme direct qui se produit quand un animal ou un végétal prend l'aspect d'un
être organisé ou non parce qu'il a un intérêt immédiat à
prendre ce déguisement ; et le mimétisme indirect, quand
des êtres de groupes différents se ressemblent par une
adaptation commune à des conditions d'existence semblables, en dehors de toute influence atavique ; ce sont
des ressemblances professionnelles. Dans ce cas rentrent
les ressemblances que présentent les larves entomophages
de diptères et d'hyménoptères, les poux et les mallopages,
les chenilles de papillons et les larves de tenthrèdes,
comme elles parasites des végétaux.

Quant au *mimétisme parasitaire*, il consiste en des modifications morphologiques parfois très importantes que
le parasite produit sur sa victime ; il lui donne ainsi avec
d'autres objets une ressemblance dont le rôle protecteur,
par rapport au parasite, est souvent très manifeste. Je n'en
citerai qu'un cas. Un braconide du genre *Rhogas* pond
dans les jeunes chenilles d'une noctuelle. Lorsque la larve
arrive à maturité, la chenille qui la renferme quitte la
plante nourricière et va se fixer au bas d'un mur ou contre un arbre. Sa peau se dessèche et noircit tout en res-
tant bien tendue. Le corps devient fusiforme et adhère au
substratum par la partie céphalique au moyen d'une sécrétion due à la larve parasite. Sous cette forme, la chenille devient méconnaissable ; elle ressemble aux mollusques du genre *Clausilia* et le changement d'instinct de
la chenille qui, avant de périr, va se fixer justement dans
les endroits qu'affectionnent les clausilies, achève de dérouter l'observateur. D'autres chenilles infectées par

d'autres espèces de *Rhogas* vont se fixer contre les tiges des graminées, la tête en bas, à la façon des chenilles attaquées par les champignons. Or, on sait que ces chenilles sont respectées par les oiseaux insectivores, bien qu'elles soient le plus souvent placées dans des endroits très visibles. Dans ce cas, comme dans le précédent, la ressemblance protectrice de la chenille est très utile au parasite qu'elle renferme.

Il convient de rapprocher de ce mimétisme parasitaire les galles végétales et la castration parasitaire étudiées au cours de cet ouvrage. La possibilité de pareils rapprochements suffit à montrer l'insuffisance de nos définitions tout artificielles en présence de l'enchevêtrement inextricable des formes vivantes et de leurs rapports réciproques.

CHAPITRE XIII

CONCLUSIONS GÉNÉRALES

Nous voici arrivés au terme de notre étude, non pas qu'il nous ait été possible de passer en revue l'universalité des rapports réciproques des êtres vivants : la fécondité de la nature et la variété de ses ressources sont telles que cette tâche est matériellement impossible. Mais les exemples que j'ai fait passer sous les yeux du lecteur suffisent à montrer par quels liens subtils et compliqués tous les êtres dépendent les uns des autres. Comme l'organisme individuel lui-même, la nature vivante dans son ensemble est dans un état d'équilibre instable, sans cesse perdu, toujours retrouvé. Dès qu'une espèce devient plus puissante, ses ennemis trouvant une nourriture plus abondante augmentent de nombre, et la ramènent dans ses limites anciennes. Mais alors leur alimentation devient plus difficile et leur nombre redescend à son niveau primitif. Ainsi par ce jeu perpétuel entre dévorants et dévorés, par cette *allélophagie*, cette destruction des êtres les uns par les autres, s'entretient l'équilibre des espèces qui, d'une façon générale et au cours d'une période géologique donnée, conservent toujours à peu près le même nombre relatif d'individus.

Il va sans dire que cette notion d'équilibre ne s'applique qu'à une période de temps relativement courte, quelques siècles tout au plus. Si nous fouillons les archives du passé, nous voyons au contraire les espèces se remplacer mutuellement, et tendre à un perfectionnement progressif. Ces variations paléontologiques des êtres ont été étudiées dans le volume précédent ; je n'y reviendrai pas. Mais même à notre époque contemporaine il est une cause qui vient troubler l'équilibre de la nature : c'est l'homme. Je ne referai pas la liste des espèces que dans un but de lucre éhonté il a détruites directement, depuis la *Rhytina*, ce sirénien de la côte du Kamtchatka, jusqu'au grand pingouin arctique ; ni de celles qui par sa faute sont voisines de leur extinction ; bison, castor, éléphant d'Afrique, loutre marine, grandes tortues terrestres, sans compter d'innombrables oiseaux[1]. Mais son influence est encore plus néfaste par les défrichements et les déboisements inconsidérés auxquels il se livre. En effet, sans parler de sa répercussion sur le climat et sur le régime des eaux, le déboisement a pour effet de rendre la vie impossible à de nombreux oiseaux utiles. Il en est de même du défrichement insensé, qui consiste à arracher les derniers arbres, les derniers buissons qui pourraient offrir un abri aux oiseaux. Ceux-ci disparus, les insectes pullulent et ce n'est que la juste revanche de la nature violentée par l'agriculteur imprévoyant.

Les importations, volontaires ou non, d'animaux ou de plantes ne sont pas moins funestes aux faunes et aux flores locales. Le rat, le moineau, le lapin, le chat, le chien et le cochon ont fait disparaître des îles colonisées par les Européens bien des animaux et des végétaux intéressants. L'homme dit civilisé ne supporte auprès de lui aucune société humaine d'un type différent du sien. C'est

---

1. L. J. Moreau, L'extinction des espèces animales. *Bulletin de la Société zoologique de France*, t. XXV, 1900.

ainsi que de nombreux peuples fort dignes de vivre ont disparu ou sont en voie d'extinction devant l'envahissement brutal du blanc. Il va de soi que les sociétés animales ont offert encore moins de résistance : partout où s'est établie la civilisation moderne avec ses exigences, elles se sont dispersées. Les derniers castors ne sont plus que des animaux solitaires, qui creusent des tanières dans la berge des fleuves ; leurs cités si curieuses ont presque partout disparu pour toujours.

Les parasitismes ne sont qu'un cas particulier de cette allélophagie dont nous parlions tout à l'heure. Nous avons étudié leurs modalités, nous avons vu les régressions qu'ils entraînent. M. Vuillemin[1] fait ressortir avec beaucoup de vérité l'utilité du parasitisme dans l'économie générale de la nature. Il montre par quelles transitions insensibles on passe du parasite franchement nuisible à l'association ou à la symbiose. Antagonisme et synergie sont les deux faces du problème et la prédominance de l'un ou l'autre élément est souvent assez difficile à déterminer. Je rappellerai enfin ces cas si curieux d'adaptation de l'hôte à son parasite ; celui-ci est non seulement toléré mais reçoit même dans quelques cas des soins presque maternels.

Dans l'étude des associations proprement dites nous avons vu d'abord de vastes groupements, les faunes et les flores, dépendant de l'histoire paléontologique de chaque région, du climat et de divers facteurs physiques et biologiques ; puis des associations occupant des espaces moins vastes et présentant des caractères plus tranchés. Nous avons montré comment dans ces associations, animaux et végétaux tirent avantage de leur voisinage réciproque. Nous avons vu ensuite des sociétés encore plus

---

1. P. Vuillemin, *L'association pour la vie*. Nancy, 1902.

limitées, et des symbioses. Les sociétés animales nous conduisent directement aux sociétés humaines; les symbioses d'êtres différents sont très analogues aux symbioses des cellules, des tissus, des organes, dans l'intérieur d'un même organisme; ou encore aux symbioses qui se passent dans l'intérieur de la cellule où le noyau et le protoplasma ne vivent que par leurs réactions réciproques.

Du haut en bas de l'échelle nous trouvons donc le parasitisme et le mutualisme, ou, comme le dit M. Vuillemin, l'antagonisme et la synergie. Le mimétisme nous a encore montré une autre modalité des rapports réciproques des êtres. De même que le parasitisme, il se retrouve aussi dans les sociétés humaines, avec cette aggravation qu'ici parasitisme et mimétisme sont voulus et d'autant plus dangereux. L'avenir dira s'ils pourront jamais être éliminés.

Il est douteux que la sélection naturelle puisse à elle seule rendre compte de tous les cas de parasitisme et de mutualisme que nous avons passés en revue; un grand nombre d'entre eux ne peuvent s'expliquer que par l'intervention de la conscience. Ce sera tantôt cette conscience obscure inhérente à tout protoplasma, qui fait en toutes circonstances choisir aux êtres vivants la voie qui leur est plus favorable; tantôt une notion plus ou moins distincte du but, que nous voyons agir chez les animaux et spécialement chez les vertébrés. Mais ici se pose le redoutable problème de l'instinct et de l'intelligence, de leurs limites et de leur répartition dans le règne animal. Lorsqu'on voit les actes merveilleux des hyménoptères paralysants, on est porté à se dire avec sir Herbert Maxwell que, s'il est impossible d'attribuer, même en vertu d'observations répétées, une connaissance exacte de l'anatomie et de la physiologie à certains insectes, nous sommes bien obligés de nous demander « si la cause première n'est pas une puissance directrice, ayant le pouvoir de communiquer ses desseins aux plus humbles de ses créatures ».

C'est là un point de vue peu philosophique : l'hypothèse d'une providence extérieure au monde a toujours été opposée à tout progrès scientifique. Lorsque nous sommes en présence de pareils problèmes, nous pouvons sans fausse honte avouer notre ignorance, qui peut n'être pas définitive. Est-ce à dire que tout doive se ramener finalement à des causes purement mécaniques? Je ne le pense pas. Dès qu'on pénètre dans l'intimité des problèmes biologiques, on se convainc de l'intervention incessante de cette finalité interne du protoplasma, de cette « tendance au mieux » qui fait l'essence même de la vie. Par là nous sommes ramenés à la conclusion que nous avait déjà enseignée l'étude de la vie et des transformations des espèces au cours des âges.

INDEX ALPHABÉTIQUE ET ANALYTIQUE

tous les problèmes si complexes soulevés par la colonisation moderne. Les premières migrations des hommes à travers le monde, l'expansion des races européennes au delà des mers, la substitution des races par le métissage, la colonisation par la propagande religieuse, la conduite à tenir envers les indigènes, envers les autorités locales, envers les colons, la défense militaire et maritime des colonies, les pouvoirs des gouverneurs, et mille autres questions y sont traitées à un point de vue tout moderne. C'est un livre de doctrine appuyé sur des faits observés et vécus.

Introduction à la science sociale, par HERBERT SPENCER. 1 vol. in-8, 13ᵉ éd. 6 fr.

L'auteur démontre d'abord la nécessité de cette science et en étudie la nature. Il prémunit ensuite celui qui veut se livrer à cette étude contre les difficultés qu'elle présente : difficultés objectives, difficultés subjectives, intellectuelles et émotionnelles. Ces dernières sont développées dans les chapitres intitulés : Préjugés de l'éducation, préjugés du patriotisme, préjugés de classes, préjugés politiques, préjugés théologiques.

Enfin il indique la discipline à observer dans la science sociale et montre comment les études biologiques et psychologiques en sont la préface nécessaire.

Les bases de la morale évolutionniste, par HERBERT SPENCER. 1 vol. in-8, 6ᵉ édit. . . . . 6 fr.

Le changement que promet ou menace de produire parmi nous la sécularisation de la morale, désiré ou craint, fait de rapides progrès : ceux qui croient possible et nécessaire de remplir le vide sont donc appelés à agir en conformité avec leur foi. C'est cette pensée qui décida le célèbre philosophe anglais à détacher de ses *Études sociologiques* ce travail dans lequel il montre la base scientifique des principes du bien et du mal qui dirigent la conduite des hommes.

Les conflits de la science et de la religion, par DRAPER, professeur à l'Université de New-York. 1 vol. in-8, 11ᵉ édit. . . . . 6 fr.

L'histoire de la science n'est pas seulement l'histoire de ses découvertes, c'est encore celle du conflit existant entre ces deux puissances contraires : d'une part, la force expansive de l'intelligence humaine ; d'autre part, la compression exercée par la foi traditionnelle et par les intérêts humains. Personne, avant Draper, n'avait traité le sujet à ce point de vue où il apparaît comme un événement actuel on ne peut plus important.

Lois scientifiques du développement des nations, dans leurs rapports avec les principes de l'hérédité et de la sélection naturelle, par W. BAGEHOT. 1 vol. in-8, 6ᵉ édit. . . . . 6 fr.

L'auteur a cru pouvoir utilement montrer comment, sur un ou deux points, les idées nouvelles travaillent à modifier deux vieilles sciences, la politique et l'économie politique. Si sur ce point les idées sont encore un peu incomplètes, c'est que le sujet est nouveau ; du moins, l'auteur met sur la voie de quelques conclusions et montre ainsi, en admettant qu'il ne le fasse pas lui-même, ce qui devrait être fait.

L'évolution des mondes et des sociétés, par F.-C. DREYFUS. 1 vol. in-8, 3ᵉ édit. . . . . 6 fr.

L'évolution, que les progrès des sciences naturelles ont établie sur une base inébranlable, a renouvelé la conception générale de l'univers physique et social ; elle a mis en lumière le trait d'union entre le présent et le passé, et, en joignant le point de vue dogmatique au point de vue historique, elle a démontré l'enchaînement des époques successives que l'on considérait jusqu'ici comme n'ayant entre elles aucun rapport immédiat.

Histoire de l'habillement et de la parure, par L. BOURDEAU. 1 vol. in-8. 6 fr.

L'auteur montre comment l'industrie du vêtement et de la parure, qui pourvoit à de si grands besoins chez l'homme, et qui, en raison de son importance générale, constitue une des principales occupations de l'activité humaine, est parvenue, par une évolution continue durant tout le cours de la civilisation, à réaliser un aussi vaste programme. Suivant l'ordre même des faits, M. Bourdeau étudie la préparation des peaux, celle des textiles, leur conversion en fils, le tissage des étoffes, la teinture et l'impression des tissus, enfin la confection des vêtements.

La sociologie, par DE ROBERTY. 1 vol. in-8, 3ᵉ édit. . . . . 6 fr.

Ce volume n'est ni une œuvre de polémique ni un exposé dogmatique, c'est un essai de philosophie sociale où l'auteur a surtout cherché à définir la place, le caractère, la méthode et les tendances de la science toute nouvelle qui étudie les sociétés humaines avec les procédés précis des sciences naturelles.

La science de l'éducation, par ALEX. BAIN, professeur à l'Université d'Aberdeen (Écosse). 1 vol. in-8, 10e édit. . . . . 6 fr.

Dans une première partie, M. Bain examine la nature de l'éducation et ses rapports avec la physiologie, l'éducation de l'intelligence, des sens, de la mémoire et de l'imagination, la discipline. La seconde partie est consacrée aux méthodes que l'auteur étudie dans toutes les sciences et dans les différentes branches de l'éducation littéraire. Enfin, dans une troisième partie, M. A. Bain trace le plan complet d'une *éducation moderne* en rapport avec les conditions particulières des sociétés contemporaines.

La vie du langage, par WHITNEY, professeur de philosophie comparée à Yale-College, Boston (États-Unis). 1 vol. in-8, 4e édit. . . . . 6 fr.

Les linguistes ont longtemps différé d'opinions sur la question de savoir si l'étude du langage est une branche de la physique ou de l'histoire. Ce différend est à peu près réglé maintenant : toute matière dans laquelle les circonstances, les habitudes et les actes des hommes constituent un élément prédominant, ne peut être que le sujet d'une science historique ou morale. C'est à ce point de vue que l'auteur s'est placé pour étudier la vie du langage.

La monnaie et le mécanisme de l'échange, par W. STANLEY JEVONS, professeur d'économie politique à l'Université de Londres. 1 vol. in-8, 5e édit. 6 fr.

L'auteur décrit les différents systèmes de monnaies anciennes ou modernes du monde entier, les matières premières employées à faire de la monnaie, la réglementation du monnayage et de la circulation, les lois naturelles qui régissent cette circulation et les divers moyens appliqués ou proposés pour la remplacer par de la monnaie de papier. Il termine par un exposé du système des chèques et des compensations, si étendu et si perfectionné, et qui a tant contribué à diminuer l'usage des espèces métalliques.

II. — PHILOSOPHIE SCIENTIFIQUE

Les maladies de l'orientation et de l'équilibre, par le Dr GRASSET, professeur de clinique médicale à l'Université de Montpellier, associé national de l'Académie de médecine. 1 vol. in-8, avec gravures. . . . . 6 fr.

C'est l'étude *physiopathologique de l'appareil nerveux de l'équilibration* chez l'homme que M. Grasset a voulu faire. Il s'est efforcé d'expliquer par l'anatomophysiologie de cet appareil complexe les symptômes, nombreux et variés, que l'on rencontre fréquemment au lit du malade (vertiges, ataxies, troubles du sens musculaire...). Il a écrit ainsi, pour la première fois, un chapitre de neuropathologie et de neuroséméiologie particulièrement intéressant.

L'audition et ses organes, par le Dr GELLÉ, membre de la Société de biologie. 1 vol. in-8, avec 10 gravures dans le texte. . . . . 6 fr.

Les *sourds* ont toujours été un sujet d'observations aussi intéressant pour les philosophes et les savants que curieux pour les gens du monde. Dans cet ouvrage, l'auteur examine successivement les caractères des vibrations sonores et les organes auditifs. Puis il arrive aux sensations auditives qu'il étudie dans toutes leurs variétés, dans leurs formes normales et dans leurs déformations morbides, si curieuses pour le public et si intéressantes pour ceux qui étudient les maladies de l'oreille. De nombreuses illustrations permettent de suivre les descriptions et reproduisent les phénomènes les plus importants. La signature dit ce que vaut l'œuvre, la richesse des matériaux qui y sont accumulés et le soin avec lequel ils ont été triés.   (*Mercure de France.*)

L'évolution régressive en biologie et en sociologie, par MM. DEMOOR, MASSART et VANDERVELDE, professeurs à l'Université de Bruxelles. 1 vol. in-8, avec 84 gravures dans le texte. . . . . 6 fr.

Les analogies qui existent, au point de vue de l'évolution, entre la biologie et la sociologie, résultent de ce que l'évolution des sociétés, aussi bien que des organismes, est le concours des deux facteurs : *la ressemblance* et *l'adaptation*. Sans pousser jusqu'à l'exagération l'assimilation entre les organismes sociaux et les organismes végétaux ou animaux, MM. Demoor, Massart et Vandervelde ont réussi à découvrir des analogies très curieuses dans l'étude de la régression dans ces trois ordres de phénomènes.

L'esprit et le corps, considérés au point de vue de leurs relations ; suivi d'études sur les *Erreurs généralement répandues au sujet de l'esprit*, par ALEX. BAIN, professeur à l'Université d'Aberdeen (Écosse). 1 vol. in-8, 6° édit. . . . . 6 fr.

Dans cet ouvrage, M. Bain examine le grand problème de l'âme, surtout au point de vue de son action sur le corps. Il fait l'histoire de toutes les théories émises sur la nature de l'âme et sur la nature du lien qui peut l'unir au corps. Il étudie ensuite les sentiments, l'intelligence et la volonté, ce qui lui donne l'occasion d'exposer des vues fort originales, et il est conduit à indiquer une solution nouvelle du grand problème qu'il a abordé.

Les illusions des sens et de l'esprit, par JAMES SULLY. 1 vol. in-8, 3° édit. 6 fr.

Cette étude embrasse le vaste domaine de l'erreur. L'auteur s'est constamment tenu au point de vue strictement scientifique, c'est-à-dire à la description, à la classification des erreurs reconnues telles, qu'il explique en les rapportant à leurs conditions psychiques et physiques. C'est ainsi qu'après les illusions de la perception, il étudie celles des rêves, de l'introspection, de la pénétration, de la croyance, de l'amour-propre, de l'attente, de la mémoire, les erreurs de l'esthétique et de la poésie, etc.

Le magnétisme animal, par MM. ALFRED BINET, directeur du laboratoire de psychologie physiologique de la Sorbonne, et CH. FÉRÉ, médecin de Bicêtre. 1 vol. in-8, 4° édit. . . . . 6 fr.

Les auteurs de ce livre sont deux des élèves de M. le professeur Charcot ; ils furent ses collaborateurs les plus assidus, et ont pu expérimenter toutes les méthodes de magnétisme, reproduire toutes les expériences relatées par les magnétiseurs et les soumettre à une analyse critique et sévère.

Les altérations de la personnalité, par ALFRED BINET, directeur du laboratoire de psychologie physiologique de la Sorbonne. 1 vol. in-8, avec fig., 2° éd. 6 fr.

M. Binet montre que le fameux *moi* indivisible de la vieille philosophie peut se dédoubler en plusieurs personnalités coexistantes ou successives parfaitement distinctes, en un mot qu'un même homme peut être à la fois plusieurs personnes. Ces faits extraordinaires, constatés scientifiquement, conduisent M. Binet à expliquer d'une manière naturelle des faits réputés miracles ou impostures, comme les phénomènes du spiritisme.

Le cerveau et la pensée chez l'homme et chez les animaux, par CHARLTON BASTIAN, prof. à l'Univ. de Londres. 2 vol. in-8, avec 184 gravures, 2° édit. 12 fr.

M. Charlton Bastian examine successivement les différentes classes d'animaux, avant d'arriver au cerveau de l'homme, et montre la gradation de toutes les fonctions intellectuelles, au fur et à mesure qu'on monte dans l'échelle animale. Les chapitres consacrés aux singes supérieurs et à l'homme sont très curieux ; dans l'intelligence humaine, l'auteur a fait une grande place à l'examen de toutes les déviations intellectuelles, et cite un grand nombre d'observations qui ne sont pas des moindres attraits du livre.

Théorie scientifique de la sensibilité, par LÉON DUMONT. 1 vol. in-8, 4° éd. 6 fr.

Dans une première partie, l'auteur s'occupe de l'analyse générale, et passe en revue les théories sur le plaisir et la peine ; il examine le caractère essentiel de ces deux affections, ainsi que leur relativité.

Dans la seconde division, M. Dumont aborde la synthèse particulière ; il classe les émotions, distingue les plaisirs et les peines en plaisirs et peines positifs et plaisirs et peines négatifs. Il traite de l'expression de l'émotion chez l'homme et les animaux, de la contagion des émotions, de l'influence des émotions sur la volonté, et termine par une intéressante étude sur la production volontaire des causes de plaisir et, en particulier, sur l'art.

Le crime et la folie, par H. MAUDSLEY, professeur à l'Université de Londres. 1 vol. in-8, 7° édit. . . . . 6 fr.

L'auteur procède à une démarcation précise de la zone mitoyenne entre la santé et l'insanité ; puis il traite des diverses formes de l'aliénation mentale, des rapports de la loi et de la folie, de la folie partielle, de la folie épileptique et de la folie sénile. Il termine sa savante étude par une détermination nette des moyens qui permettent de se préserver de la folie. Il montre les pernicieux effets de l'intempérance, et préconise une éducation solide, doublée de croyances fortes et éclairées.

III. — PHYSIOLOGIE

Les lois naturelles, *Réflexions d'un biologiste sur les sciences*, par F. Le Dantec, chargé du cours d'embryologie générale à la Sorbonne. 1 vol. in-8, avec fig.   6 fr.

Les cantons sensoriels et le monisme, les sciences du canton optique, les autres cantons, les explications, la place de la biologie dans les sciences, tels sont les titres des différents chapitres au cours desquels l'auteur démontre que les prétendues qualités de *l'activité extérieure* tiennent seulement à la place qu'occupent les phénomènes vitaux par rapport aux divers modes d'activité du monde ambiant. Selon lui, la science est *humaine* et permet à l'homme de prévoir des parties de l'avenir et de construire des machines. Toutes les questions métaphysiques qui se posent dans la cervelle des hommes de science peuvent être évitées par eux s'ils ont sans cesse présente à l'esprit la nature même de leur esprit.

Physiologie de la lecture et de l'écriture, par M. le Docteur E. Javal, membre de l'Académie de médecine. 1 vol. in-8 avec 96 figures.   .   .   .   .   6 fr.

Ce livre étant destiné au grand public, le savant physiologiste a dû s'efforcer de rendre abordables les notions théoriques sur lesquelles il fonde ses démonstrations, et il y a pleinement réussi : les chapitres qu'il consacre à l'optique de l'œil et au mécanisme soit de la lecture, soit de l'écriture, sont d'une lecture facile et même attrayante.

Le chapitre le plus curieux du livre est celui où il est traité de la forme du caractère typographique ; l'auteur cherche et trouve le moyen de produire des impressions lisibles à l'aide de très petites dimensions : la planche où sont réunis des caractères de un, deux et trois points est une vraie merveille.

Les virus, par le Dr Arloing, membre correspondant de l'Institut, directeur de l'École vétérinaire et professeur à la Faculté de médecine de Lyon. 1 vol. in-8, avec 47 gravures dans le texte.   .   .   .   .   6 fr.

M. Arloing étudie l'organisme dans la lutte avec les microbes ; il montre le malade succombant ou résistant et acquérant alors d'ordinaire une immunité spéciale contre le retour du mal qui l'a touché une première fois. Il étudie ensuite les différents moyens de produire chez l'homme cette immunité contre les terribles maladies qui sont le fléau de notre espèce, depuis la variole jusqu'à la rage et à la phtisie. Il termine par une critique des travaux de Koch sur la fameuse lymphe préservatrice de la tuberculose qui a tant passionné le monde.

Les sensations internes, par H. Beaunis, professeur de physiologie à la Faculté de médecine de Nancy. 1 vol. in-8.   .   .   .   .   6 fr.

Sous ce nom, l'auteur comprend toutes les sensations qui arrivent à la conscience par une autre voie que les cinq sens spéciaux. Il est ainsi amené à examiner les manifestations suivantes : *la sensibilité organique*, c'est-à-dire la sensibilité des tissus et organes, à l'exclusion des organes des sens ; *les besoins* (besoins d'activité musculaire ou psychique, des fonctions digestives, de sommeil, de repos, etc.) ; *les sensations fonctionnelles* (respiratoires, circulatoires, etc.) ; *le sentiment de l'existence* ; *les sensations émotionnelles* ; les sensations de nature indéterminée, comme le sens de l'orientation, de la pensée, de la durée ; *la douleur et le plaisir*.

Les exercices physiques et le développement intellectuel, par A. Mosso, prof. à l'Univ. de Turin ; trad. de l'italien par *Claudius Jacquet*. 1 vol. in-8.   6 fr.

M. Mosso montre dans son livre le moyen d'élever parallèlement le corps et l'esprit ; *l'éducation physique des Romains et de la jeunesse italique, la gymnistique moderne, l'œuvre du gouvernement, l'art d'élever, l'éducation physique dans l'Université, la démocratie et l'éducation physique, l'éducation moderne des femmes*, tels sont les titres des différents chapitres au cours desquels M. Mosso montre la nécessité de combiner les deux cultures, afin d'obtenir des êtres moralement et physiquement solides, capables de résister aux nécessités de l'heure présente.

Physiologie des exercices du corps, par le docteur Fernand Lagrange, lauréat de l'Institut. 1 vol. in-8, 9e édit.   .   .   .   .   6 fr.

M. Lagrange examine avec de très grands détails le travail musculaire, la fatigue, la cause de l'essoufflement, de la courbature, le surmenage, l'accoutumance au travail, l'entraînement, les différents exercices et leurs influences, les exercices qui déforment et ne déforment pas le corps, le rôle du cerveau dans l'exercice, l'automatisme. Certains chapitres sur les dépôts uratiques, sur le rôle du travail musculaire dans la production des sédiments, sont très fouillés. M. Lagrange a observé par lui-même, et l'on voit qu'il s'est rendu maître d'un sujet peu exploré et difficile. Toutes les faibles, les débilités par l'air et la vie des grandes villes, ont intérêt à méditer cet excellent traité de physiologie spéciale.   (*Les Débats.*)

Les sens, par BERNSTEIN, professeur à l'Université de Halle. 1 vol. in-8, avec 91 grav. dans le texte, 5e édit. . . . . 6 fr.

Cet ouvrage est divisé en quatre livres : le premier est consacré au sens du toucher sous ses différentes formes ; le second, consacré au sens de la vue, contient une étude détaillée de la constitution et du fonctionnement de l'œil et de toutes les maladies qu'il peut subir ; le troisième traite du sens de l'ouïe et le quatrième termine l'ouvrage par l'étude de l'odorat et du goût.

Les organes de la parole et leur emploi pour la formation des sons du langage, par H. DE MEYER, professeur à l'Université de Zurich ; traduit de l'allemand et précédé d'une introduction sur l'*Enseignement de la parole aux sourds-muets*, par M. O. CLAVEAU, inspecteur général des établissements de bienfaisance. 1 vol. in-8, avec 51 gravures dans le texte . . . . 6 fr.

L'étude de la structure et des dispositions des organes de la parole s'impose aux philosophes avec un caractère de nécessité qui devient de jour en jour plus marqué ; chaque jour, en effet, on voit s'affermir cette conviction qu'une intelligence exacte des lois relatives à la modification des éléments du langage ne peut s'acquérir sans le secours des lois physiologiques de la production des sons.

La physionomie et l'expression des sentiments, par P. MANTEGAZZA, professeur au Muséum d'histoire naturelle de Florence. 1 vol. in-8, avec gravures et 8 planches hors texte, 3e édit. . . . . 6 fr.

Ce livre est une page de psychologie, une étude sur le visage et sur la mimique humaine. L'auteur s'est donné pour tâche de séparer nettement les observations positives de toutes les divinations hardies qui ont jusqu'ici encombré la voie de ces études.

Scientifique dans le fond, l'ouvrage de M. Mantegazza est cependant d'une lecture agréable ; le psychologue et l'artiste y trouveront beaucoup de faits nouveaux et des interprétations ingénieuses d'observations que chacun pourra vérifier.

Théorie nouvelle de la vie, par FÉLIX LE DANTEC, docteur ès sciences, chargé du cours d'Embryologie générale à la Sorbonne. 1 vol. in-8, 3e édit. . . . 6 fr.

Comment définir la vie ? « Il n'y a pas de définition des choses naturelles », a dit Claude Bernard. On ne définit pas la vie, parce que la définition serait trop complexe. M. Le Dantec l'a tenté, et je n'oserais pas affirmer qu'il n'ait pas réussi. Seulement il a posé de nombreux corollaires préliminaires. Il faut d'ailleurs, avec lui, se faire une conception tout autre que celle que l'on possédait autrefois sur la vie. La vie de l'individu n'est pas unique ; elle se compose d'une multitude d'éléments qui vivent aussi. Et ce que nous appelons la vie est la résultante de toutes ces vies particulières. N'insistons pas. L'ouvrage de M. Le Dantec est extrêmement remarquable. Il mérite d'être médité, et celui qui le lira verra s'agrandir considérablement l'horizon de ses connaissances. C'est un des livres les plus saillants de l'année.   (*Journal des Débats.*)

La machine animale, par E.-J. MAREY, membre de l'Institut, professeur au Collège de France. 1 vol. in-8, avec 117 grav. dans le texte, 6e édit. augmentée. 6 fr.

L'adaptation des organes du mouvement chez les animaux à leurs diverses conditions d'existence, les allures chez l'homme et chez le cheval, l'analyse du mécanisme du vol des insectes et des oiseaux, l'appareil reproduisant les mouvements des ailes : tels sont les principaux sujets traités dans ce livre.

Il n'est pas besoin d'insister sur les applications utiles de ces recherches scientifiques, lesquelles ont d'ailleurs valu à leur auteur le grand prix de physiologie de dix mille francs, fondé par M. Lacaze.

La locomotion chez les animaux (*marche, natation et vol*), suivi d'une étude sur l'*Histoire de la navigation aérienne*, par J.-B. PETTIGREW, professeur au Collège royal de chirurgie d'Edimbourg (Écosse). 1 vol. in-8, avec 140 gravures dans le texte, 2e édit. . . . . 6 fr.

Une partie de cet ouvrage est consacrée aux questions traitées dans la *Machine animale*, par M. Marey, avec qui l'auteur est en désaccord sur un certain nombre de points. Il se place d'ailleurs à un point de vue différent. Il étudie la locomotion dans et par l'eau, dont M. Marey ne s'est pas occupé, et donne de curieux détails sur la natation de l'homme.

Mais ce qu'il faut signaler tout particulièrement, c'est son histoire de toutes les machines et de tous les systèmes essayés pour arriver à naviguer dans l'air, depuis les montgolfières jusqu'aux machines actuelles.

La chaleur animale, par Ch. Richet, professeur à la Faculté de médecine de
Paris. 1 vol. in-8, avec 47 graphiques dans le texte. . . . . 6 fr.
L'auteur justifie la théorie de Lavoisier, que la vie est une fonction chimique : les
phénomènes de chaleur dont les êtres vivants sont le siège, sont phénomènes physico-
chimiques. Tout phénomène est accompagné de chaleur; il y a en outre production
d'énergie mécanique et mouvement.

Les bases scientifiques de l'éducation physique, par G. Demeny, professeur
du cours d'Éducation physique de la Ville de Paris et de physiologie appliquée
à l'École militaire de gymnastique de Joinville-le-Pont. 1 vol. in-8, avec 98 gravures. 2ᵉ édit. . . . . 6 fr.

Mécanisme et éducation des mouvements, par *le même*. 2ᵉ édit. 1 vol. in-8,
avec 568 gravures. . . . . 9 fr.
Dans le premier ouvrage l'auteur développe particulièrement l'éducation de la respiration, l'ampliation de la poitrine, la fatigue et l'entraînement, l'éducation des mouvements et des sens. Il relie l'éducation physique à l'éducation morale en montrant l'effet
de la première sur le caractère et, dans une troisième partie, il indique les procédés
techniques de mensuration pour contrôler les résultats obtenus.
Dans le second volume, les mouvements gymnastiques sont analysés et étudiés sous
le rapport de leur effet utile. On y trouve l'exposé des études sur la locomotion au
moyen de la chronophotographie et de la dynamographie. On y constate aussi les rapports de la science et de l'art dans ce qui peut constituer la physiologie artistique;
toute une partie importante est consacrée aux conditions économiques de l'utilisation
de la force musculaire, à la mesure du travail dans les cas simples et à des expériences
intéressant spécialement la locomotion dans l'armée.

Évolution individuelle et hérédité (*Théorie de la variation quantitative*), par
F. Le Dantec, chargé du cours d'Embryologie générale à la Sorbonne.
1 vol. in-8 . . . . 6 fr.
Le but de M. F. Le Dantec en écrivant cet ouvrage, a été d'arriver, par une méthode
purement déductive, à la compréhension de l'hérédité des caractères acquis, et c'est
par cette méthode que son livre diffère entièrement des autres ouvrages publiés sur la
question si controversée de l'hérédité.

IV. — ANTHROPOLOGIE

Latins et Anglo-Saxons. *Races supérieures et races inférieures*, par N. Colajanni,
professeur à l'Université de Naples. Traduction et préface par J. Dubois.
1 vol. in-8 . . . . 9 fr.
C'est à l'examen des facteurs économiques, politiques, moraux et intellectuels, que
M. Colajanni a consacré son ouvrage. On est frappé de l'aspect que prend la question
des races supérieures ou inférieures, quand on l'étudie avec lui du point de vue évolutif. Son travail présente un réel intérêt d'actualité. La Grèce antique, Rome, la Venise
médiévale, l'Angleterre, l'Amérique, la France et l'Italie nous apparaissent successivement
ou en même temps aux principales époques de leur histoire; chaque pays nous révèle, au
cours de cette enquête, les causes de sa grandeur ou de sa décadence momentanée,
les germes de renaissance ou de dégénérescence qui se laissent entrevoir dans son
organisme actuel. Une idée consolante et optimiste ressort pour nous de cette comparaison, c'est que la race tend à devenir une pure entité, et que son rôle dans la vie des
peuples européens semble aujourd'hui négligeable.

Formation de la Nation française (*Textes, linguistique, palethnologie, anthropologie*), par Gabriel de Mortillet, professeur à l'École d'Anthropologie,
ancien président de la Société d'Anthropologie. 1 vol. in-8, avec 153 gravures et 18 cartes dans le texte, 2ᵉ édit. 6 fr.
Critique chronologique des anciens textes. Populations sédentaires et populations
mobiles. Gaulois et Germains formant un seul et même type. Langues parlées. Évolution de l'écriture en France. Précurseur de l'homme. Naissance et développement de
l'industrie et de la civilisation. Absence de culte. Invasion et révolution sociologique.
Protohistorique et métallurgie. Races humaines primitives de la France. Dolichocé-
phales et brachycéphales. Origine et variations des cultes. Les premiers habitants
apparaissent il y a 230 à 240 mille ans. Races françaises pures pendant le paléolithique.
Mélange des races autochtones avec les races envahissantes. Formation de la population
française : telles sont les matières traitées dans cet ouvrage.

L'espèce humaine, par A. DE QUATREFAGES, membre de l'Institut, professeur au Muséum d'histoire naturelle. 1 vol. in-8, 11ᵉ édit. . . . . 6 fr.

« Ce livre m'a beaucoup intéressé, et il intéressera tous ceux qui le liront. Il expose avec une pleine compétence les faits et les questions. On peut n'être pas toujours de son avis, mais il fournit des éléments de discussion sur lesquels il est légitime de compter. Les diverses races humaines sont bien étudiées ; l'homme fossile, cette découverte des temps modernes, n'est pas oublié. Des détails très instructifs sont donnés sur les influences du milieu et de la race, sur les acclimatations, sur les croisements et sur les curieux phénomènes de l'hybridité. » — E. LITTRÉ. *Philosophie positive.*)

Darwin et ses précurseurs français, par A. DE QUATREFAGES. 1 vol., 2ᵉ édit. 6 fr.

Les émules de Darwin, par A. DE QUATREFAGES ; précédé de notices sur la vie et les travaux de l'auteur, par MM. E. PERRIER et HAMY, de l'Institut. 2 vol. 12 fr.

M. de Quatrefages montre dans ces ouvrages que Darwin a eu des précurseurs et des émules de premier rang, en France même. Il analyse et critique les théories de Darwin à côté de celles de ses précurseurs, Lamarck, Et. Geoffroy Saint-Hilaire, Buffon et quelques autres comme Telliamed, Robinet, Bory de Saint-Vincent. Parmi les savants qu'il cite comme émules de Darwin, nous rappellerons Wallace, Naudin, Romanes, Carl Vogt, Haeckel, Huxley, d'Omalius d'Halloy, etc.

La France préhistorique, par E. CARTAILHAC. 1 vol. in-8, avec 150 gravures dans le texte, 2ᵉ édit. . . . . 6 fr.

Ce qui distingue le livre de M. Cartailhac de tant d'autres livres sur le même sujet, c'en est le caractère uniquement et rigoureusement scientifique. Ni les conjectures n'y sont données pour des vérités, ni les hypothèses pour des certitudes ; au contraire, M. Cartailhac s'y fait un point d'honneur de distinguer soigneusement le certain d'avec le probable, et le probable d'avec le douteux. Rien de moins ordinaire aux anthropologistes, dont l'intrépidité d'affirmation n'a d'égale au monde que celle des métaphysiciens. Et c'est ce qui suffirait à recommander *La France préhistorique*, si d'ailleurs le nom de M. Cartailhac n'était assez connu pour ses heureuses découvertes, ses nombreux travaux, et sa rare compétence.   (*Revue des Deux Mondes.*)

L'homme préhistorique, étudié d'après les monuments et les costumes retrouvés dans les différents pays d'Europe ; suivi d'une *Étude sur les mœurs et coutumes des sauvages modernes*, par sir JOHN LUBBOCK, membre de la Société royale de Londres, 2 vol. in-8 avec 228 grav. dans le texte, 4ᵉ édit. . . . . . . 12 fr.

Rappeler les grandes divisions de l'ouvrage montrera suffisamment son importance, tant au point de vue scientifique qu'au point de vue historique. Les principaux chapitres traitent des questions suivantes : *De l'emploi du bronze dans l'antiquité, de l'âge du bronze, de l'emploi de la pierre dans l'antiquité, monuments mégalithiques, tumuli, les anciennes habitations lacustres de la Suisse, les amas de coquilles du Danemark, les graviers des rivières, de l'ancienneté de l'homme.*

La famille primitive, ses origines et son développement, par C. N. STARCKE, professeur à l'Université de Copenhague. 1 vol. in-8. . . . . 6 fr.

Dans une première partie, l'auteur examine l'organisation de la famille, de la propriété et de l'héritage chez tous les peuples primitifs ou anciens. Dans la seconde partie, il fait la théorie de la famille primitive, de son origine et de son évolution. Il étudie successivement la filiation, la polyandrie et la polygamie, le matriarcat et le patriarcat, le lévirat et le niyoga, l'hérédité et le droit d'aînesse, les formes différentes de famille dans les principales races, etc. L'origine et le régime du mariage attirent principalement son attention ; il développe soigneusement le système de l'exogamie et l'évolution du mariage. Il termine enfin par la théorie du clan, de la tribu et de la famille qui a provoqué, comme celle du mariage, bien des controverses.

L'homme dans la nature, par P. TOPINARD. 1 vol. in-8, avec 101 grav. 6 fr.

L'ouvrage de M. Topinard se divise en deux parties distinctes. Dans la première, il expose les résultats de ses recherches personnelles sur l'anthropologie, les questions que soulève cette science, les résultats positifs qu'elle a obtenus et aussi les déceptions qu'elle a rencontrées. Dans la seconde partie de son ouvrage, il expose et discute toutes les données du grand problème de l'origine de l'homme. Il montre avec détails que l'homme est le produit d'une longue évolution commencée dans les classes inférieures des vertébrés et dont il suit toutes les phases jusqu'à l'ordre des Primates où l'Espèce humaine forme un rameau distinct.

Les races et les langues, par ANDRÉ LEFÈVRE, professeur à l'École d'anthropologie de Paris. 1 vol. in-8 . . . . 6 fr.

L'auteur ne sépare pas le langage de l'organisme qui l'a produit, des êtres qui l'ont façonné à leur usage. Le langage, contre-coup sonore de la sensation, a débuté par le cri animal, cri d'émotion, cri d'appel. Varié par l'onomatopée, enrichi par la métaphore, il a évolué dans la mesure même du développement cérébral et des aptitudes intellectuelles. Une grande partie de l'ouvrage est consacrée à la puissante famille indo-européenne dont les nombreux idiomes ont refoulé, pour ainsi dire, et rejeté en marge de la civilisation des langues moins souples et moins bien ordonnées.

Les singes anthropoïdes, et leur organisation comparée à celle de l'homme, par R. HARTMANN, professeur à l'Université de Berlin. 1 vol. in-8, avec 63 gravures dans le texte . . . . 6 fr.

L'auteur déduit de son étude la confirmation de la proposition de Huxley qu'il y a plus de différence entre les singes les plus inférieurs et les singes les plus élevés, qu'il n'y en a entre ceux-ci et les hommes. Toutefois si, au point de vue corporel, il constate une parenté très proche entre l'homme et le singe anthropoïde, il résulte également de ses observations qu'au point de vue psychique l'abîme entre les deux est très considérable.

Le centre de l'Afrique : *Autour du Tchad*, par P. BRUNACHE, administrateur de commune mixte en Algérie. 1 vol. in-8, avec 45 gravures dans le texte et une carte . . . . 6 fr.

M. P. Brunache a été le second de MM. Dybowski et Maistre dans leurs missions célèbres de 1892 et de 1894. Il raconte ses impressions de voyage et constate les résultats acquis dans les explorations auxquelles il a pris part; il expose en même temps ses idées sur l'influence que la France peut et doit exercer dans les régions si disputées de l'Afrique centrale.

<hr>

V. — ZOOLOGIE

La culture des mers en Europe (*piscifacture, pisciculture, ostréiculture*), par GEORGES ROCHÉ, inspecteur général des Pêches maritimes. 1 vol. in-8, avec 81 gravures dans le texte . . . . 6 fr.

M. Roché expose d'abord les procédés de pêche modernes et les résultats qu'ils fournissent dans les mers d'Europe, puis il passe en revue les essais de piscifacture et de pisciculture pratiqués dans les divers pays, la reproduction des homards et des langoustes, l'ostréiculture si développée en France que ses débouchés actuels sont devenus insuffisants. Un dernier chapitre est consacré à la culture des éponges industrielles.

L'intelligence des animaux, par G.-J. ROMANES, secrétaire de la Société Linnéenne de Londres pour la zoologie; précédé d'une préface sur l'*Évolution mentale*, par EDM. PERRIER, membre de l'Institut, directeur du Muséum d'histoire naturelle de Paris. 2 vol. in-8, 3ᵉ édit. . . . . 12 fr.

Cet ouvrage a été composé, presque sous les yeux de Darwin, par un des hommes qui se sont le plus scrupuleusement imprégnés de sa méthode. Georges-J. Romanes étudie les manifestations de l'instinct ou de la raison chez les différentes espèces, depuis les plus inférieures jusqu'aux grands mammifères, et il rapporte, avec un luxe de détails vraiment remarquable, quantité de curieuses observations.

La philosophie zoologique avant Darwin, par EDMOND PERRIER, membre de l'Institut, directeur du Muséum d'histoire naturelle de Paris. 1 vol. in-8, 3ᵉ édit. . . . . 6 fr.

Le savant directeur du Jardin des plantes a traité une des parties les plus intéressantes des sciences naturelles : l'Histoire des doctrines des grands zoologistes depuis Aristote jusqu'aux hommes les plus marquants de l'époque contemporaine. Il y a abordé chacun des grands problèmes que cherchent à résoudre en ce moment les sciences naturelles et a fait de ce livre un véritable résumé de la zoologie actuelle.

Descendance et Darwinisme, par O. Schmidt, professeur à l'Université de
Strasbourg. 1 vol. in-8, avec 26 gravures, 6ᵉ édit. . . . . 6 fr.

La théorie nouvelle de la parenté et de la descendance n'a pas été uniquement sou-
mise aux controverses de ses partisans; elle a été discutée par des adversaires dont la
vue était troublée par l'image plus ou moins nette des dangers qu'elle préparait à leur
science fondée sur le miracle. L'opposition a été grande en Angleterre contre l'homme
éminent au nom duquel se rattache cette révolution, surtout depuis qu'il est notoire
que, fidèle à lui-même, il a voulu comprendre l'homme dans ses recherches et lui appliquer les conséquences de ses théories. L'auteur s'est proposé de mettre le lecteur à
même d'embrasser l'état de ce problème si compliqué de la théorie de la descendance.

Les mammifères dans leurs rapports avec leurs ancêtres géologiques,
par O. Schmidt, professeur à l'Université de Strasbourg. 1 vol. in-8, avec
51 gravures dans le texte. . . . . 6 fr.

Quels ont été nos ancêtres et ceux des mammifères actuels? Il n'y a pas de question
scientifique qui puisse intéresser davantage le public tout entier ni prêter à des
découvertes plus piquantes. Le principe même des doctrines darwiniennes n'est plus
contesté aujourd'hui. Il faut maintenant développer leurs conséquences et tracer la
généalogie des êtres vivants actuels au travers des temps géologiques. C'est ce que
fait M. O. Schmidt pour toutes les catégories de mammifères, depuis les moins élevés
jusqu'aux grands singes anthropoïdes et jusqu'à l'homme lui-même. Il termine en
décrivant à grands traits l'homme de l'avenir.

L'écrevisse, *Introduction à l'étude de la zoologie*, par Th.-H. Huxley, membre de
la Société royale de Londres et de l'Institut de France, prof. d'histoire naturelle à l'École royale des mines de Londres. 1 vol. in-8, avec 82 grav., 2ᵉ éd. 6 fr.

L'auteur n'a pas voulu simplement écrire une monographie de l'écrevisse, mais
montrer comment l'étude attentive de l'un des animaux les plus communs peut conduire aux généralisations les plus larges, aux problèmes les plus difficiles de la zoologie, et même de la science biologique en général. Avec ce livre, le lecteur se trouve
amené à envisager face à face toutes les grandes questions zoologiques qui excitent
aujourd'hui un si vif intérêt.

Les commensaux et les parasites dans le règne animal, par P.-J. van
Beneden, professeur à l'Université de Louvain (Belgique). 1 vol. in-8, avec
82 grav. dans le texte, 3ᵉ édit. . . . . 6 fr.

Dans une première partie, l'auteur étudie les *Commensaux*, qu'il divise en commensaux libres et commensaux fixes; dans une deuxième partie, les *Mutualistes*, c'est-à-
dire ceux qui vivent ensemble en se rendant de mutuels services.

Dans la troisième partie, sont traités les *Parasites*, ainsi divisés : parasites libres à
tout âge, dans le jeune âge, pendant la vieillesse; parasites à transmigrations et à
métamorphoses; parasites à toutes les époques de la vie.

Les sens et l'instinct chez les animaux et principalement chez les insectes,
par Sir John Lubbock. 1 vol. in-8, avec 150 grav. dans le texte. . . . . . 6 fr.

La principale originalité de ce livre, ce sont les nombreuses expériences imaginées
par l'auteur, avec une ingéniosité et une patience sans égales, pour mettre en lumière
l'intelligence et les instincts moraux ou sociaux des bêtes de tout ordre.

<hr>

V. — BOTANIQUE — GÉOLOGIE

Les végétaux et les milieux cosmiques *(adaptation, évolution)*, par J. Costantin, professeur au Muséum d'histoire naturelle. 1 vol. in-8, avec 174 gravures
dans le texte. . . . . 6 fr.

M. Costantin nous fait assister aux variations incessantes des êtres qu'on observe
partout dans la nature; il établit, en outre, comment les caractères nouveaux ainsi produits se fixent peu à peu et deviennent héréditaires. Il élucide par des arguments pro-
bants le point capital et si ardemment débattu, dans ces dernières années, de la fixation des caractères acquis.

La géologie expérimentale, par STANISLAS MEUNIER, professeur au Muséum
d'histoire naturelle. 2ᵉ édit. 1 vol. in-8, avec 56 gravures dans le texte.   6 fr.

Il est une branche d'études, la géologie, qui, jusqu'en ces derniers temps, ne demandait à l'expérience à peu près aucun contrôle. M. Stanislas Meunier, estimant que les
phénomènes géologiques aussi bien que ceux de la physique, de la chimie ou de la biologie relèvent de l'expérimentation, s'est ingénié durant des années à créer des expériences propres à donner sur les circonstances des formations géologiques des lumières
précises. Pour ces raisons, l'ouvrage qu'il vient de publier mérite tout particulièrement
d'attirer l'attention. Il est en effet la première manifestation d'une orientation nouvelle et des plus fructueuses que vont subir les études géologiques.
G. VITOUX (Le Rappel).

La nature tropicale, par J. COSTANTIN, professeur au Muséum d'histoire naturelle. 1 vol. in-8, avec 166 gravures dans le texte. . . . . 6 fr.

L'importance sans cesse croissante des questions coloniales vient ajouter un véritable
intérêt d'actualité à l'intérêt scientifique de ce livre curieux. L'auteur nous révèle
tous les secrets de la végétation puissante des forêts vierges, si différentes des petits
bois de nos climats, et surtout les associations de vie qui s'établissent entre les plantes
les plus différentes. Comme dans les sociétés humaines, on y voit toutes les formes de
la charité, du parasitisme et de la solidarité. L'ouvrage se termine par l'étude scientifique des légendes sur le déluge qui existent dans toutes les religions, et montre
à quels phénomènes réels on peut les rattacher.

Introduction à l'étude de la botanique (Le sapin), par J. DE LANESSAN,
professeur agrégé à la Faculté de médecine de Paris, ancien ministre, député.
1 vol. in-8, avec 103 grav. dans le texte, 2ᵉ édit. . . . . 6 fr.

L'auteur a écrit ce livre surtout pour faire connaître au grand public les principes
et les traits généraux des sciences, mais il rendra aussi service à ceux qui débutent
dans l'étude de la botanique, en leur montrant que cette science ne se compose pas
seulement de détails arides et fastidieux. En prenant comme sujet l'étude du Sapin,
M. de Lanessan n'a pas voulu faire une monographie de cet arbre; il s'est proposé
seulement de développer par un exemple spécial les théories les plus importantes de
la Botanique.

L'origine des plantes cultivées, par A. DE CANDOLLE, correspondant de
l'Institut. 1 vol. in-8, 4ᵉ édit. . . . . 6 fr.

Le but de l'auteur a été de chercher l'état et l'habitation de chaque espèce avant sa
mise en culture. Il a dû, pour cela, distinguer parmi les innombrables variétés, celle
qu'on peut estimer la plus ancienne, et voir de quelle région du globe elle est sortie.
Il montre, en outre, comment la culture des diverses espèces s'est répandue dans différentes directions, à des époques successives.

Les champignons, par COOKE et BERKELEY. 1 vol. in-8, avec 110 grav., 1ʳᵉ éd.   6 fr.

Dans une première partie, les auteurs donnent d'intéressants détails sur la nature
des champignons, sur leur structure et leur classification; il enseigne leurs divers usages.
Il font suivre aux lecteurs les phases successives du développement de ces cryptogames
et insiste sur les phénomènes remarquables. La seconde partie, plus pratique, a trait
à l'influence des champignons, à leurs habitats et à leur culture, aux procédés de
récolte et de conservation généralement pratiqués.

L'évolution du règne végétal, par G. DE SAPORTA, correspondant de l'Institut,
et MARION, professeur à la Faculté des sciences de Marseille.

    I. Les Cryptogames. 1 vol. in-8, avec 85 gravures dans le texte. . . . . 6 fr.
    II. Les Phanérogames. 2 vol. in-8, avec 136 gravures dans le texte. . . . . 12 fr.

Les régions invisibles du globe et des espaces célestes, par A. DAUBRÉE,
membre de l'Institut. 1 vol. in-8, avec 89 gravures, 2ᵉ édit. . . . . 6 fr.

M. Daubrée fait l'étude des eaux souterraines, de la formation des roches sédimentaires ou cristallisées, des tremblements de terre, des météorites ou pierres tombées du
ciel, etc. Les sources, les eaux minérales, les cours d'eau souterrains, le rôle minéra

lisateur de l'eau aux époques géologiques constituent autant de chapitres d'un vif intérêt. Les tremblements de terre et les météorites conduisent M. Daubrée à l'examen de la constitution du globe. En un mot, c'est bien, comme l'indique le titre, une excursion dans les régions de l'invisible.

Les volcans et les tremblements de terre, par Fucus, professeur à l'Université de Heidelberg. 1 vol. in-8, avec 30 gravures et une carte en couleurs, 6ᵉ édit.. . . . . 6 fr.

On trouve dans ce livre un historique détaillé des tremblements de terre connus, des études sur les tremblements de mer, les volcans boueux et les geysers, une description pétrographique des laves; enfin il se termine par une description géographique des volcans, comprenant une énumération complète et tenant compte de toutes les découvertes et de tous les événements récents.

Le pétrole, le bitume et l'asphalte, par A. Jaccard, professeur de géologie à l'Académie de Neuchâtel. 1 vol. in-8, avec 70 gravures dans le texte. . 6 fr.

M. Jaccard fait dans ce livre l'histoire critique de toutes les théories scientifiques relatives au pétrole, décrit son mode de formation, expose la découverte successive de ses gisements dans les deux mondes. Il donne ensuite l'histoire du bitume et de l'asphalte. Enfin il cherche à déterminer l'avenir industriel du pétrole.

La géologie comparée, par Stanislas Meunier, professeur au Muséum d'histoire naturelle. 1 vol. in-8, avec 36 gravures dans le texte. . . . . . . 6 fr.

L'étude des météorites, qui sont des échantillons de masses extra-terrestres, et les renseignements de plus en plus abondants que nous fournit l'astronomie physique, aidée par l'analyse spectrale, sur la constitution des corps célestes, permettent d'entrevoir une géologie considérable, dont la géologie terrestre forme un cas particulier. C'est ce nouveau chapitre de la science que le savant professeur du Muséum s'attache, depuis des années, à développer et à constituer en corps de doctrine. Il en a donné un excellent résumé dans le volume que nous avons sous les yeux.

(Revue des Deux Mondes.)

La géologie générale, par *le même*. 1 vol. in-8, avec 43 grav. dans le texte. 6 fr.

L'auteur débute par un exposé de l'évolution des idées en géologie générale pendant le xixᵉ siècle, pour aboutir à l'activisme qui constitue à l'heure actuelle le dernier stade de cette évolution. Pour justifier cette doctrine, il étudie les principaux phénomènes actuels en essayant de retrouver pour chacun d'eux la cause prochaine d'où ils dérivent. Il recherche ensuite dans les dépôts des époques antérieures à la nôtre, des témoignages analogues à ceux qu'il a ainsi interprétés, puis il examine si toutes les actions actuelles se sont fait sentir alors et si, à leur influence, ne s'est pas ajoutée celle des causes qui n'agiraient plus maintenant.

Il établit ainsi, pour ainsi dire, la physiologie tellurique de l'époque actuelle et la physiologie comparée des époques précédentes, et fait enfin ressortir entre les unes et les autres les points communs et les contrastes dont se dégage, comme d'elle-même, toute la philosophie de la géologie.

VII. — PHYSIQUE

L'évolution inorgarnique *étudiée par l'analyse spectrale*, par Sir Norman Lockier. 1 vol. in-8 avec figures. . . . . 6 fr.

L'auteur expose dans cet ouvrage le résultat de ses recherches les plus récentes sur la chimie du soleil et des étoiles.

Il arrive à cette conclusion que le produit final de la dissociation ou de la séparation des éléments des corps par la chaleur doit être la forme chimique primitive.

En descendant des étoiles les plus chaudes vers les plus froides, le nombre des races spectrales augmente et, avec leur nombre, le nombre des raies et celui des éléments chimiques; à chaque stade, avec l'introduction de certaines formes nouvelles, disparaissent certaines formes anciennes. En résumé, les étoiles présentent une progression des formes organiques dans les terrains géologiques.

Les glaciers et les transformations de l'eau, par J. TYNDALL, professeur de chimie à l'Institution royale de Londres ; suivi d'une étude sur le même sujet, par HELMHOLTZ, professeur à l'Université de Berlin. 1 vol. in-8, avec 27 gravures dans le texte et 8 planches tirées à part sur papier teinté, 6e édit. . . . . 6 fr.

La conservation de l'énergie, par BALFOUR STEWART, professeur de physique au Collège Owen de Manchester (Angleterre) ; suivi d'une étude sur la *Nature de la force*, par P. DE SAINT-ROBERT (de Turin). 1 vol. in-8, 6e édit. 6 fr.

La matière et la physique moderne, par STALLO ; précédé d'une préface par CH. FRIEDEL, de l'Institut, professeur à la Faculté des sciences de Paris. 1 vol. in-8, 3e édit. . . . . 6 fr.

L'auteur critique, au point de vue purement expérimental, les principales théories de la science contemporaine : la théorie mécanique de la chaleur, la théorie atomique, etc., enfin les récentes doctrines des géomètres allemands et italiens sur l'espace à quatre dimensions.

VIII. — CHIMIE

La synthèse chimique, par M. BERTHELOT, membre de l'Institut, professeur de chimie organique au Collège de France. 1 vol. in-8, 9e édit. . . . . . , 6 fr.

C'est en 1860 que M. Berthelot a exposé, pour la première fois, les méthodes et les résultats généraux de la synthèse chimique appliquée aux matériaux immédiats des êtres organisés, et qu'il a fait connaître au monde savant les procédés qu'il avait découverts pour réaliser les combinaisons de carbone et d'hydrogène.
Il était bon que ces principes de la synthèse organique qui ont pris une place si importante dans le domaine de la chimie et qui, chaque jour, produisent des découvertes nouvelles, fussent mis à la portée du grand public.

La théorie atomique, par AD. WURTZ, membre de l'Institut, professeur à la Faculté des sciences et à la Faculté de médecine de Paris. Précédé d'une introduction sur *La Vie et les travaux* de l'auteur, par CH. FRIEDEL, de l'Institut. 1 vol. in-8, 8e édit. . . . . 6 fr.

Le chef de l'École atomique française, Ad. Wurtz, a résumé l'ensemble des travaux et des théories qui ont rendu son nom célèbre dans toute l'Europe savante. Il expose le développement successif des théories chimiques depuis Dalton, Gay-Lussac, Berzélius et Proust, jusqu'à Dumas, Laurent et Gerhardt, Avogadro, Mendéléef, et termine par les études les plus curieuses et les plus nouvelles sur la constitution des corps et la nature de la matière.

Les fermentations, par P. SCHUTZENBERGER, membre de l'Institut, professeur de chimie au Collège de France. 1 vol. in-8, avec 28 grav., 6e édition refondue. 6 fr.

M. Schutzenberger a divisé son travail en deux parties : dans la première, il traite des fermentations attribuées à l'intervention d'un ferment organisé ou figuré, telles sont les fermentations alcoolique, visqueuse, lactique, ammoniacale, butyrique et par oxydation ; la seconde partie est consacrée aux fermentations provoquées par des produits solubles, élaborés par les organismes vivants.

Microbes, ferments et moisissures, par le Dr L. TROUESSART. 1 vol. in-8, avec 107 gravures dans le texte, 2e édit. . . . . 6 fr.

Le rôle des microbes intéresse chacun de nous : dans ce livre l'avocat, forcé de traiter en face d'experts une question d'hygiène, l'ingénieur, l'architecte, l'industriel, l'agriculteur, l'administrateur, trouveront des notions claires et précises sur les questions d'hygiène pratique se rattachant à l'étude des microbes, notions qu'ils trouveraient difficilement, dispersées qu'elles sont dans les livres destinés aux médecins ou aux botanistes de profession.

La révolution chimique. Lavoisier, par M. BERTHELOT. 1 vol. in-8, ill., 2ᵉ éd. 6 fr.

A côté de la Révolution politique de 1789, il y a eu une révolution chimique, personnifiée par Lavoisier, et qui sépare deux mondes scientifiques entièrement différents par leurs méthodes, leur esprit et leurs principes. C'est cette révolution que raconte M. Berthelot. L'ouvrage se termine par des notices et extraits des registres inédits du laboratoire de Lavoisier qui offrent un intérêt particulier en montrant au lecteur la méthode de travail de l'illustre savant.

La photographie et la photochimie, par G.-H. NIEWENGLOWSKI, préparateur à la Faculté des sciences de Paris, directeur du journal *La Photographie*. 1 vol. in-8, avec 128 gravures dans le texte et 1 planche en phototypie hors texte. 6 fr.

Les principes de photochimie qui sont la base des procédés photographiques sont d'abord décrits aussi clairement que possible. L'auteur passe ensuite en revue les diverses phases des recherches qui ont abouti à la fixation des images de la chambre noire, avec leur triple caractère de forme, de couleurs et de mouvement. Les travaux les plus récents sont analysés dans cet ouvrage; c'est ainsi que des chapitres ont été réservés à l'*art photographique*, à la *photographie directe et indirecte des couleurs*, à la *chromophotographie* et au *cinématographe*, à la *photographie de l'invisible*, aux *rayons de Röntgen* et aux radiations qui s'en rapprochent par leurs propriétés. Les applications de la photographie à l'*astronomie*, à l'*art militaire*, aux *sciences physiques, naturelles et médicales*, à la *décoration*, etc., font aussi l'objet de chapitres spéciaux.

L'eau dans l'alimentation, par le Dʳ F. MALMÉJAC, pharmacien de l'armée, docteur en pharmacie. Préface de M. SCHLAGDENHAUFFEN, directeur honoraire de l'École supérieure de pharmacie de Nancy. 1 vol. in-8, avec gravures. . 6 fr.

La question de l'eau de boisson occupe aujourd'hui une place capitale en hygiène, et il n'est pas trop de la géologie, de la chimie et de la bactériologie pour la résoudre. Ce sont les résultats de toutes les recherches entreprises depuis vingt ans que M. Malméjac expose; il a également consigné des travaux personnels encore inédits; ainsi composé, ce livre résume fidèlement les connaissances que toute personne instruite doit posséder sur la matière. Nul n'oserait, en effet, se désintéresser d'une question qui a pour but de débarrasser à jamais le genre humain des redoutables épidémies d'origine hydrique et, comme conséquence, de faire diminuer dans de grandes proportions la mortalité.

IX. — ASTRONOMIE — MÉCANIQUE

Les étoiles. *Notions d'astronomie sidérale*, par le Père A. SECCHI, directeur de l'Observatoire du Collège romain. 2 vol. in-8, avec 68 gravures dans le texte et 16 planches en noir et en couleurs, 3ᵉ édit. . . . . 12 fr.

Histoire de la machine à vapeur, de la locomotive et des bateaux à vapeur, par R. THURSTON, professeur de mécanique à l'Institut technique de Hoboken, près New-York; revue, annotée et augmentée d'une Introduction, par M. HIRSCH, ingénieur en chef des ponts et chaussées, professeur de machines à vapeur à l'École des ponts et chaussées de Paris. 2 vol. in-8, avec 160 gravures dans le texte et 16 planches à part, 3ᵉ édit. . . . . 12 fr.

Les aurores polaires, par A. ANGOT, météorologiste titulaire au Bureau météorologique de France. 1 vol. in-8, avec 13 gravures dans le texte et hors texte. 6 fr.

Les aurores boréales, que M. Angot appelle avec raison aurores polaires, puisqu'elles se produisent aussi bien au pôle sud qu'au pôle nord, et descendent même de temps à autre dans les latitudes tempérées, forment l'un des sujets les plus curieux des sciences physiques. M. Angot les décrit, en fait l'histoire, en discute la théorie, avec la clarté de style et l'élégance d'exposition qui lui ont donné une place éminente dans la littérature scientifique comme dans la science technique. Des gravures, exécutées avec le plus grand soin, représentent les plus belles aurores boréales observées.

X. — BEAUX-ARTS

Les débuts de l'art, par E. GROSSE, professeur à l'Université de Fribourg-en-
Brisgau. Traduit de l'allemand par A. *Dirr*. Introduction de M. *L. Marillier*.
1 vol. in-8, avec 32 gravures dans le texte et 3 planches hors texte . . . 6 fr.

Après une étude préliminaire sur *le but et la voie de la science de l'art*, sur *les peuples
primitifs*, et sur *l'art* en général, l'auteur examine *la parure*, *l'art ornementaire*, *la
sculpture et la peinture*, *la danse*, *la poésie*, *la musique*; une *conclusion* rapide permet
de mesurer l'étendue du champ parcouru.

Les idées maîtresses de l'ouvrage, inséparablement unies les unes aux autres, consistent essentiellement en cette notion que, pour s'élever à la dignité de science, la
connaissance d'un ensemble de faits ou d'individus doit être surtout explicative; or,
nulle part cette méthode ne trouve de plus utiles applications que dans le domaine
de l'art.

La céramique ancienne et moderne, par E. GUIGNET, directeur des teintures
à la manufacture des Gobelins, et E. GARNIER, conservateur du Musée de la manufacture de Sèvres. 1 vol. in-8, avec 100 gravures dans le texte. . . . . . 6 fr.

Ce livre est formé de deux parties distinctes : un manuel des procédés de fabri-
cation employés par les céramistes, et une histoire rétrospective de la céramique. La
première de ces deux parties est l'œuvre de M. Guignet, directeur des teintures aux
manufactures des Gobelins, et c'est M. Garnier, l'éminent conservateur du Musée de
Sèvres, qui s'est chargé d'écrire la seconde. Tous deux se sont, comme on pouvait le
prévoir, acquittés de leur tâche avec beaucoup de conscience. L'ensemble de l'ouvrage
est d'un extrême intérêt, aussi bien pour les fabricants que pour les collectionneurs.

(Illustration.)

Le son et la musique, par P. BLASERNA, professeur à l'Université de Rome;
suivi des *Causes physiologiques de l'harmonie musicale*, par H. HELMHOLTZ, prof.
à l'Univ. de Berlin. 1 vol. in-8, avec 41 gravures dans le texte. 5ᵉ édit.   6 fr.

Ce livre n'a pas la prétention de donner une description complète des phénomènes
sonores, ni d'exposer toute l'histoire des lois musicales; l'auteur a cherché seulement
à réunir deux sujets qui jusqu'alors avaient été traités séparément. Exposer brièvement
les principes fondamentaux de l'acoustique et en montrer les plus importantes applications, tel est le but de cet ouvrage.

Principes scientifiques des beaux-arts, par E. BRÜCKE, professeur à l'Université de Vienne; suivi de *l'Optique et les Arts*, par H. HELMHOLTZ, professeur à
l'Université de Berlin. 1 vol. in-8, avec 39 gravures, 4ᵉ édit. . . . . 6 fr.

*La perspective, la distribution de la lumière et des ombres, la couleur avec ses harmo-
nies et ses contrastes*, sont autant de sujets scientifiques que les peintres ne sauraient
se dispenser d'étudier. Les auteurs donnent également d'intelligents conseils sur le
mode d'éclairement *des modèles* qui est déterminé par des lois rigoureuses et dont on ne
s'écarte qu'au détriment de la vérité des effets; ils traitent également la question con-
nexe de l'éclairement des *galeries de tableaux*.

**Théorie scientifique des couleurs et leurs applications aux arts et à
l'industrie**, par O.-N. ROOD, professeur de physique à Columbia-College de
New-York (États-Unis). 1 vol. in-8, avec 130 gravures dans le texte et une planche
en couleurs. 2ᵉ édit. . . . . 6 fr.

Dans ce livre on trouve, sous une forme accessible, l'exposé des diverses théories sur
les couleurs et sur leur perception dans l'œil humain, ainsi que les applications si
variées et si curieuses de beaucoup de ces théories dans l'industrie. Enfin le rôle des
couleurs dans la peinture, les moyens de les employer et l'étude des divers genres,
forment une partie importante de l'ouvrage.

LISTE GÉNÉRALE PAR ORDRE D'APPARITION DES 105 VOLUMES

DE LA

BIBLIOTHÈQUE SCIENTIFIQUE INTERNATIONALE

1. TYNDALL. Les Glaciers et les Transformations de l'eau, illustré. 7e éd.
2. BAGEHOT. Lois scientifiques du développement des nations. 6e éd.
3. MAREY. La Machine animale, illustré. 6e éd.
4. BAIN. L'Esprit et le Corps. 6e éd.
5. PETTIGREW. La Locomotion chez les animaux, illustré. 2e éd.
6. HERBERT SPENCER. Introduction à la science sociale. 13e éd.
7. SCHMIDT. Descendance et Darwinisme, ill. 6e éd.
8. MAUDSLEY. Le Crime et la Folie. 7e éd.
9. VAN BENEDEN. Les Commensaux et les Parasites du règne animal, illustré. 4e éd.
10. BALFOUR STEWART. La Conservation de l'énergie, illustré. 6e éd.
11. DRAPER. Les Conflits de la science et de la religion. 11e éd.
12. LÉON DUMONT. Théorie scientifique de la sensibilité. 4e éd.
13. SCHUTZENBERGER. Les Fermentations, illustré. 6e éd. refondue.
14. WHITNEY. La vie du langage. 4e éd.
15. COOKE et BERKELEY. Les Champignons, ill. 4e éd.
16. BERNSTEIN. Les Sens, illustré. 5e éd.
17. BERTHELOT. La Synthèse chimique. 9e éd.
18. NIEWENGLOWSKI. La Photographie et la Photochimie, illustré.
19. LUYS. Le Cerveau et ses Fonctions, illustré. 7e éd.
20. STANLEY JEVONS. La Monnaie et le Mécanisme de l'échange. 5e éd.
21. FUCHS. Volcans et Tremblements de terre, illustré. 6e éd.
22. BRIALMONT (le général). La Défense des États et les Camps retranchés. (Épuisé.)
23. DE QUATREFAGES. L'Espèce humaine. 13e éd.
24. P. BLASERNA et HELMHOLTZ. Le Son et la Musique, illustré. 5e éd.
25. ROSENTHAL. Les Nerfs et les Muscles. (Épuisé.)
26. BRUCKE et HELMHOLTZ. Principes scientifiques des Beaux-Arts, illustré. 4e éd.
27. WURTZ. La Théorie atomique. 8e éd.
28-29. SECCHI (le Père). Les Étoiles, 2 vol. illust. 3e éd.
30. JOLY. L'Homme avant les métaux. (Épuisé.)
31. A. BAIN. La Science de l'éducation. 10e éd.
32-33. THURSTON. Histoire de la machine à vapeur, 2 vol. illustrés. 3e éd.
34. HARTMANN. Les Peuples de l'Afrique. (Épuisé.)
35. HERBERT SPENCER. Les Bases de la morale évolutionniste. 6e éd.
36. HUXLEY. L'Écrevisse (Introduction à la zoologie), illustré. 2e éd.
37. DE ROBERTY. La Sociologie. 3e éd.
38. ROOD. Théorie scientifique des couleurs, ill. 2e éd.
39. DE SAPORTA et MARION. L'Évolution du règne végétal (les Cryptogames), illustré.
40-41. CHARLTON BASTIAN. Le Cerveau et la Pensée chez l'homme et les animaux, 2 vol. illustrés. 2e éd.
42. JAMES SULLY. Les Illusions des sens et de l'esprit, illustré. 3e éd.
43. YOUNG. Le Soleil. (Épuisé.)
44. DE CANDOLLE. Origine des plantes cultivées. 4e éd.
45-46. LUBBOCK. Fourmis, Abeilles et Guêpes. (Ép.)
47. PERRIER. La Philosophie zoologique avant Darwin. 3e éd.
48. STALLO. Matière et Physique moderne. 3e éd.
49. MANTEGAZZA. La Physionomie et l'Expression des sentiments, illustré. 3e éd.
50. DE MEYER. Les Organes de la parole et leur emploi pour la formation des sons du langage, ill.
51. DE LANESSAN. Le Sapin, illustré. 2e éd.
52-53. DE SAPORTA et MARION. L'Évolution du règne végétal (les Phanérogames), 2 vol. illustrés.
54. TROUESSART. Les Microbes, les Ferments et les Moisissures, illustré. 2e éd.
55. HARTMANN. Les Singes anthropoïdes, leur organisation comparée à celle de l'homme, illustré.
56. SCHMIDT. Les Mammifères dans leurs rapports avec leurs ancêtres géologiques, illustré.
57. BINET et FÉRÉ. Le Magnétisme animal, ill. 4e éd.
58-59. ROMANES. L'Intelligence des animaux, 2 vol. illustrés. 2e éd.
60. LAGRANGE. Physiologie des exercices du corps. 8e éd.
61. DREYFUS. L'Évolution des mondes et des sociétés.
62. DAUBRÉE. Les Régions invisibles du globe et des espaces célestes, illustré. 2e éd.
63-64. LUBBOCK. L'Homme préhistorique, 2 vol. illustrés. 4e éd.
65. RICHET. La Chaleur animale, illustré.
66. FALSAN. La Période glaciaire. (Épuisé.)
67. BEAUNIS. Les Sensations internes.
68. CARTAILHAC. La France préhistorique, ill. 2e éd.
69. BERTHELOT. La Révolution chimique. 2e éd.
70. LUBBOCK. Sens et instincts des animaux, illustré.
71. STARCKE. La Famille primitive.
72. ARLOING. Les Virus, illustré.
73. TOPINARD. L'Homme dans la nature, illustré.
74. BINET (Alf.). Les Altérations de la personnalité. 3e éd.
75. DE QUATREFAGES. Darwin et ses précurseurs français. 2e éd.
76. ANDRÉ LEFÈVRE. Les Races et les Langues.
77-78. DE QUATREFAGES. Les Émules de Darwin.
79. BRUNACHE. Le Centre de l'Afrique, illustré.
80. ANGOT. Les Aurores polaires, illustré.
81. JACCARD. Le Pétrole, l'Asphalte et le Bitume, ill.
82. STANISLAS MEUNIER. La Géologie comparée, ill.
83. LE DANTEC. Théorie nouvelle de la vie, ill. 2e éd.
84. DE LANESSAN. Principes de colonisation.
85. DEMOOR, MASSART et VANDERVELDE. L'Évolution régressive, illustré.
86. DE MORTILLET. Formation de la nation française, illustré. 2e éd.
87. O. ROCHÉ. La culture des mers, illustré.
88. CONSTANTIN. Les végétaux et les milieux cosmiques (adaptation, évolution), illustré.
89. LE DANTEC. L'Évolution individuelle et l'hérédité.
90. E. GUIGNET et E. GARNIER. La Céramique ancienne et moderne, illustré.
91. E. GELLÉ. L'audition et ses organes, illustré.
92. STAN. MEUNIER. La Géologie expérimentale, ill.
93. CONSTANTIN. La Nature tropicale, illustré.
94. GROSSE. Les débuts de l'art, illustré.
95. GRASSET. Les maladies de l'orientation et de l'équilibre, illustré.
96. DEMENY. Les bases scientifiques de l'éducation physique, illustré. 2e éd.
97. MALMEJAC. L'eau dans l'alimentation.
98. STANISLAS MEUNIER. La géologie générale, ill.
99. DEMENY. Mécanisme et éducation des mouvements, illustré. 9 fr.
100. BOURDEAU. Hist. de l'habillement et de la parure.
101. MOSSO. Les exercices physiques et le développement intellectuel.
102. LE DANTEC. Les lois naturelles, illustré.
103. NORMAN LOCKYER. L'évolution inorganique.
104. COLAJANNI. Latins et Anglo-Saxons. 9 fr.
105. JAVAL. Physiologie de la lecture et de l'écriture, illustré.

Prix de chaque volume, cartonné à l'anglaise **6 fr.**, hormis les nos 99 et 104, vendus **9 fr.**

ENVOI FRANCO CONTRE MANDAT-POSTE OU VALEUR SUR PARIS

1896-05. — Coulommiers. Imp. PAUL BRODARD. — 11.05.